“十四五”普通高等教育本科部委级规划教材

服饰配件制作工艺

高岩　编著

中国纺织出版社有限公司

内 容 提 要

本书是“十四五”普通高等教育本科部委级规划教材。本书以生活中常用或流行的服饰配件基础款式作为研究对象，内容上突出服饰设计的主体要素，又涵盖了缝制的工艺技法和工艺流程，既具审美性，又具实用性和功能性，注重传统手工艺的融入，并与我国现代服装产业发展个性化需求和特殊工艺相结合。教材采用图文并茂的形式，从基础知识到专业应用，由浅入深，由易到难，循序渐进介绍了各种服饰配件的制作工艺流程。

本书适合高等院校服装专业作为教材使用，也可作为广大服装从业人员和爱好者的专业参考用书。

图书在版编目（CIP）数据

服饰配件制作工艺 / 高岩编著 . -- 北京：中国纺织出版社有限公司，2022.11

“十四五”普通高等教育本科部委级规划教材

ISBN 978-7-5229-0154-1

Ⅰ. ①服… Ⅱ. ①高… Ⅲ. ①服饰－配件－制作－高等学校－教材 Ⅳ. ① TS941.3

中国版本图书馆 CIP 数据核字（2022）第 234365 号

责任编辑：郭　沫　　责任校对：楼旭红　　责任印制：王艳丽

中国纺织出版社有限公司出版发行
地址：北京市朝阳区百子湾东里 A407 号楼　邮政编码：100124
销售电话：010—67004422　传真：010—87155801
http://www.c-textilep.com
中国纺织出版社天猫旗舰店
官方微博 http://weibo.com/2119887771
三河市宏盛印务有限公司印刷　各地新华书店经销
2022 年 11 月第 1 版第 1 次印刷
开本：787 × 1092　1/16　印张：13.75
字数：288 千字　定价：59.80 元

凡购本书，如有缺页、倒页、脱页，由本社图书营销中心调换

前言 PREFACE

高校是培养我国科学、技术人才的摇篮，高校的教材建设尤为重要。推广服饰配件制作工艺是我国服装教育与国际、国内服装产业高级化接轨的重要途径之一。

服饰配件制作工艺是服装设计重要的补充和不可缺少的艺术环节，是从服装整体设计到局部协调的关键组成，是学习服装专业的核心课程。本书在内容的设计上既突出服饰设计的主体要素，又涵盖了缝制的工艺技法和工艺流程，既有审美性，又有实用性和功能性，符合社会发展的需要。本书强调了对学生自主学习兴趣与能力的培养，形式上注重细节，方便读者使用。教材设计充分考虑学生自主学习的需要，内容叙述详尽，目标清晰，结构比例完整。内容结构包括基础知识、典型案例引入、主体内容制作工艺、思考练习等板块。其中，主体制作工艺板块涵盖了各配饰的结构图及制作详解，案例丰富，涉及面广，能够满足不同学生及服饰制作爱好者的学习与要求。

为适应服装设计市场对服饰品种类的更高层次需求，也为了满足市场发展的需求，我们在教材编写中注重传统手工艺内容的融入，注重将我国现代服装产业发展个性化需求和特殊工艺相结合。教材采用图文并茂的形式，从基础知识到专业应用，由浅入深，由易到难，循序渐进介绍了各种配件的制作过程。不仅适合我国高等院校服装专业作为教材使用，还可以作为广大服装从业人员和爱好者的专业参考用书。

本书由常熟理工学院教师高岩主持编著，并与无锡工艺职业技术学院以及江苏工程职业技术学院从事服饰品研究的教师共同编写，在教学实践的基础上，经过多次修改、多次校稿而成。本书第一章由王世花、高岩共同执笔；第二章由王世花、徐玉梅、高岩、张姝共同执笔；第三章由殷周敏、高岩执笔；第四章由蔡红、徐玉梅、高岩共同执笔；第五章由陈刘瑞执笔；第六章由高岩、张姝共同执笔。全书由高岩统稿并主审。

鉴于作者水平有限，书中难免有疏漏和不足之处，敬请广大读者和师生提出宝贵意见和建议，使之在下一步修订时逐步完善。

编著者

2022年10月

目 录 CONTENTS

第一章
服饰配件概述

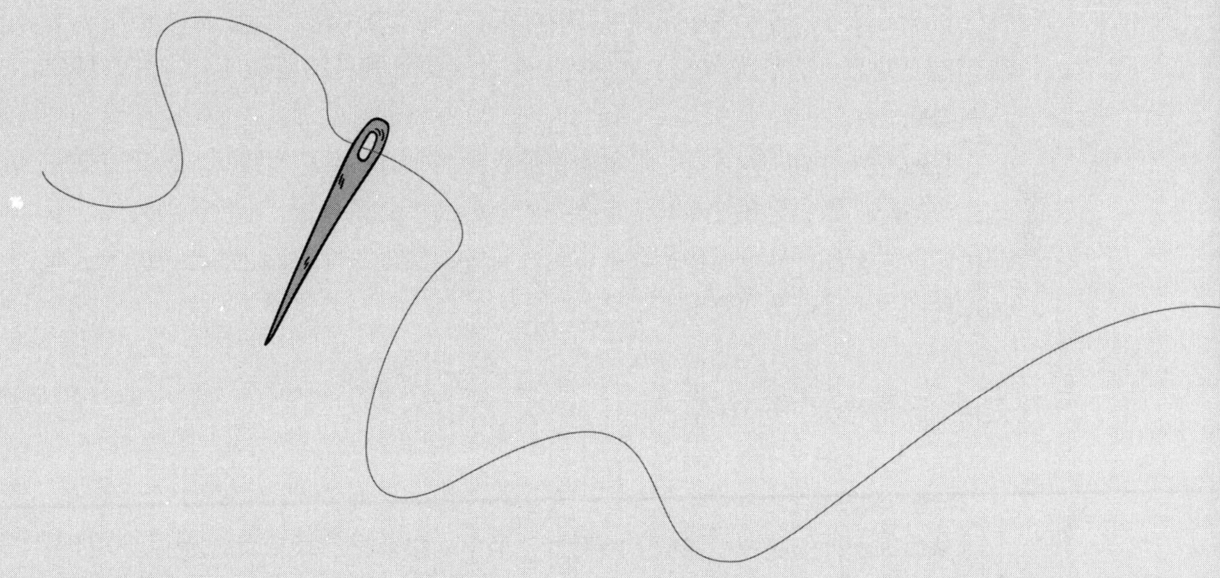

服饰作为人类生存的必需物资，构成了人类生活的主要元素。服饰的内容涵盖了服装和饰品，它们相互依存，共同发展。在我国各民族的服饰发展演变过程中，服饰的发展史也是人类的进步史。服饰品在人的整体着装效果中起着不可替代的形式语言表达作用，传递着装者的个人信息，也代表一个民族或一个国家的文化特征。所以说，服饰也是一种文化。

第一节　服饰配件基础知识

一、服饰配件的概念

服饰配件，又称服装配件，指除服装（衣、裤、裙）以外的附加在人体的装饰品和装饰的总称。它包括领饰、腰饰、臂饰、鞋袜、手套、帽子、伞、首饰、包袋、扇子、眼镜等，也包括肤体装饰。在现代着装中，手机、耳机、手表等随身物品也成了服装的主要配件。因此，服饰配件的范畴随着时尚的脚步不断变化。

服饰配件作为一种具有艺术审美价值的商品，有其相应的特征。纵观历史进程，服饰配件的变化和发展都记载着不同地域的历史和文化。比较不同时代、不同民族的服饰配件，可以清楚记录历史的轨迹，文化的特征，这些特征决定了服饰配件的艺术价值及其概念。

二、服饰配件的功能

（一）装饰性

从服饰配件的起源中我们不难发现，最早的服饰配件以装饰性为主，略带实用功能。例如，首饰、头饰、花饰等，这些装饰物和服装搭配得当会起到非常好的衬托和装饰效果，在某种意义上还具有一定的审美性和艺术性。

（二）实用性

日常生活中经常用到的鞋子、包、帽子、手套、围巾等既可以搭配服装，也可以单独使用，具有一定的实用功能。而且在使用的过程中作为服装的配饰也可以发展为更加具有装饰性和代表一定民族性的传统意义的配饰。

在当代年轻人对美的意识里，几乎所有穿戴品都是要搭配的。什么样的妆容配什么样的服装，什么样的服装上应该有怎样的纹样装饰以及要配什么样的头饰、围巾、包、鞋子，甚至手机壳和耳机包都要配套。这更证明了服饰搭配的重要性以及配件给整体着装带来的装饰性和实用性的统一与互补。

三、服饰配件的分类

服饰配件是生活中最常见的装饰品，因其具有一定的审美性和实用性而被更多人喜爱。伴随人们生活水平的提高和现代科技的不断进步，服饰配件的种类也越来越丰富。结合服饰配件在不同部位、不同功能、使用不同材料以及运用不同工艺手法制作等方面做如下归类，见表1-1。

表1-1 服饰配件分类

分类名称	服饰配件应用分类
按使用材料分	纺织品类、毛皮类、贝壳类、金属类、植物纤维类、矿物质类、化学制品类等
按制作手法分	布艺类、绣品类、钩编类、雕刻类等
按功能、用途分	包袋类、首饰类、鞋袜类、领带领结类、帽饰类、扣结类、花饰类以及其他类别（伞、扇、眼镜、手表、胸针、发夹）等
按装饰部位分	头饰类、颈饰类、胸饰类、袖饰类、腰饰类、手腕饰类、足饰类等
按风格分	经典风格、民族风格、华丽风格、浪漫风格、前卫风格、田园风格、简约风格、古埃及风格、古希腊及古罗马风格、拜占庭风格、哥特风格、艺术复兴风格、巴洛克风格、洛可可风格等

四、服饰配件的内涵

服饰配件的发展和政治、经济、军事、科技以及生活习俗、宗教信仰有着直接的关系，是当代设计者对生活的观察和感受的创造。其内涵包含服饰配件的物质和精神双重内容：物质内容体现的是物质本质和表现，精神内容体现的是人类在精神方面的需求。

服饰配件的物质内容是生成产品的硬件基础，也是服饰配件精神内容的基础，只有了解和把握服饰配件的物质内容，才能深入挖掘其丰富的精神内涵。服饰配件的物质内容主要包含形制、材料、工艺三个方面。服饰配件的形制首先是依据其功能性而形成的，而后是构成要素作用于物品本身。服饰配件的材料是构成物质内容最直观的主体。材料的不同选择，决定了服饰配件展现出来的质地和不同的效果，不同材料还决定了其制作时的工艺和最终成品效果。服饰配件的制作工艺是利用各类生产工具对原材料、半成品进行加工制作，使材料的效果发挥到最佳装饰效果。

服饰配件之所以能赋予精神方面的内涵，是因为人类的进步对精神方面的必然需求决定的。主要表现在审美、象征、寓意三个方面。审美是一个人通过对美的认知产生的一种判断能力。远古时代我们先辈用羽毛和贝壳做装饰，萃取植物叶汁做染料都是为了装饰自己，是人类对美最原始的驱动，所以说服饰配件之审美承载着精神内涵。服饰配件的精神内涵还表现在具有一定的象征意义。例如，古代官员的腰饰，头戴花翎，以及现代运动员获奖的奖牌等，都象征着一种荣誉，具有非常意义。服饰配件在我国传统文化中还隐藏一种寓意，如长命锁、百家衣，这样的装饰都承载着长辈对晚辈的关爱，希望孩子健康成长，长命百岁，具有非常好的寓意。

第二节　服饰配件制作常用工具

一、常用手工类工具

（一）针类工具

服饰配件的制作离不开各种针，常见的有手缝针、绣花针、棒针、钩针等（图1-1）。

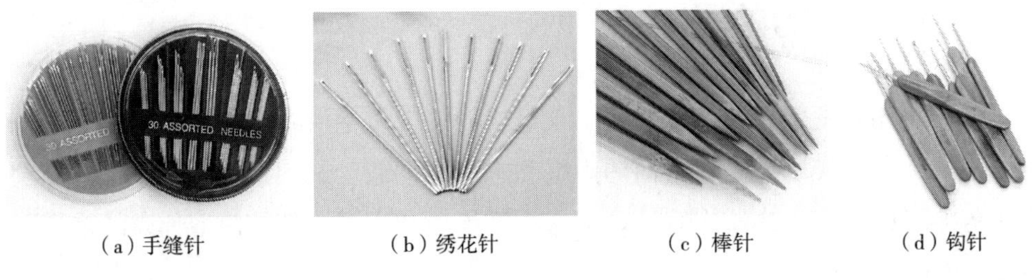

（a）手缝针　（b）绣花针　（c）棒针　（d）钩针

图1-1　针类工具

1. 手缝针

型号分1~12号，针号越小，针越粗长。常用缝纫针为4~8号。选用手缝针应根据面料厚薄决定，面料越薄，应选用号数越高的针。

2. 绣花针

与普通手缝针相比，针尖比较圆滑，针尾孔大，便于穿入多股绣线，甚至可穿入丝带。

3. 棒针

棒针有两种，一种是一端有一圆球形物体的棒针，通常两根为一副，用作编织平面织物（即一来一回编织），圆球的作用是防止已编织的线圈脱出，这种针的长度常在30cm以上；另一种是两端均为尖形的棒针，通常四根为一副，用途较广，它既可以编织平面织物，又可以编织圆形织物（即绕圈编织，也做回旋编织）。棒针的粗细都是以号数来区分的，使用时，必须根据所织的花样和毛线粗细而加以选择。棒针的材质以竹制为多见，也有以不锈钢、塑料等为材质的。

4. 钩针

钩针是进行钩编的重要工具，有相当多的尺寸与规格，根据钩编用线的粗细程度和花样特征来选用，细至0.6mm、粗至6mm者都有。材质上，铝制与塑胶制较为常见，一支钩针便可将一根线钩编成一片织物，进而将织物组合成衣着或家饰品等，其作品多为镂空图案。

（二）裁剪类工具

裁剪类工具主要包括布剪、纱剪、绣花剪、普通剪刀、拆线器、镊子、锥子、返里钳、滚刀等（图1–2）。

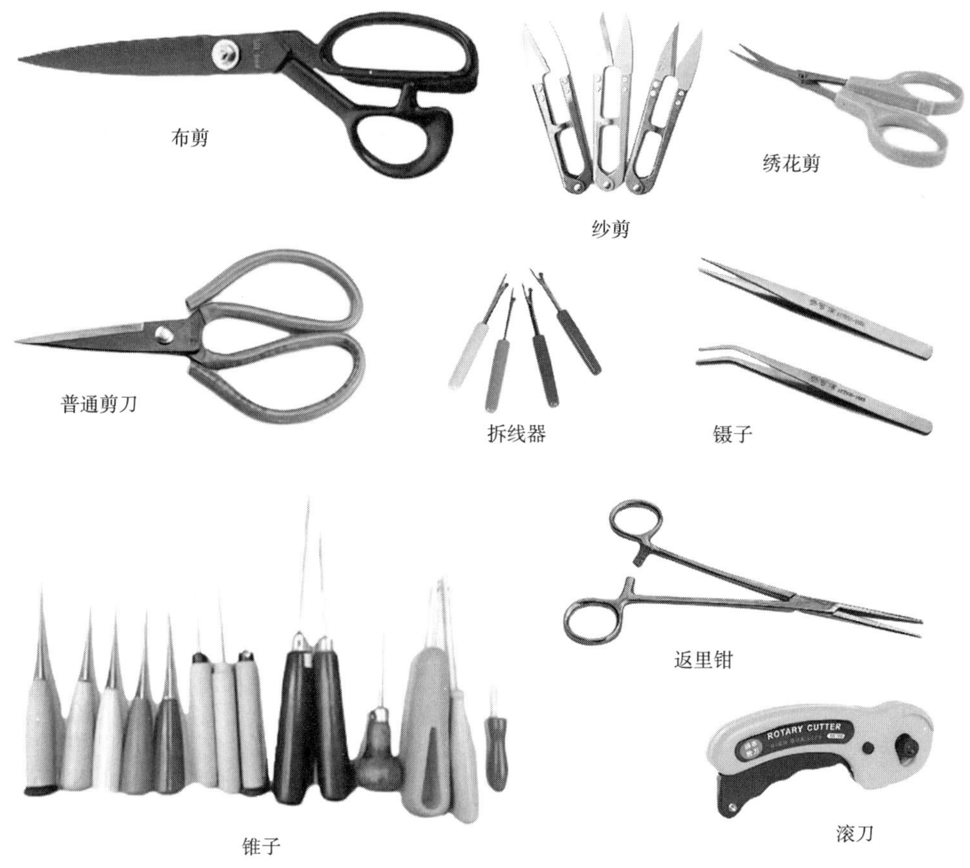

图1–2 裁剪工具

1. 布剪

布剪适合裁剪大小布料，长刃设计，很锋利，可以快速、轻松裁剪所需布料，裁口利落、无毛纱，一般只用来裁剪布料，剪其他材料时可用另外的剪刀，以减少布剪的磨损。

2. 纱剪

纱剪又称线剪，小巧便利，适合剪线，也适合做牙口及其他细部的修剪。

3. 绣花剪

绣花剪又称翘头剪，特别适用于刺绣时剪绣线，刀口锋利。

4. 普通剪刀

普通剪刀短刃设计，便于剪裁皮革、胶板或厚纸板。

5. 拆线器

拆线器保护端点处理，不怕弄伤布，拆线及开扣眼时都很方便。

6. 镊子

镊子用于穿线、镊线头或疏松缝线，有平头和弯头两种。

7. 锥子

锥子可用于拆除缝线，挑角尖，或缝纫时轻推衣片，协助缝纫顺利进行；也可作为打洞工具。

8. 返里钳

返里钳用来将袋物或绳子翻面，咬住布但不伤布，弯曲圆滑的刀口易于推出袋物的角，特别适用于返口较小时的翻面。

9. 滚刀

滚刀也称为轮刀，适合布、铺棉、纸及各种柔软材质的大面积切割。

（三）描绘尺寸、记号用工具

描绘尺寸、记号常用的工具有米尺、直尺、软尺、曲线板、滚轮、划粉、油性笔、热消笔、褪色笔等（图1–3）。

1. 米尺

米尺以木质为多，一般长度为100cm（即1m），用于量取整匹布料以及绘制长直线。

2. 直尺

直尺材质以不锈钢和塑料为多，一般长为20~40cm，用于绘制直线或测量较短的距离。

3. 软尺

软尺又称皮尺，材质柔软，长度在100~200cm，用于测量人体或服饰品的尺寸。

4. 曲线板

曲线板分为大小各种规格，多为透明的塑料材质，用于绘制各种弧形线条。

5. 滚轮

滚轮又称点线器，可绘制点状线条，常用于复制样板。

6. 划粉

划粉用于在布料上划线、做记号，常见的是块状，也有粉土笔和粉土盒，内置粉土，非常适合画临时性的记号，只要轻轻一弹即可去除。

7. 油性笔

润滑的笔芯的油性笔适合在粗质布料上绘图，但不易去除，所以仅能绘于布料背面。

8. 热消笔

热消笔记号遇高温消除，适合做短暂记号使用。

9. 褪色笔

褪色笔的记号会随时间或遇水消除，适合做短暂记号使用。

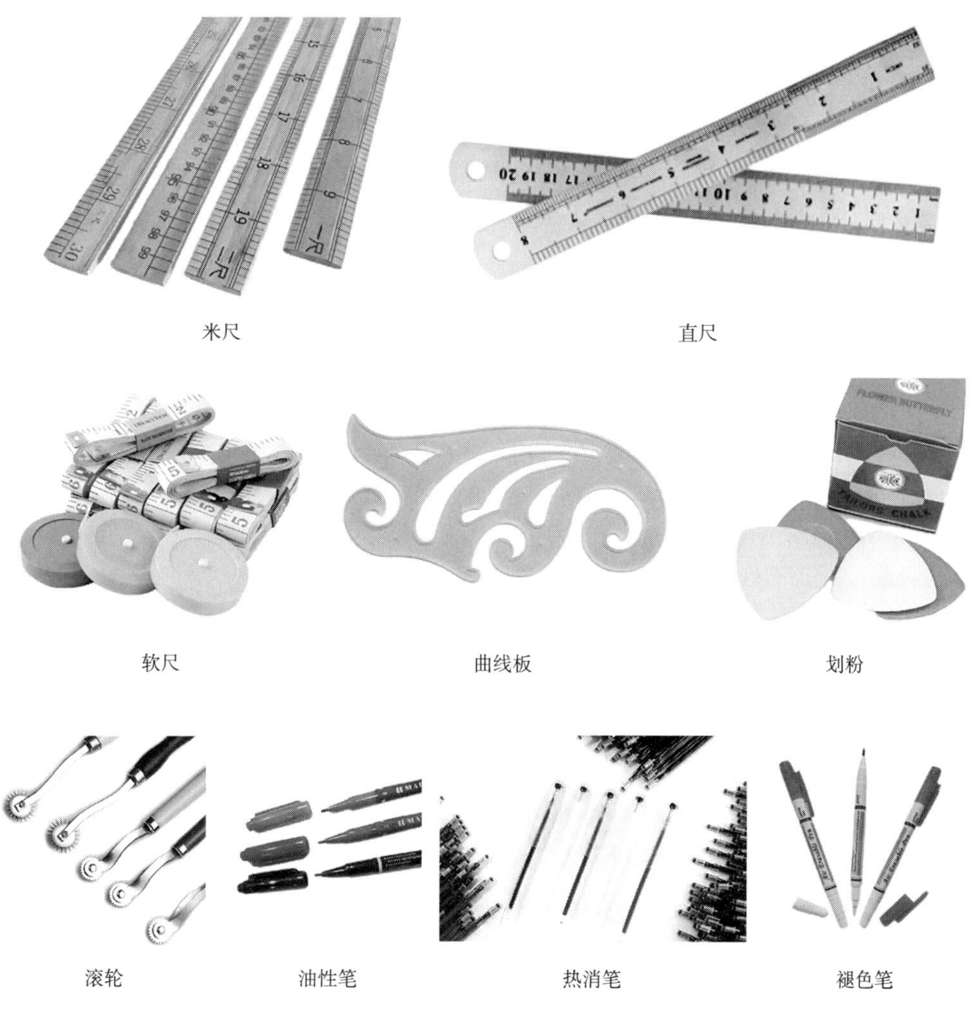

米尺　直尺

软尺　曲线板　划粉

滚轮　油性笔　热消笔　褪色笔

图1-3　描绘、记号用工具

（四）其他辅助工具

在服饰配件的制作过程中，利用合适的辅助工具，可以提高工作效率，如珠针、别针、强力夹、记号扣、顶针、熨斗、双面胶、胶水等（图1-4）。

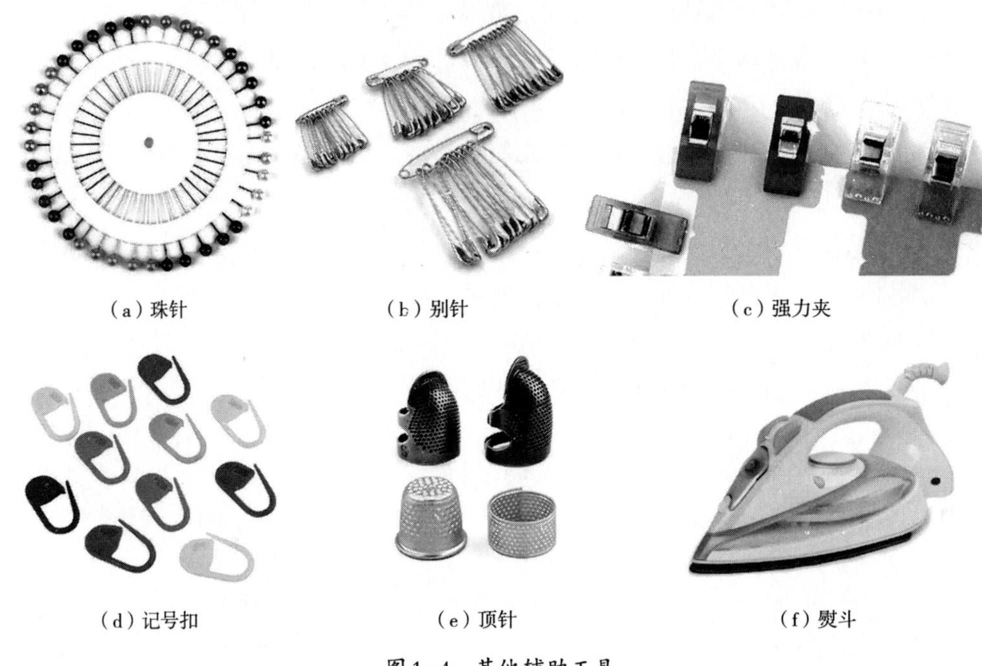

（a）珠针　（b）别针　（c）强力夹

（d）记号扣　（e）顶针　（f）熨斗

图1-4　其他辅助工具

1. 珠针

珠针用于固定多层布料。

2. 别针

别针可替代疏缝，临时固定零部件。

3. 强力夹

强力夹适用于夹持较厚的布料。

4. 记号扣

记号扣在编制时用于标记针数。

5. 顶针

顶针多为金属材质，常见为环状，手缝或刺绣时可快速将针顶出，在缝制较硬、较厚或多层面料时可使用指套，便于顶针，保护手指。

6. 熨斗

熨斗用于烫整布料或烫黏合衬。

二、机器设备类工具

缝纫是服饰配件加工的主要工序，在该工序中，要完成缉缝、拼合、包缝、缲缝、锁眼、钉扣、装拉链等步骤。合理选择缝纫设备，既可以提高工作效率，又可以提高成品的品质。

工业用缝纫机可分为通用缝纫机、专用缝纫机、装饰用缝纫机及特种缝纫机等。

（一）通用缝纫机

通用缝纫机主要包括平缝机、包缝机、绷缝机等。

1. 平缝机

平缝机是服装生产中使用面广量大的设备，主要用于平缝。近年来，工业平缝机正在向高速化、计算机化方向发展。缝纫功能除一般用途外，还具有自动倒缝、自动剪线、自动拨线、自动松压脚和自动控制上下针位停针以及多种保护功能。在服饰配件制作中常用高车，其工作原理与普通平缝机相似，只是将普通平缝机的工作面竖起或横向改小，可方便车缝洞形产品（如包、帽、鞋等），压脚可改装成轮形转动，方便摩擦力大的材料传动（如皮革）的缝制（图1–5、图1–6）。

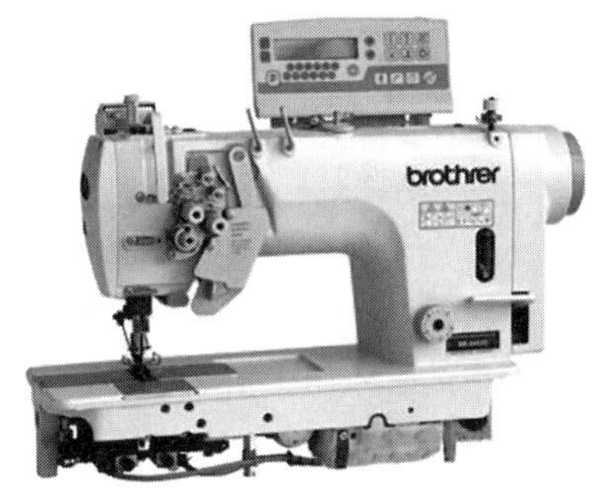

图1–5　电脑平缝机

图1–6　高车

2. 包缝机

分3线、4线和5线包缝机，其中3线包缝机（锁边机、码边机）和5线包缝机应用广泛（图1–7）。

3. 绷缝机

绷缝机主要用于针织棉毛布、汗布等易脱散的面料的拼接、滚领、滚边、折边、绷缝等（图1–8）。

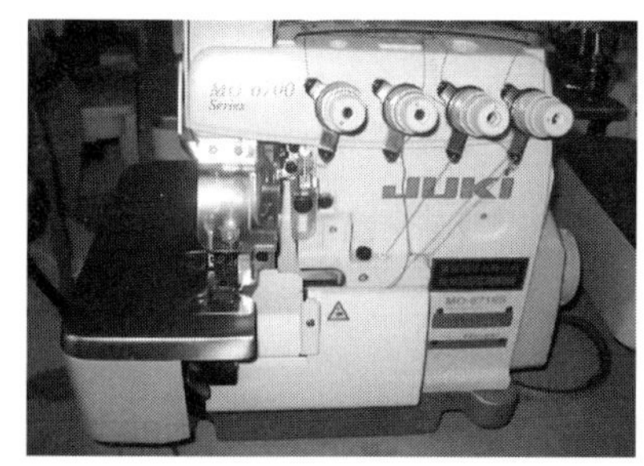

图1–7　包缝机

图1–8　绷缝机

（二）专用缝纫机

专用缝纫机是用于完成某种专用缝制工艺的缝纫机械，如锁眼机、套结机（图1-9、图1-10）、钉扣机。

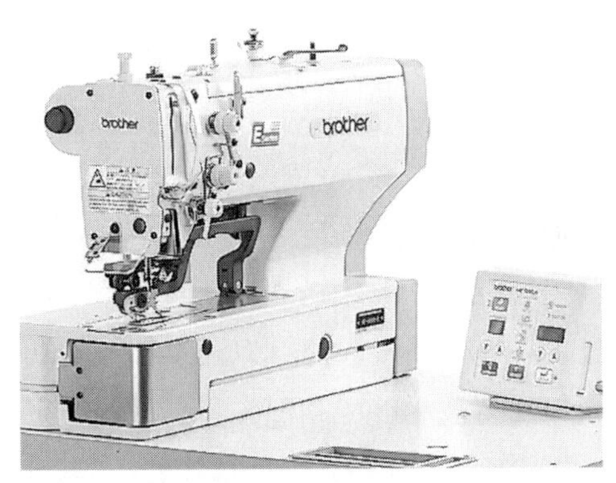

图1-9　锁眼机

图1-10　套结机

（三）装饰用缝纫机

装饰用缝纫机是用于缝制各种漂亮的装饰线迹及缝口的缝纫机械，如电脑绣花机、曲折缝机、月牙机等（图1-11、图1-12）。

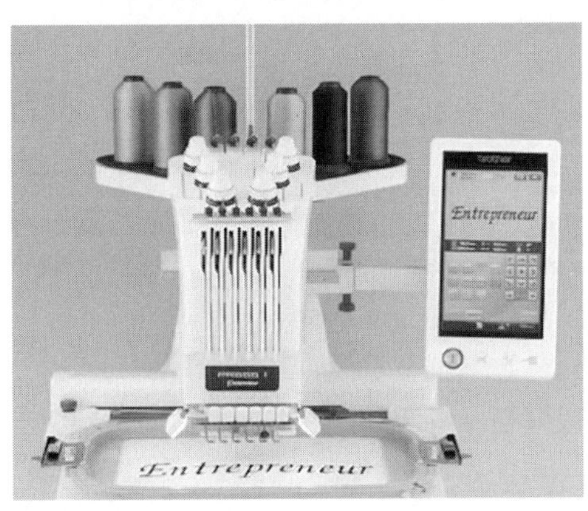

图1-11　电脑绣花机

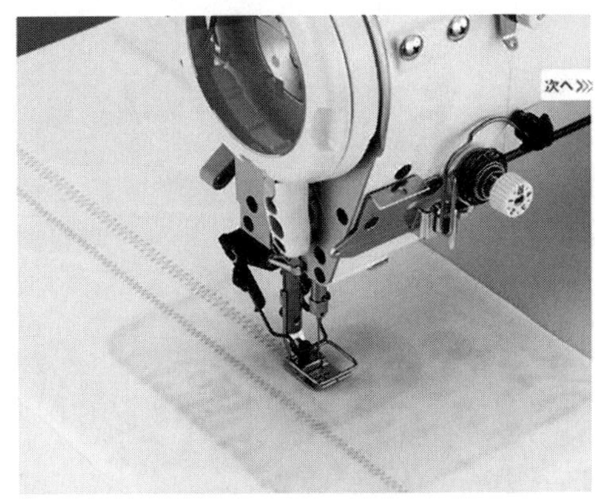

图1-12　曲折缝机

电脑绣花机主要用于平面花型的刺绣，也可以做一些特定工艺刺绣，如贴布绣、填充立体绣等。其原理是在计算机上设计好花型、针迹类型、针数密度、先后顺序、颜色等，把花样输入电脑绣花机，由电脑绣花机控制绣花动作。机械绣花作为一个独特的缝纫品种得到了快速发展，应用非常广泛，可完成批量生产。

（四）特种缝纫机

特种缝纫机是能按设定的工艺程序、自动完成严格作业循环的缝纫机械，如自动开袋机、自动缝小片机等。

第三节　服饰配件材料基础知识

一、服饰配件面料的种类及其特点

面料的选用直接决定着服饰配件的色彩、造型和功能，面料的好坏对成品的影响非常大。面料种类繁多，性能各异，可根据用途从结构、材质、印染方式等方面进行分类及选用。

（一）可按结构分类

按结构可分为机织物、针织物、非织造布等。

1. 机织物

机织物是由相互垂直排列的两个系统的纱线（经纱、纬纱）按照一定的组织规律“浮沉交错”织成的织物（图1-13、图1-14）。

图1-13　机织物结构示意图

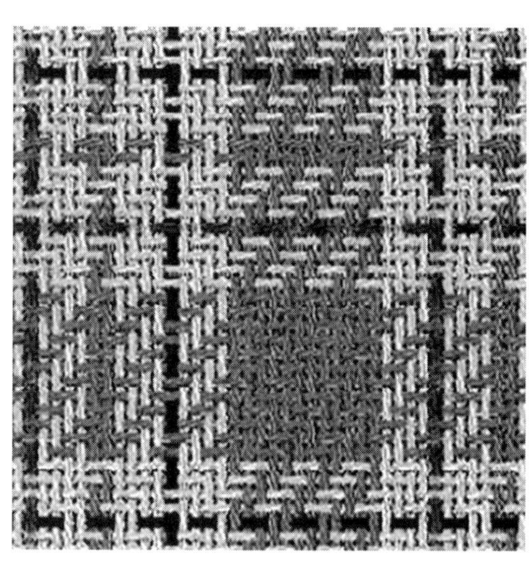

图1-14　机织物

2. 针织物

针织物是由一根或一组纱线编织成圈而形成的织物。针织物中的线圈是纱线在空间弯曲而成，而每个线圈均由一根纱线组成，当针织物受外来张力作用时，线圈的高度和宽度在不同张力条件下，明显是可以互相转换的，因此针织物的延伸性大。

按生产方式的不同，针织物分为纬编针织物和经编针织物两大类。纬编针织物是用纬编针织机编织，将纱线由纬向喂入针织机的工作针上，使纱线顺序地弯曲成圈，并相互穿套而形成的圆筒形或平幅形针织物。圆筒形纬编针织物又称为裁剪类针织物，后续的裁剪、缝纫等工序大致与机织物相似；平幅形纬编针织物又称为成型类针织物，后续无须裁剪，可直接缝制为成衣（图1–15、图1–16）。经编针织物是一组经纱做纵向运动而形成的平幅形或圆筒形针织物。与纬编针织物相比，其生产效率高、结构稳定性好、防脱散性好，但延伸性、弹性较小。服饰配件制作中常用的蕾丝花边就是典型的经编针织物（图1–17、图1–18）。

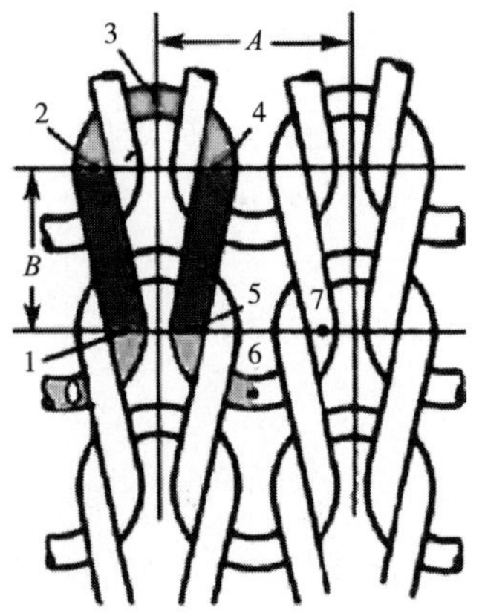

图1–15　纬编针织物结构示意图

图1–16　纬编针织物

图1–17　经编针织物结构示意图

图1–18　经编针织物

3.非织造布

非织造布是将纺织短纤维或者长丝进行定向或随机排列，形成纤网结构，然后采用机械、热黏合或化学黏合等方法加固而成（图1–19、图1–20）。

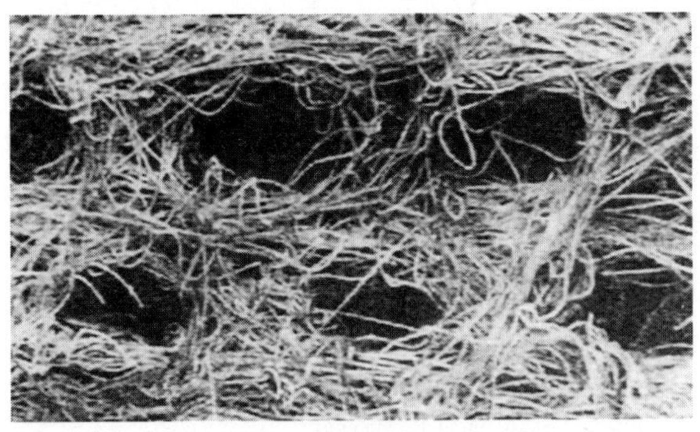
图1–19　非织造布结构示意图

图1–20　非织造布

（二）按材质分类

按材质可分为棉织物、麻织物、毛织物、丝织物、化纤织物、皮革等。

1.棉织物

棉织物又称棉布，是以棉纱为原料织造的织物。品种多样，色彩丰富，风格各异，可用来制作各种配饰。常见品种有平布、府绸、泡泡纱、牛津布、灯芯绒、牛仔布、哔叽、卡其等（图1–21）。

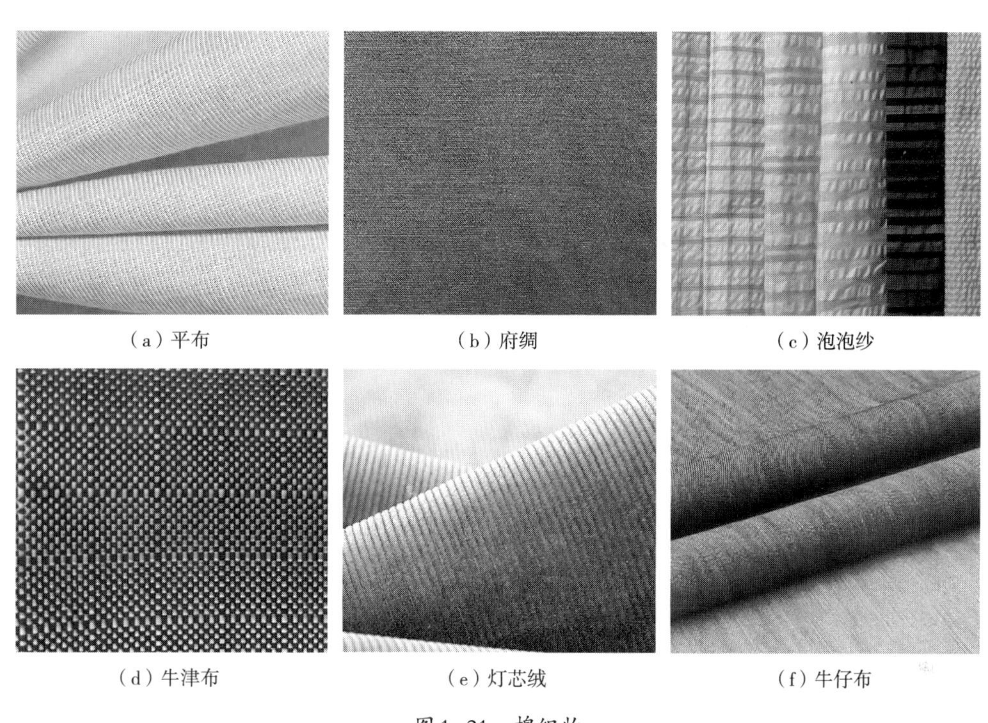

（a）平布　（b）府绸　（c）泡泡纱

（d）牛津布　（e）灯芯绒　（f）牛仔布

图1–21　棉织物

2.麻织物

麻织物是指用麻纤维纺织加工成的织物，包括麻和化纤混纺或交织的织物。麻织物的优点是强力和耐磨性高、吸湿性良好，放湿快，不容易受水侵蚀而发霉腐烂，因此特别适合用于制作包袋。常见的品种有夏布、涤麻混纺布、棉麻混纺布等（图1–22）。

（a）夏布　（b）涤麻混纺布　（c）棉麻混纺布

图1–22　麻织物

3. 毛织物

毛织物是指以羊毛、特种动物毛为原料或以羊毛与其他纤维混纺、交织的纺织品，又称呢绒。其优点是坚牢耐磨、保暖、有弹性、抗皱、不易褪色；缺点是会缩水、易虫蛀、起球、耐热性差，长期日晒织物会受损。毛织物常见的品种有华达呢、法兰绒、粗花呢（图1-23）、凡立丁、派力司、麦尔登等。

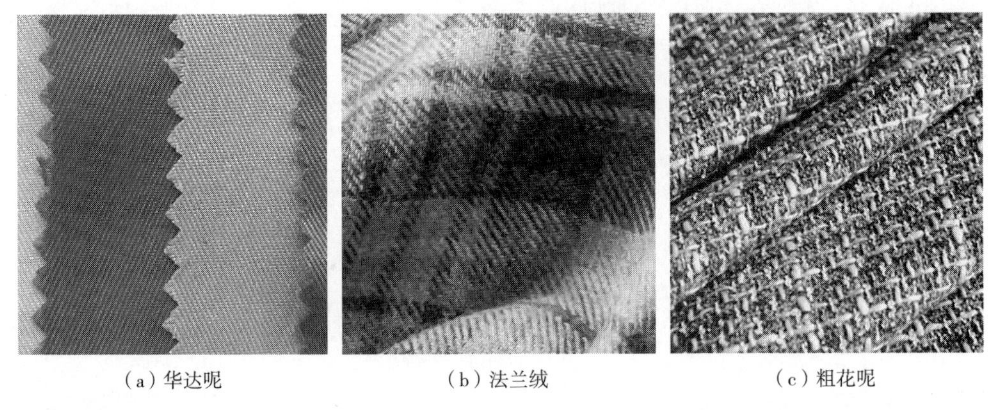

（a）华达呢　（b）法兰绒　（c）粗花呢

图1-23　毛织物

4. 丝织物

丝织物主要指以蚕丝为原料织成的纯纺或混纺、交织的纺织品。其主要特性是轻薄、柔软、手感滑爽，光泽柔和自然，但使用和保养过程中要特别注意。丝织物一般用来制作高档的、无须频繁洗涤的丝巾、手包、绢花等配饰。常见品种有电力纺、香云纱、织锦缎（图1-24）、双绉、乔其绉等。

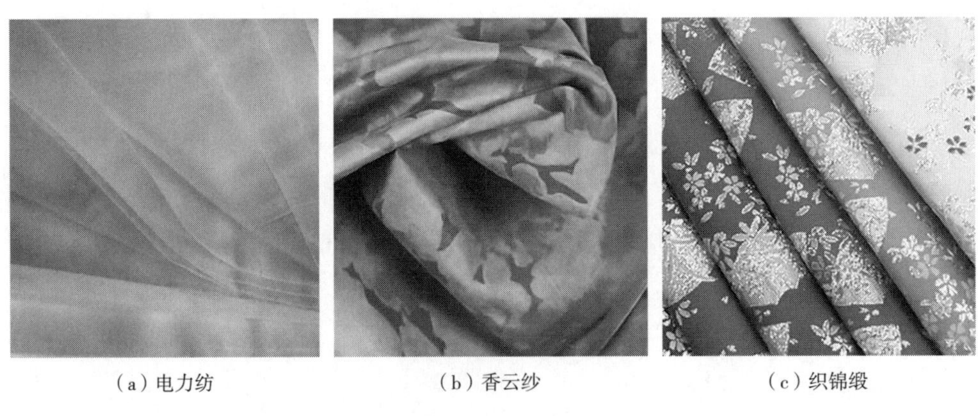

（a）电力纺　（b）香云纱　（c）织锦缎

图1-24　丝织物

5. 化纤织物

化纤织物是由化学纤维织制而成，化学纤维简称化纤，可分为人造化学纤维和合成化学纤维两种。人造化纤是以天然高聚物为原料，经过化学处理和机械加工得到的纤维，常见的有黏胶纤维、莫代尔等，制成的面料在性能上与天然纤维较为相似；合成纤维是由合成的高聚物为原料加工而成的，常见的品种有涤纶、腈纶、锦纶、维纶、氨纶等，制成的面料色彩鲜艳、挺括，普遍缺点是回潮率低、透气性差、容易产生静电。总体来说，化纤织物档次不高，但品种丰富、风格各异、可选性强。两种或两种以上的纤维混纺、交织可得到混纺织物、交织织物，通过两种或两种以上不同种类纤维的有机结合，取长补短，优势共存，可以满足不同的使用需求。

6.**皮革**

天然皮革由动物毛皮鞣制而成。可分为两类：一类是连皮带毛鞣制的，称为裘皮、毛皮或皮草；一类是经过加工处理的光面或绒面皮板，称为皮革。天然皮革来源广泛，常见的有牛皮、羊皮、羊羔绒、狐皮、兔皮、猪皮、鳄鱼皮、鸵鸟皮等。人造皮革是以机织、针织或非织造方法制作的外观和某些性能上类似于天然皮革的面料，价格比天然皮革低廉，品种繁多，如合成革、人造革、长毛绒等（图1–25）。

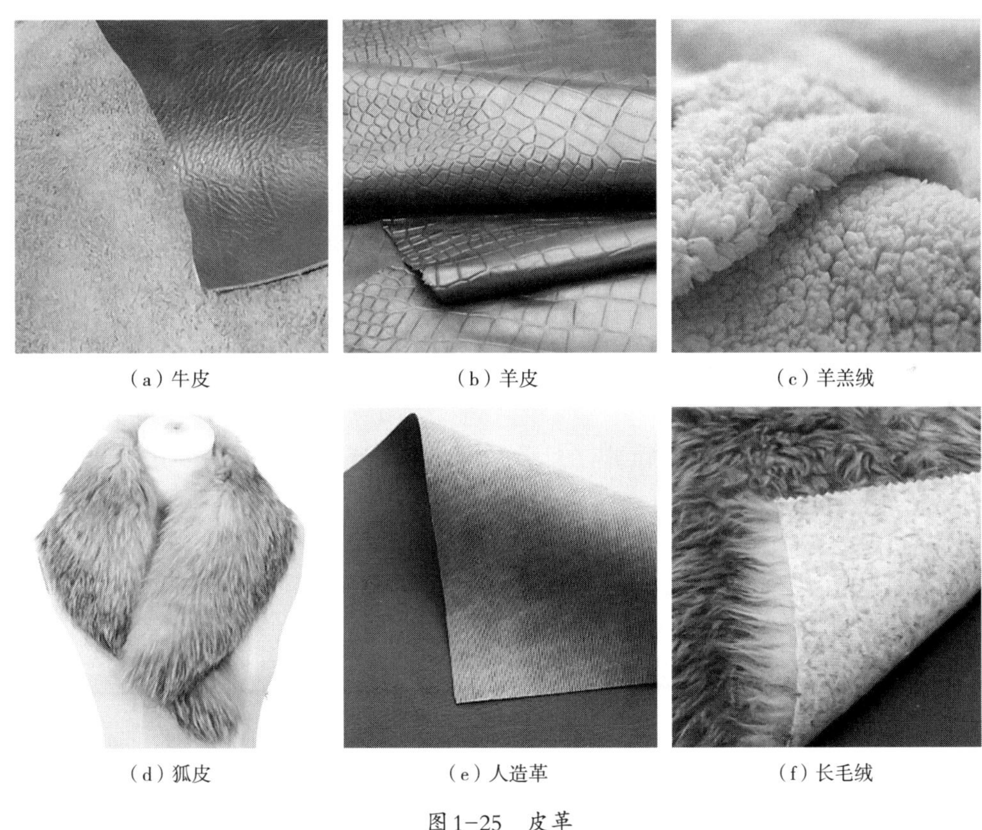

（a）牛皮　（b）羊皮　（c）羊羔绒

（d）狐皮　（e）人造革　（f）长毛绒

图1–25　皮革

二、服饰配件辅料的种类及其特点

（一）各类线材

在服饰配件的制作过程中，线材具有非常重要的作用。线材可用于缝纫、刺绣装饰或编织（图1-26）。

（a）缝纫线 （b）刺绣线

（c）编织线 （d）结艺线

（e）丝带 （f）透明缎带

图1-26　各种线材

（二）其他相关辅料

除了面料和线材之外，制作服饰配件时可选用的其他材料均可成为辅料，常用的有里料、衬料、絮填料、拉链、纽扣、花边、亮片、珠粒、珠管、垫料等（图1-27）。

各种材料具有各自的特点和适用性，选择合适的材料，可以做出各种服饰配件。

（a）里料
（b）衬料
（c）絮填料
（d）拉链
（e）纽扣
（f）花边
（g）亮片
（h）珠粒
（i）珠管
（j）垫料

图 1-27　相关辅料

课后练习

1. 收集面料、线材、辅料各5种，分析其特征、用途，并尝试进行搭配。

2. 制作服饰配件常用的工具有哪些？

3. 服饰配件常用的辅料有哪些？

第二章
服饰配件基础工艺

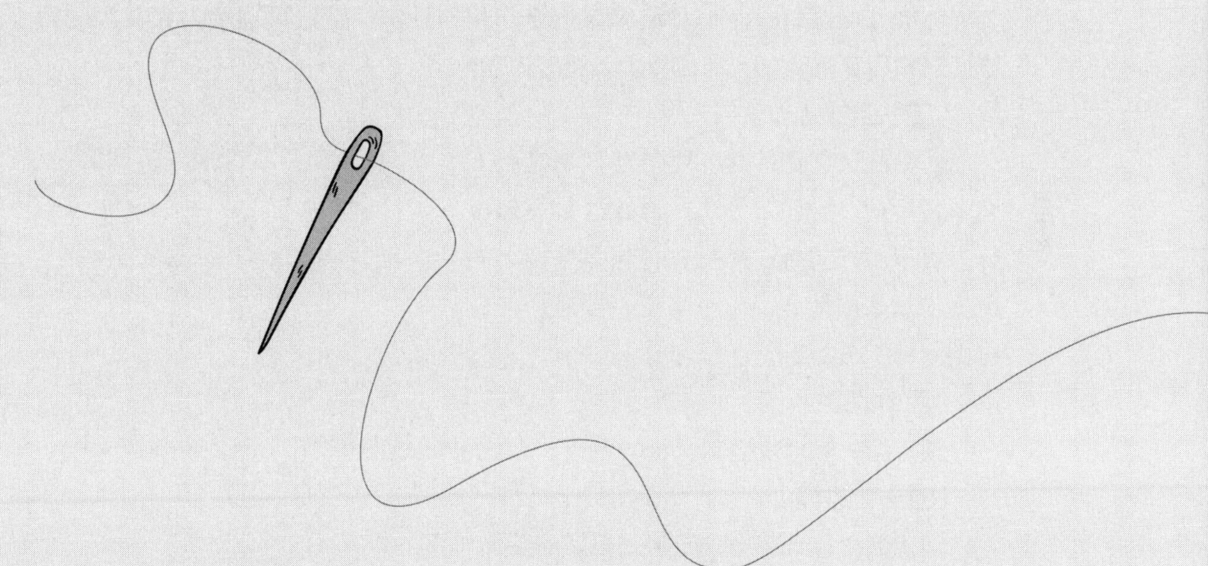

服饰配件基础工艺是在完成配件的制作过程中经常使用到的基础工艺手法，包括服饰配件缝制基础工艺、服饰配件钩编基础工艺、服饰配件扣结基础工艺。

第一节　服饰配件缝制基础工艺

一、常用手缝工艺

（一）绗缝

绗缝俗称拱针，是最普通的缝制针法，由布片表面入针，往前约0.5cm处出针，以此类推往后进行（图2–1）。

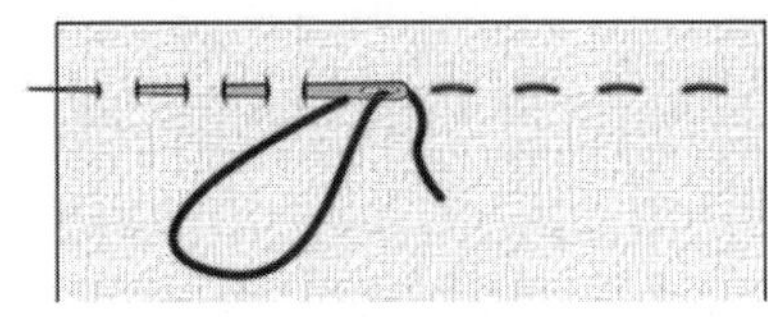

图2–1　绗缝

（二）假缝

假缝又叫疏缝，是一种起临时固定作用的针法。缝法可理解为大针脚的绗缝，通常用于将表布、铺棉和里布暂时固定。

（三）回针缝

回针缝又称倒针缝、倒勾针，是缝制工艺中常用的一种固定针法。回针缝最类似机缝，可以用在拉链、裤裆、包包等缝合牢固度要求较高的地方。简单来说，即缝两针后再倒一针（图2–2）。

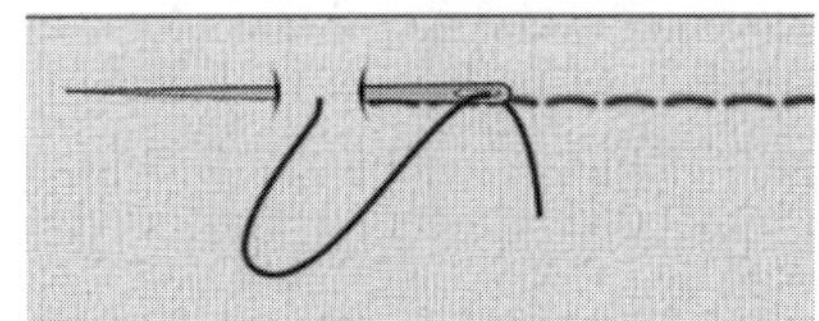

图2–2　回针缝

（四）锁边缝

锁边缝一般用来缝制织物的毛边，以防织物的毛边散开（图2–3）。

（五）包边缝

包边缝简单且实用，能起到很好的装饰作用（图2–4）。

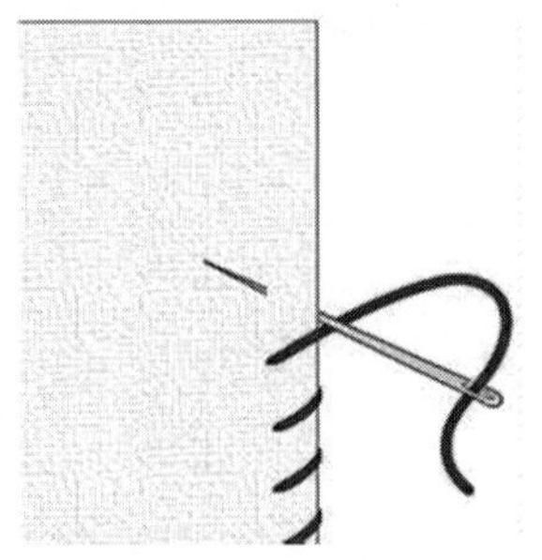

图2–3　锁边缝

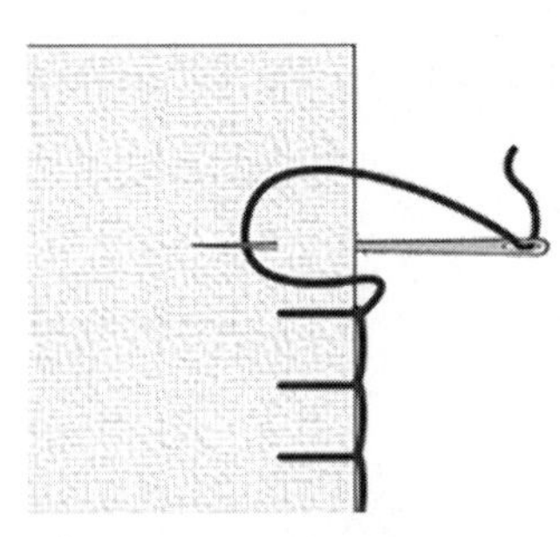

图2–4　包边缝

（六）扣眼缝

扣眼缝和包边缝非常相似，用途和锁边缝一样，但扣眼缝的装饰性和实用性更强（图2-5）。

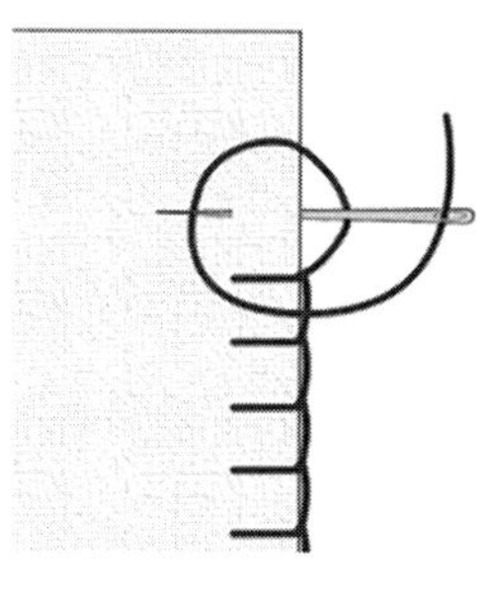

图2-5　扣眼缝

（七）藏针缝

藏针缝也称贴布缝，用于将一块布缝在另一块布上或滚边条的缝合，是很实用的一种针法，能够隐匿线迹，常用于不易在反面缝合的区域（图2-6）。

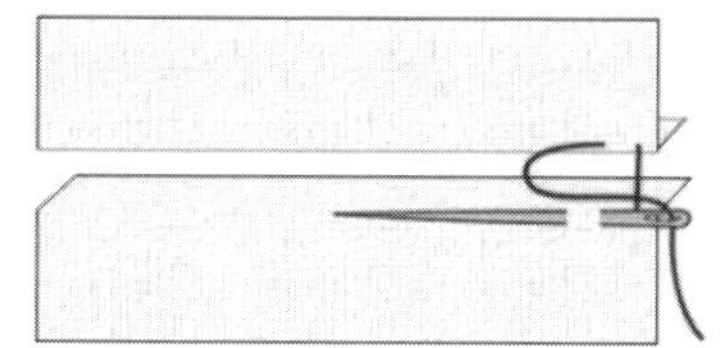
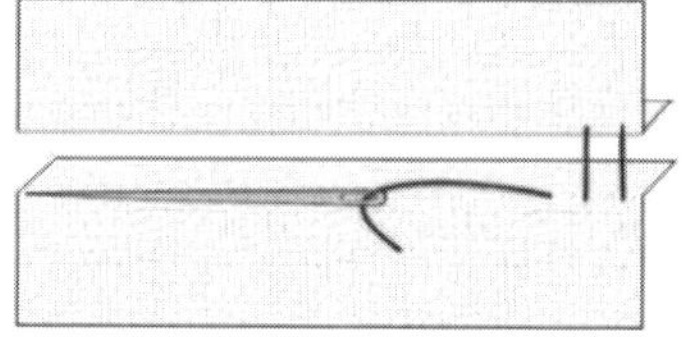

图2-6　藏针缝

（八）收缩缝

收缩缝用于缝制缩口，简单来说就是类似于绗缝后将线抽紧，使布料收缩到自己想要的松紧度。

二、手针装饰工艺

（一）平针绣

平针绣是装饰针法中最常用、最简单的针法，其进针和出针均与布面成垂直状态（图2-7）。

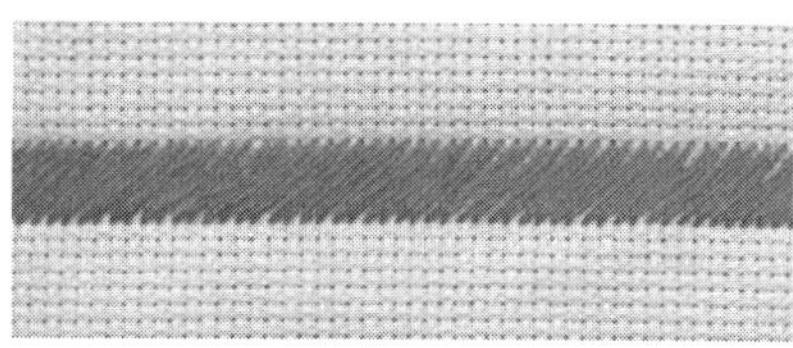

图2-7　平针绣

（二）套针

套针又称羽毛针，专门用于女装的底边固定，同时起固定和装饰作用（图2-8）。

图2-8　套针

（三）链式针

链式针又称辫子针，是从套针针法基础上变化而来的一种针法，组织图案轮廓时常用此针法。基本针法为打线套。链式针法又可以衍生出多种样式（图2-9）。

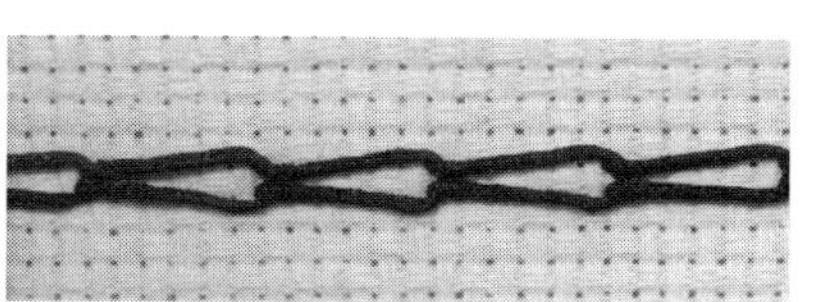

图2-9　链式针

（四）三角针

三角针是绷三角形的针法（图2-10）。

图2-10　三角针

（五）缠绕针

缠绕针是多种针法的组合。先用其他针

法在面料上走针，再用另一根线缠绕而成，共同特征都是在布面上形成浮线。缠绕针法衍生种类极其繁多（图2-11）。

如图2-11所示，在绗缝的基础上以绞线的方式缠绕可做出绞线式平行针；在绗缝的基础上以穿线的方式缠绕可做出穿线式平行针；在两根平行针上用一根线依次缠绕可形成篱笆针；在两根平行针上用两根线依次缠绕可形成六边形针；改变缠绕方法还可以形成其他效果，如双线缠绕、穿线式三角针等。

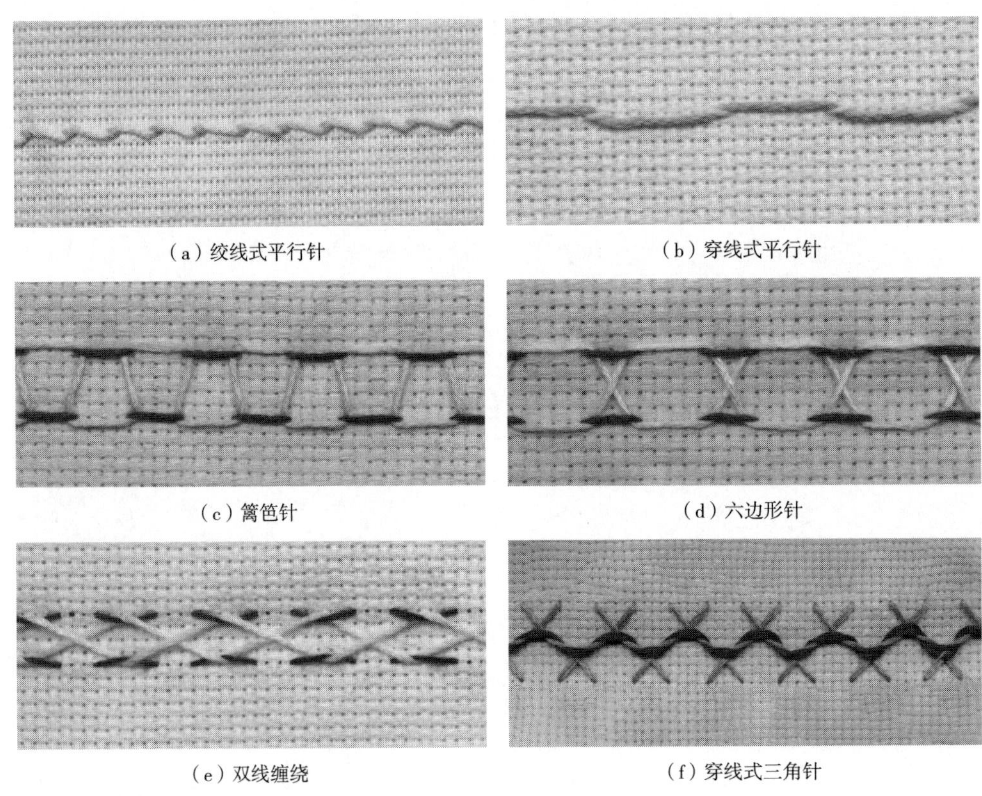

（a）绞线式平行针　（b）穿线式平行针

（c）篱笆针　（d）六边形针

（e）双线缠绕　（f）穿线式三角针

图2-11　缠绕针

在三角针的基础上用一根线缠绕可形成穿线式三角针，先做三组平行的、相互错位的垂直针，再用两根线缠绕可形成菱形针（图2-12）。通过改变针法、针距、绕线方式、线的松紧程度，可以形成各种外观的缠绕针法。

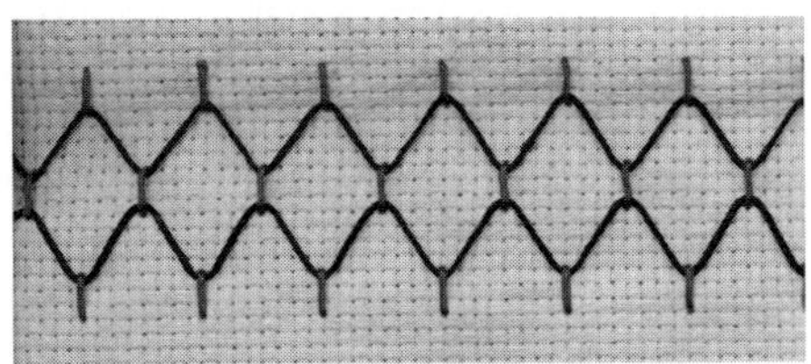

图2-12　菱形针

（六）法式结粒针

法式结粒针用绣线缠绕绣针数圈，将针转向插入出针的孔洞（图2-13），通常用来表现粉状或散布的效果。

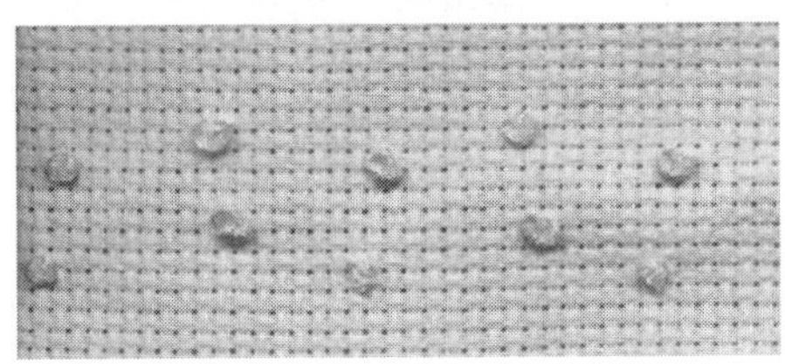

图2-13　法式结粒针

（七）雏菊针

雏菊针来源于法式刺绣，用于表现花瓣窄小的叶片形状，有较强的立体感（图2–14）。

（八）叶状针

叶状针可根据叶片的轮廓确定线迹的长度和方向，线迹越密，立体感越强（图2–15）。

（九）编筐式针

先做好一组长线迹的垂直针，再用另一根线穿入，形成方格效果；也可将同方向的绣线采用不同颜色来编制（图2–16）。

图2–14　雏菊针

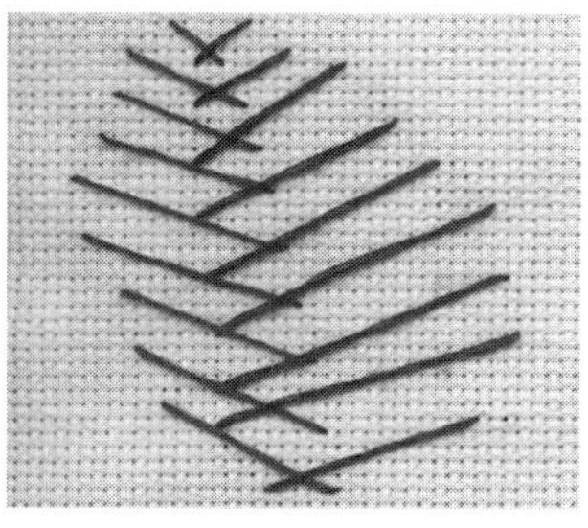

图2–15　叶状针

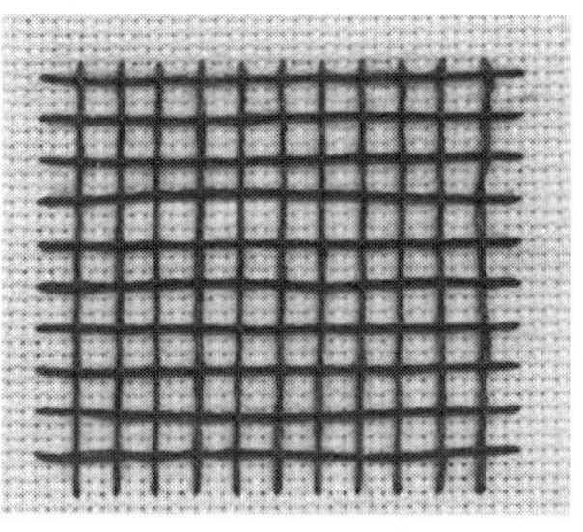

图2–16　编筐式针

（十）绕针

绕针又称缠针或卷针，是将绣线缠绕在针上形成的，通过改变绕针次数可以做出不同长度的绕针线迹。不同方向的绕针针迹组合可做出绕针玫瑰（图2–17）。

图2–17　绕针玫瑰

三、机缝基础工艺

机缝是服饰配件制作过程中相当重要的一道工艺，不同的服装要求也需要不同的机缝缝型来满足。总结下来，基础机缝缝型大致可分为：平缝、扣压缝、内包缝、外包缝、来去缝、分压缝、坐缉缝、闷缝、卷边缝。

（一）平缝

把两层面料正面相对，在反面按规定的缝份均匀地缉一道线。缝份宽度视面料质地的厚薄、松紧，以及所处的部位不同而有所差异，通常为0.8~1.2cm（图2–18）。

（二）扣压缝

先将面料的缝边按规定的缝份扣倒烫平，再把它放到规定的位置，在折边缉上0.1cm的明线（图2–19）。

（三）内包缝

将两层衣片的正面相对重叠，下层衣片比上层衣片多出0.8cm包转到上层，距边缉0.1cm的缝线，再把包缝折倒，将毛边盖住，在正面缉0.6cm的明线（图2–20）。

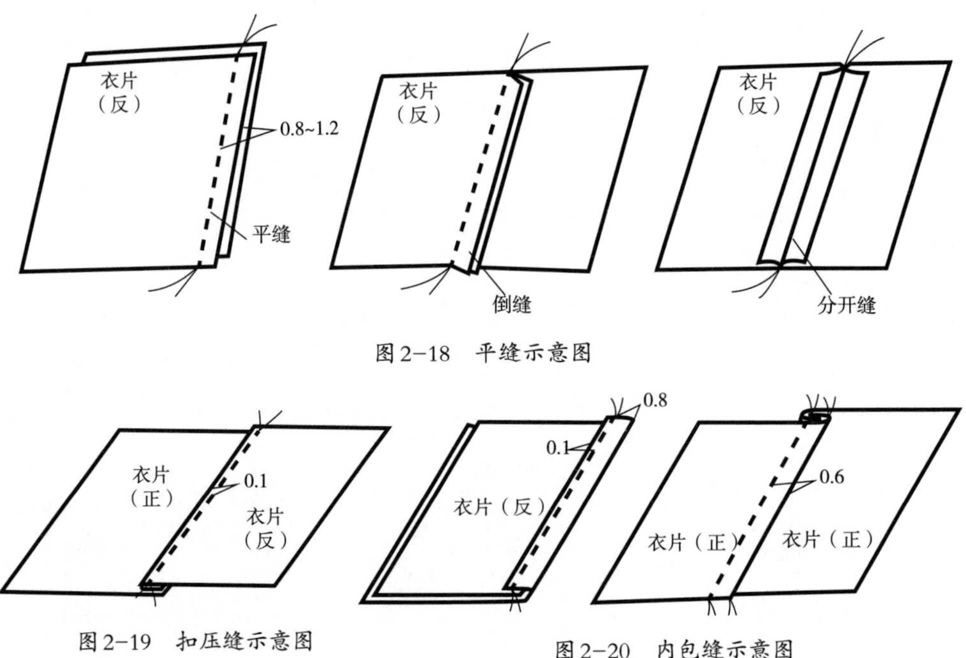

图2-18　平缝示意图

图2-19　扣压缝示意图

图2-20　内包缝示意图

（四）外包缝

缝制方法与内包缝相同。不同点：将衣片的反面与反面相对重叠后，下层衣片比上层衣片多出0.8cm；包转到上层，距边缉0.1cm的缝线，再把包缝折倒，将毛边盖住，在正面缉0.1cm的明线（图2-21）。

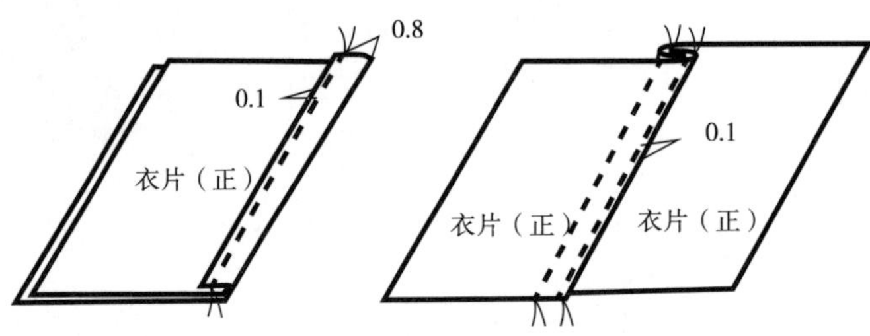

图2-21　外包缝示意图

（五）来去缝

来去缝分为两步，即来缝和去缝（图2-22）。来缝：将两层衣片反面相对叠合，距边缘缉0.5cm的明线，然后将缝份修剪留0.3cm。去缝：将车缝后的两衣片翻转，形成正面相对，缝边用手扣齐，然后沿边0.6cm缉第二道线，且第一次缝份的毛屑不能露出。

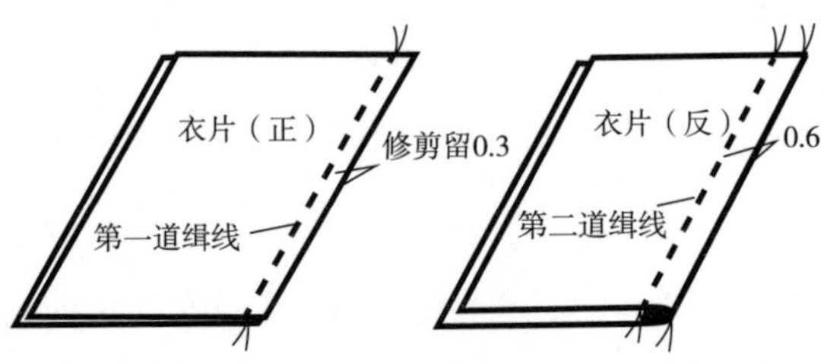

图2-22　来去缝示意图

（六）分压缝

将两层衣片正面相对叠合，沿边先缉1cm，然后把缝份向两侧分开，再将其中一衣片折向另一衣片；使两层衣片正面相对，缝子的一侧为一层缝份，另一侧为三层（两层是衣片、一层是缝份），在三层的一侧沿缝份缉0.1cm的明线（图2-23）。

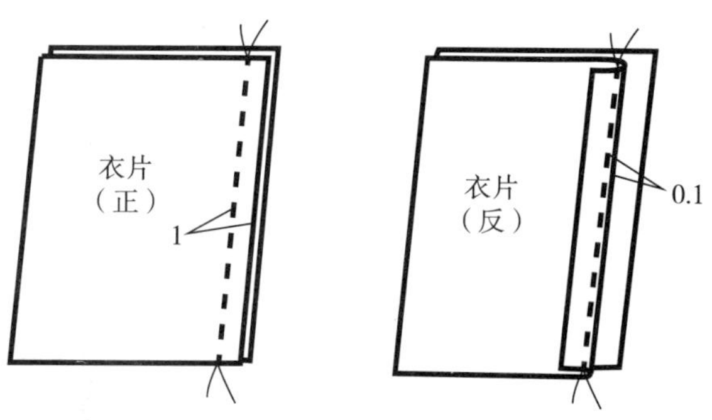

图2-23 分压缝示意图

（七）坐缉缝

将两层衣片正面相对叠合，下层衣片比上层衣片宽出0.4～0.6cm，沿边先缉一条明线。缝合后缝份朝上层衣片坐倒，在正面压一道明线（图2-24）。

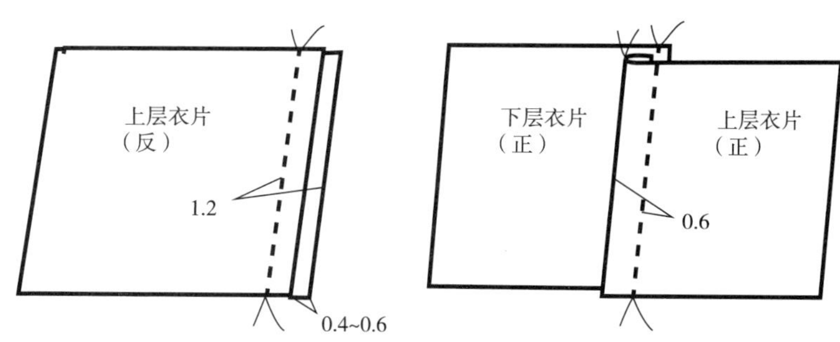

图2-24 坐缉缝示意图

（八）闷缝

先将一块面料两边折进1cm烫平；再折烫成双层（布边先折烫光），下层比上层宽0.1cm；然后将衣片夹在双层中间（衣片塞进双层中间1cm），沿上层边缘缉缝0.1cm，将上、中、下三层一起缝住。缝制时注意上层要推送，下层略拉紧（图2-25）。

（九）卷边缝

先将衣片的毛边向反面折光（折进的量根据需要，有0.3cm、0.5cm、0.8cm、1cm不等）；然后将贴边向反面再折转一定的量（根据需要，贴边的量有0.5cm、0.8cm、1cm、1.5cm、2cm不等），使衣片的毛边被卷在里边；最后沿贴边上口缉0.1cm明线（图2-26）。

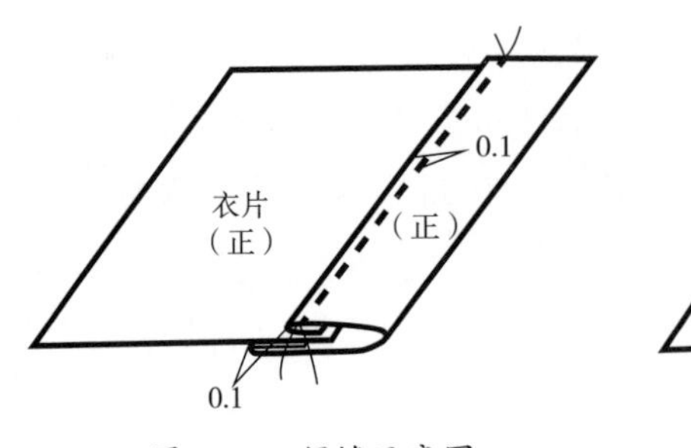

图2-25　闷缝示意图

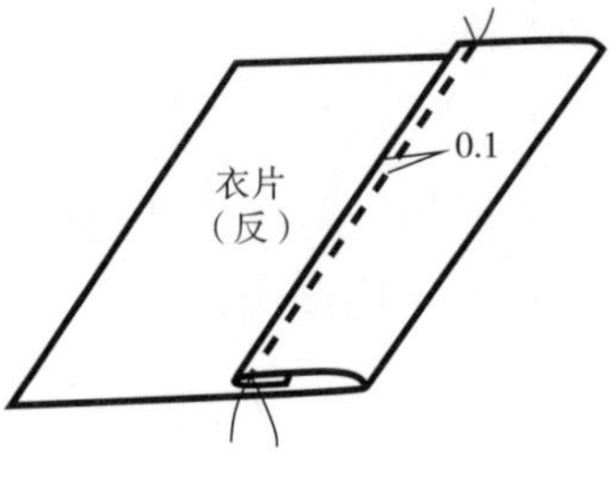

图2-26　卷边缝示意图

第二节　服饰配件钩编基础工艺

钩编作为一门传统手工艺已渗透到人们生活的方方面面，如服装、饰品、家居装饰等。本章从钩编基础知识、钩编饰物制作范例方面进行了介绍，一方面为了传承传统手工钩编工艺，另一方面为本课程的学习打下良好的基础。

一、钩编基础知识

（一）钩编的定义

钩编是指使用钩针工具，其中钩针多以金属、竹质、塑料、硅胶等材质制成细棒状，前端为鱼钩型。利用钩针穿插、钩拉、串套线性材料，进行编织的手工工艺活动，不同的钩针粗细、线性材质和钩织针法可以形成形态各异、花样丰富的钩编品，既而广泛运用在家居软装和服饰品的设计制作中，深受消费者的喜爱。钩编强调玲珑细致富有立体感或富有浪漫情调，其装饰性织物具有强烈的艺术感染力。

（二）钩编成品的特征

钩编成品是由一个个线圈互相套在一起结合而成的，表面凹凸肌理，因此形成的织物具有柔软性、卷边性、脱散性和延展性。选择材质的柔软程度不同，成品效果也是有很大差异的。另外，在编织过程中，织物的边缘会卷翘起来，也就是通常所说的卷边性，可以通过改变服装边缘的针法来解决这一问题。穿戴钩编的服装或服饰品时，如果线材断裂，线圈也很容易脱落，很有可能一个脱散，其他的线也会脱散，在钩编时必须注意脱散性这一特点。

钩编成品还具有延展性，该特性是由于在钩编过程中受到不同方向的力而产生的，当外力消失后，线圈结构还能回到原来的状态，所以钩编服装所富有的弹性才能更加适应人体运动伸展弯曲的变化，充分满足人体活动量，能充分与人体曲线相吻合。这些特性也是设计者在创作手工钩编的作品时必须要考虑的问题，从而能将这些特性转变成优势，充分体现出钩编服饰品与众不同的美感。

（三）钩编的种类及其应用

1.按材质不同分类

（1）毛线编。毛线是钩编中最常用的线材，有牛奶棉线、棉麻混纺线等，主要用于女装、男装、童装（图2–27）。

图2–27　毛线编服饰品

（2）草编。草编织品的主要原料有麦秸秆、玉米皮、稻草等，是最为常用的线材，可钩织成各种帽子、包、坐垫等。棉草拉菲是环保型绿色产品，钩编产品透气性强，轻巧实用，色彩多样，造型美观（图2–28、图2–29）。

图2–28　草编包

图2–29　草编帽子

（3）蕾丝编。蕾丝编织品一般采用化纤材料编织而成，线材色泽丰富、牢固，但缺少弹性、亲肤性差，适合用作帽子、地垫等钩织品（图2–30、图2–31）。

图2-30　蕾丝编帽子

图2-31　蕾丝编地垫

2.按用途不同分类

（1）服饰类。主要包括线材钩编裙装、泳装、领饰、头饰、袜子、鞋子、手套、包袋、帽子等（图2-32）。

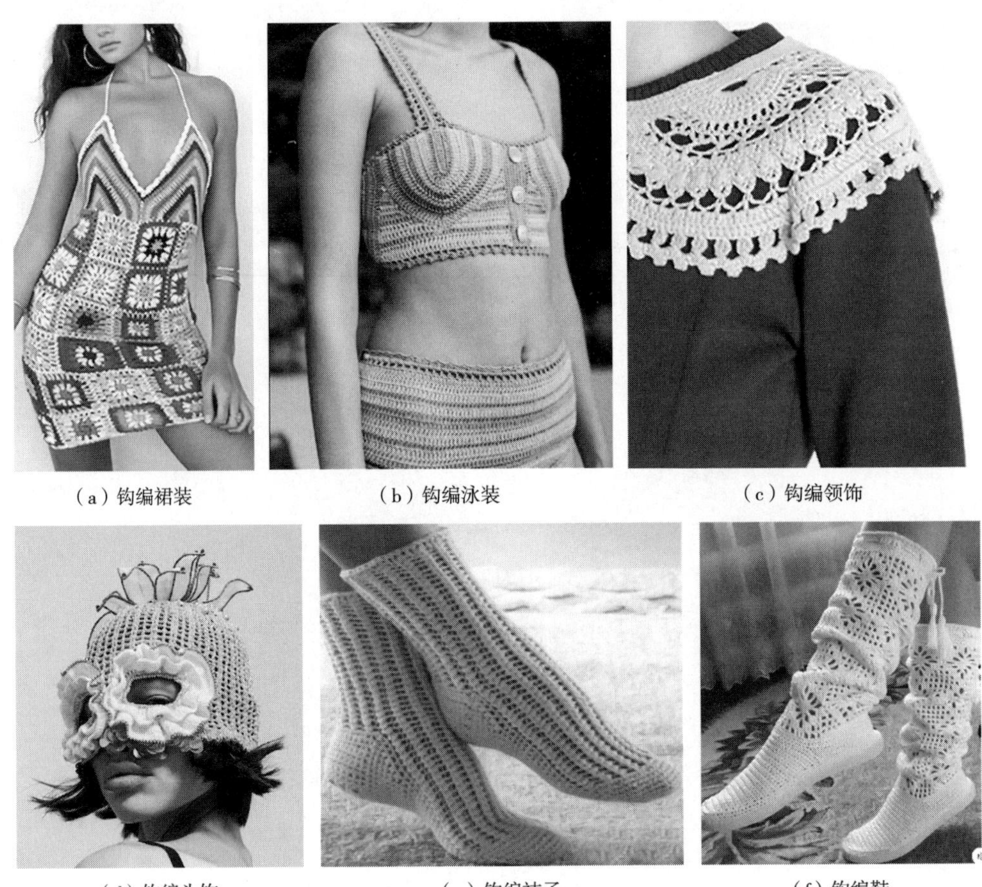

（a）钩编裙装　（b）钩编泳装　（c）钩编领饰

（d）钩编头饰　（e）钩编袜子　（f）钩编鞋

图2-32　服饰类

（2）家装类。主要包括杯垫、花饰品、笔筒、地毯、壁挂、坐垫等（图2-33）。

（a）钩编杯垫　（b）钩编花饰　（c）钩编笔筒

图2-33　家装类

（3）玩具类。主要包括玩偶、钥匙扣饰品等（图2-34）。

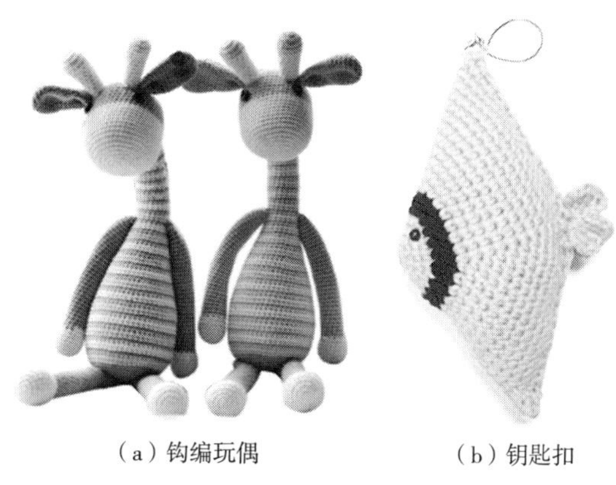

（a）钩编玩偶　（b）钥匙扣

图2-34　玩具类

（四）钩编材料及工具

1.钩编线材

钩编线材品种繁多，色彩丰富，按照材质分有天然线材、化学线材和混纺线材。按照线的类型分有毛线、布条线、拉菲草线、无捻线、花式线等（图2-35）。

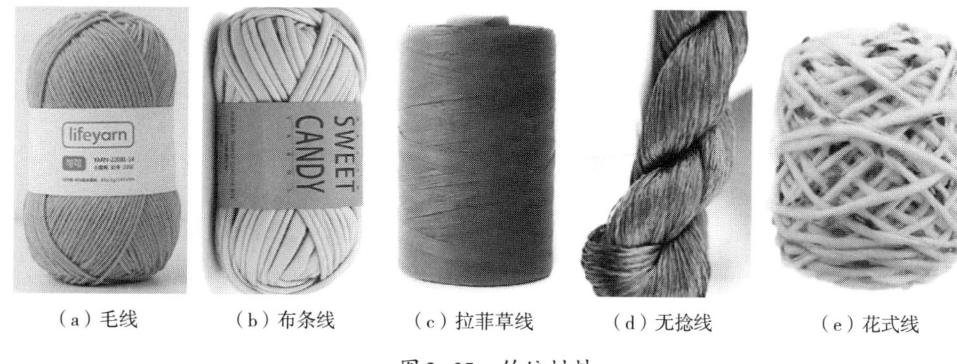

（a）毛线　（b）布条线　（c）拉菲草线　（d）无捻线　（e）花式线

图2-35　钩编材料

2. **钩编工具**

钩编用到的工具为钩针，钩针有不同的粗细型号，都会影响编织物的成型效果，必须选用与线材相匹配的钩针。

钩针按照材质分有金属、竹子、硅胶等，按照类型分有双头钩针、带握柄钩针、针头与针柄一体钩针等（图2-36、图2-37）。

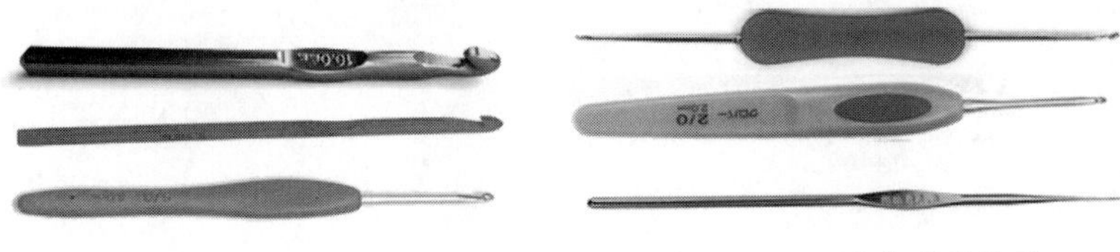

图2-36　不同材质的钩针　　　图2-37　不同类型的钩针

（五）钩编基础针法和起针方法

1. 钩编基础针法

（1）锁针 ⬭ 。锁针正面看像辫子，称为针目；锁针反面中间突出，称为里山（图2-38）。

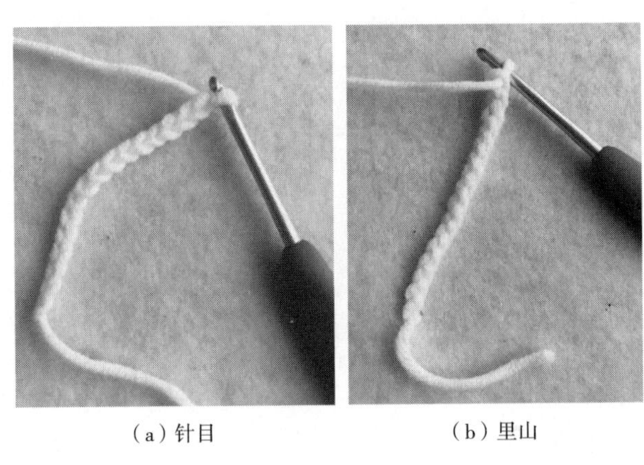

（a）针目　　　（b）里山

图2-38　锁针

（2）引拔针 ● 。编一行引拔针的短针或长针；从上一针针目上绕线钩出，钩针上有两个线圈；把前一个线圈直接从第二个线圈中钩出，完成一针引拔针的钩织（图2-39）。

图2-39　引拔针

（3）短针 × 。钩织好上一行的锁针，一针锁针相当于一针短针的高度；在左侧隔一个的锁针上挑针目；绕线从针目中拉出，这时钩针上有两个线圈；钩针上继续绕线；从两个线圈中一次性钩出，完成一针短针的钩织；短针完成（图2–40）。

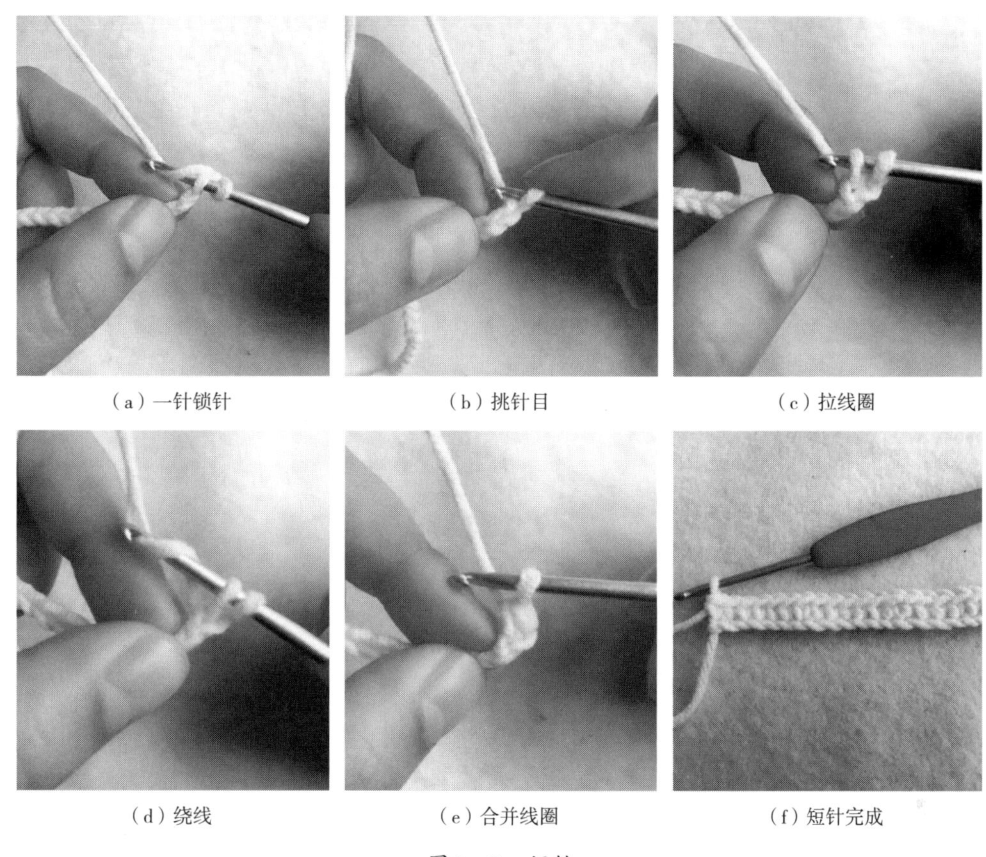

（a）一针锁针　（b）挑针目　（c）拉线圈

（d）绕线　（e）合并线圈　（f）短针完成

图2–40　短针

（4）中长针 丅 。织一行短针，立两针锁针相当于一针中长针；钩针绕线，从上一个针目中钩出，钩针上有三个线圈；再绕线从三个线圈一次钩出，完成一针中长针的钩织；中长针完成（图2–41）。

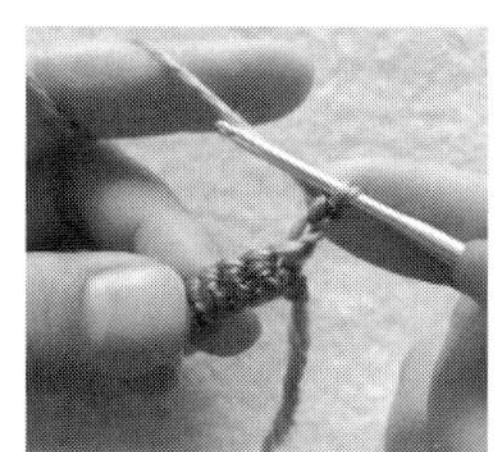

图2–41　中长针

（5）长针 Ŧ 。钩织好一行锁针，三针锁针相当于一针长针；在左侧间隔三针锁针挑针目；钩针绕线挑起锁针针目；绕线从针目中钩出，此时钩针上有三个线圈；继续绕线，从前两个线圈中钩出，这时钩针上两个线圈，一针未完成的长针；钩针上继续绕线，从剩下的两个线圈中钩出；长针完成（图2–42）。

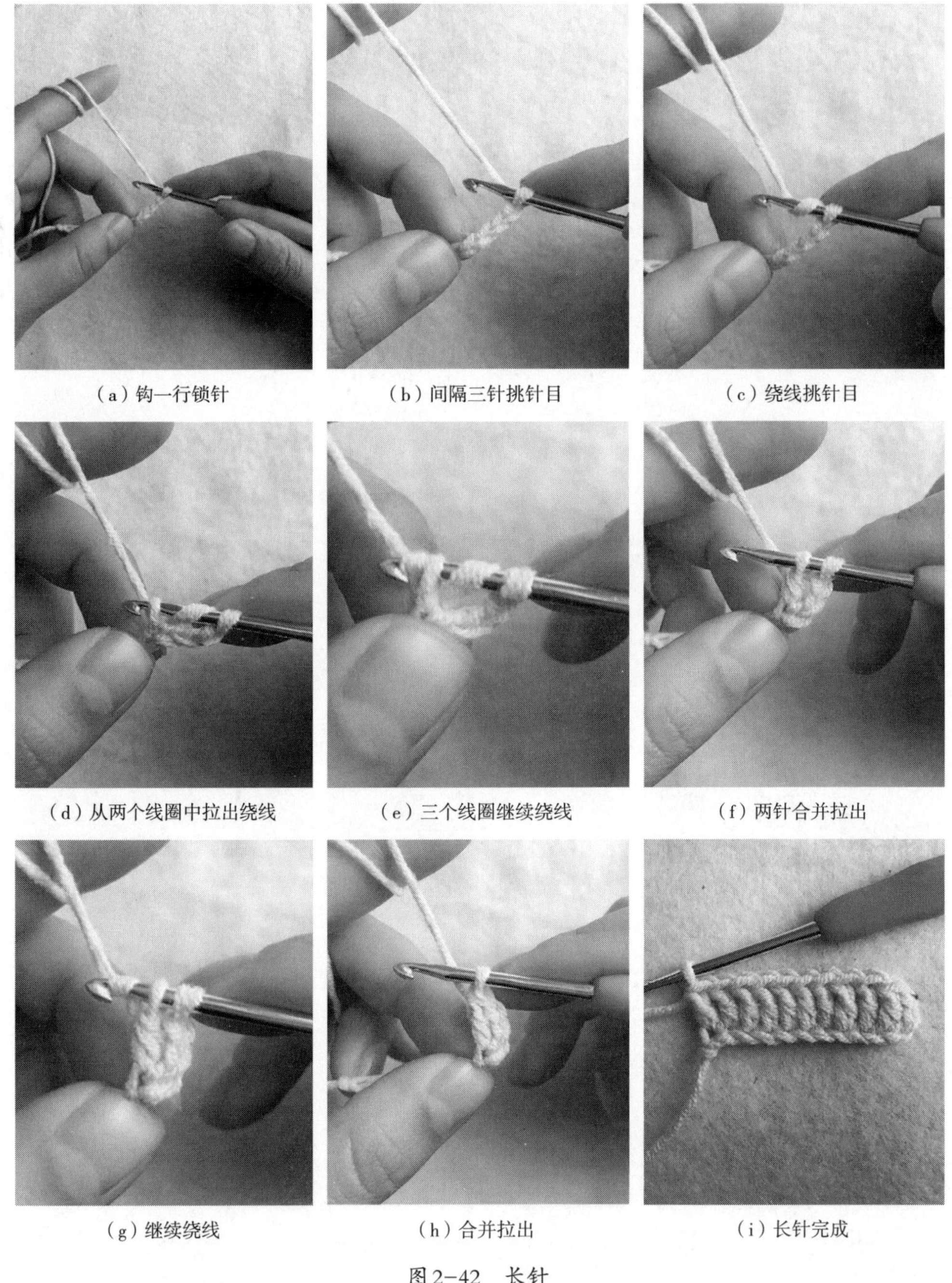

（a）钩一行锁针　（b）间隔三针挑针目　（c）绕线挑针目

（d）从两个线圈中拉出绕线　（e）三个线圈继续绕线　（f）两针合并拉出

（g）继续绕线　（h）合并拉出　（i）长针完成

图2–42　长针

（6）长长针 。钩织一行锁针，钩针上绕两圈线圈，一针相当于四针锁针的高度；继续绕线，这时钩针上有四个线圈；绕线从前两个线圈中钩出，剩下三个线圈；再次绕线，从前两个线圈钩出；在剩下的两个线圈中绕线钩出，完成一针两卷长针；两卷长针完成（图2–43）。

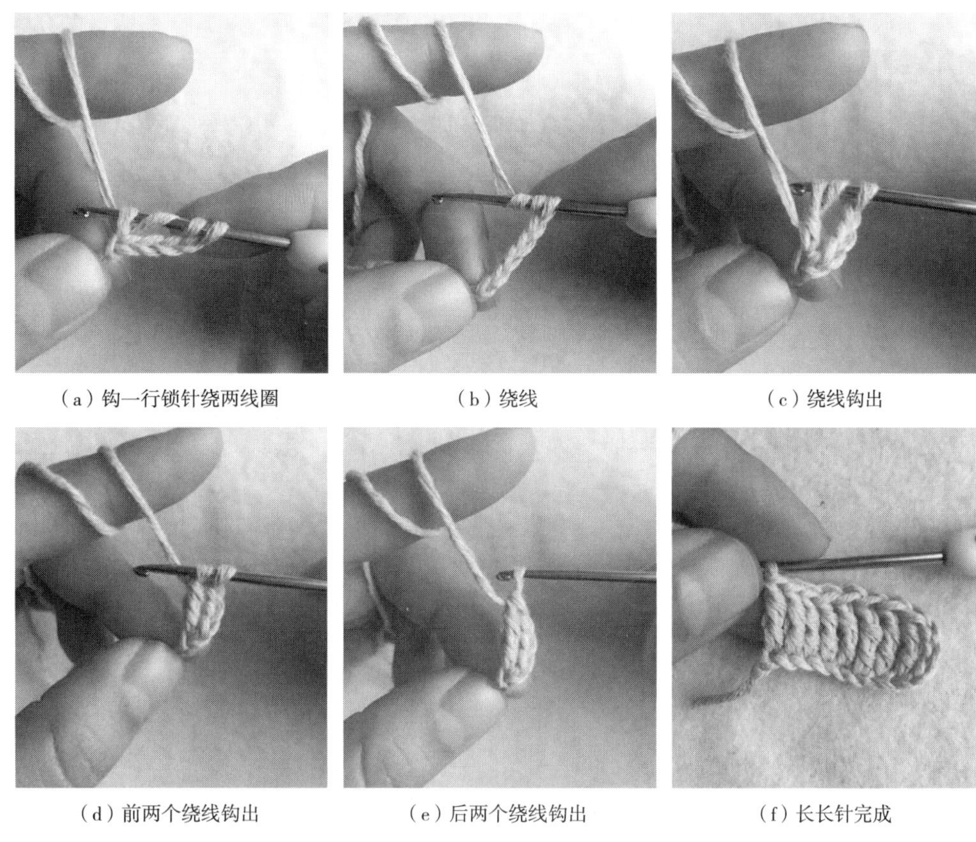

（a）钩一行锁针绕两线圈　（b）绕线　（c）绕线钩出

（d）前两个绕线钩出　（e）后两个绕线钩出　（f）长长针完成

图2-43　两卷长针

（7）三卷长针 。钩织一行锁针，一针相当于五针锁针的高度；绕线，此时钩针上有五个线圈；从前两个线圈钩出，剩下四个线圈；再次绕线，从前两个线圈钩出，剩余三个线圈；绕线，穿出前两个线圈，剩余两个线圈；绕线，从最后的两个线圈钩出，完成一针三卷长针；三卷长针完成（图2-44）。

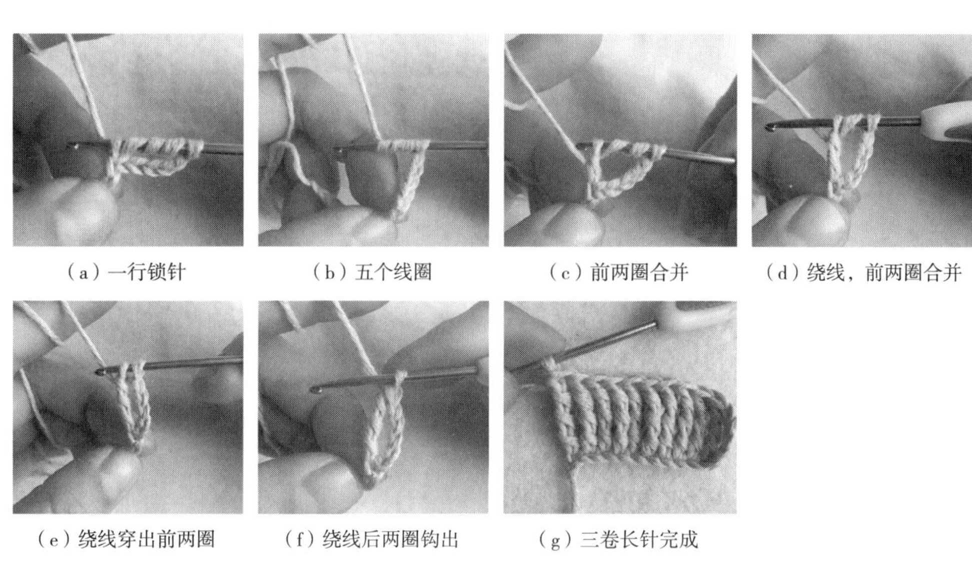

（a）一行锁针　（b）五个线圈　（c）前两圈合并　（d）绕线，前两圈合并

（e）绕线穿出前两圈　（f）绕线后两圈钩出　（g）三卷长针完成

图2-44　3卷长针

（8）长针正拉针 ʒ 。钩织一排长针，作为长针正拉针的基础；钩针绕线，在上一行针扣的正面入针，反面出针；钩针绕线钩出1针针目，此时钩针上有三个线圈；绕线从前两个线圈钩出，剩下两针针目；绕线从最后两个线圈钩出；长针正拉针完成（图2-45）。

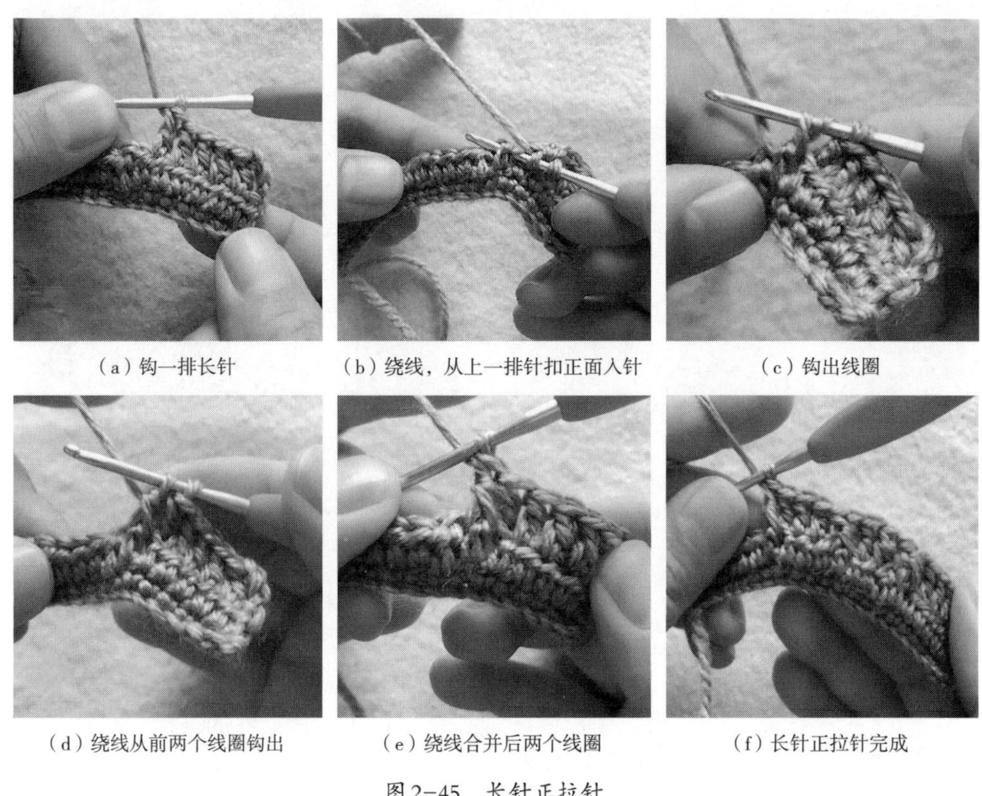

（a）钩一排长针　（b）绕线，从上一排针扣正面入针　（c）钩出线圈

（d）绕线从前两个线圈钩出　（e）绕线合并后两个线圈　（f）长针正拉针完成

图2-45　长针正拉针

（9）长针反拉针 ƺ 。钩织一排长针，作为长针反拉针的基础，钩针绕线，从上一行针扣的反面入针，再从正面穿入反面；完成一针长针反拉针的绕线，这时钩针上有三个线圈；按照长针的钩织方法，先从前两个线圈钩出，再从剩下的两个线圈中钩出，完成一针长针反拉针的钩织（图2-46）。

（a）钩长针，上一行针扣反面入针　（b）完成一钩针绕线　（c）前两针钩出，再从后两针钩出完成

图2-46　长针反拉针

（10）狗牙针/装饰针 。钩织几针长针，作为内钩长针的基础，钩针绕线，在上一行针目上钩织短针；钩织三针锁针，在下一个针目上继续钩织短针，完成一针狗牙装饰针（图2–47）。

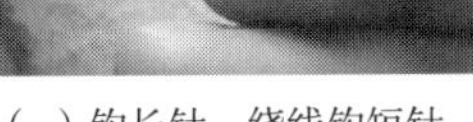
（a）钩长针，绕线钩短针

（b）钩三锁针

（c）下一针目钩短针，一针狗牙针完成

图2–47　狗牙针

2.钩编起针方法

（1）环形起针。左手拿线，在手指上绕线两圈；取下线圈，用钩针穿入钩出；绕线从线圈中钩出，完成一针锁针，一般不算作起针数；此时开始钩织的算作针数，可以用短针、长针、中长针等；此处用的是短针钩织，绕线从环中钩出；完成一针短针的环形起针（图2–48）。

（a）绕2圈　（b）穿钩针　（c）完成锁针

（d）短针　（e）绕线钩出　（f）完成环形起针

图2–48　环形起针

（2）锁针起针。左手拿线，右手拿钩针，钩针在线的右侧自上向下绕圈，用手捏住线；绕线，从线圈中钩出，完成一个扣结的钩织，一般不算作针数；继续绕线，从线圈中钩出，钩织所需的环形针数；钩织完锁针后，从第一针锁针的针目或里山穿入；钩织引拔针，完成锁针起针钩织（图2-49）。

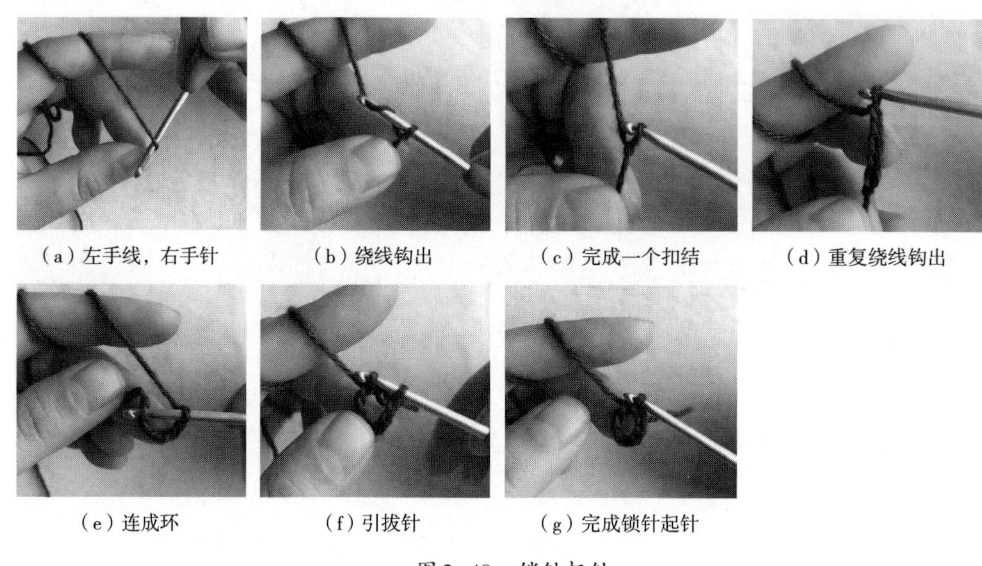

（a）左手线，右手针　（b）绕线钩出　（c）完成一个扣结　（d）重复绕线钩出

（e）连成环　（f）引拔针　（g）完成锁针起针

图2-49　锁针起针

二、钩编饰物制作范例

（一）杯垫的钩编工艺

1. 圆形杯垫

此款圆形杯垫为不规则轮廓杯垫，主要由锁针、短针、长针、长长针、加长针等针法构成，共分六圈钩织，成品直径约为10cm，可以选用单色或渐变色编织，会产生不同的视觉效果。

（1）材料选择。选择棉线、丝线均可。钩针：2.5mm。

（2）制作工艺。前三圈环形起针：第一圈钩15个短针；第二圈立3针锁针相当于1个长针，再钩15个针长针，这一圈共钩织16个长针；第三圈立4个锁针，其中3个相当于1个长针，另一针锁针在2个长针中间间隔，按照这个钩织规律完成第三圈，引拔针结束。

第4圈，换线，可以把上一圈的线剪断，选择一个锁针的位置，用4个长长针的枣形针钩织，4个锁针相当于1个长长针，中间用3个锁针隔开；换线，第四圈立1个锁针，接着在上一行锁针上钩3个短针，相当于在上一行3个锁针上钩4个短针，枣形针上方钩5个锁针，最后结束的5个锁针中用1个长针代替3个锁针；第五圈锁针起立针，在上一行4个短针的位置钩4个锁针，在上一行5个锁针的位置钩1个短针，最后在起针锁针上引拔结束；第六圈在上一圈4个锁针的位置钩5个短针，其余方法同第四圈钩织方法，完成效果（图2-50）。

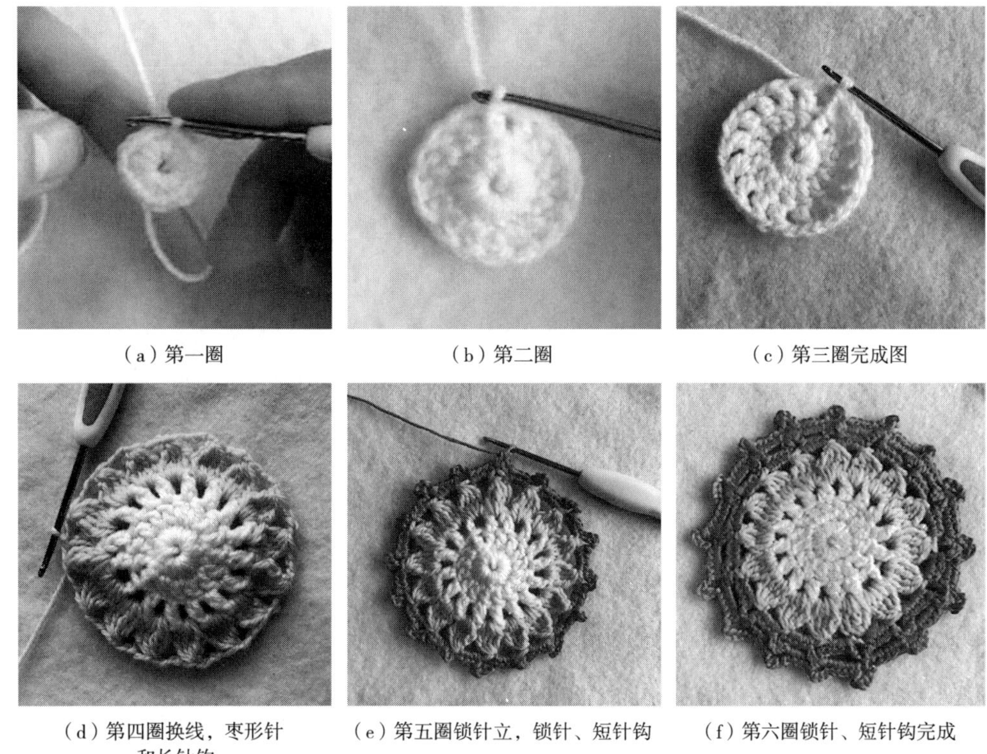

（a）第一圈　（b）第二圈　（c）第三圈完成图

（d）第四圈换线，枣形针和长针钩　（e）第五圈锁针立，锁针、短针钩　（f）第六圈锁针、短针钩完成

图2-50　圆形杯垫制作流程图

2.花瓣形杯垫

此款杯垫造型外围由8片花瓣组成，内围4片花瓣，运用了锁针、短针、长针、长长针等针法，共分6圈钩织。

（1）材料选择。选择棉线、丝线均可。钩针：2.5mm。

（2）制作工艺。第一圈起针，锁针8针，首尾以引拔针结束；第二圈，在锁针基础上，第一针锁针起立针，共钩织16针短针，以引拔针结束；第三圈，锁针起立针，第二行隔1个短针钩2个长针，共4个单元。

第四圈，立锁针，3针锁针，4针长针，3针锁针，4针长针，3针长针为一个钩织单元；完成4个钩织单元；立8针锁针，其中5针锁针相当于1个长长针，钩一个3圈长针，中间4个锁针，另一侧对称针法为垂直方向一个单元花型，对角线上的单元为1针长针，3针锁针，1针长长针，中间5针锁针，一个单元两侧对称针法，完成第四圈的钩织图。

第五圈锁针起立针，1个短针，1针中长针，5针长针，中间3针锁针隔开，另一侧对称针目；对角线单元为1针短针，1针中长针，6针长针，2针长长针，中间3针锁针，另一侧对称针目；按照前两个步骤钩织规律完成这一圈钩织（图2-51）。

（a）第一圈8个锁针连成环形　（b）第二圈16个短针　（c）第三圈钩花瓣

（d）做第一个钩织单元　（e）完成4个钩织单元　（f）第四圈完成

（g）第五圈钩第一个单元　（h）钩新单元　（i）第五圈完成4组花瓣

图2–51　花瓣形杯垫制作流程图

（二）花朵的钩编工艺

1.玫瑰花钩织

玫瑰花造型由内向外卷曲，共7片花瓣，花朵中心部分略小于外圈，共3行编织。

（1）材料选择。可采用牛奶棉或丝线棉线钩织。钩针：2.5~3.0mm。

（2）制作工艺。起针25针，3针起立针，起针位置为花朵外圈位置；第一行3针起立针，相当于1针长针，再钩织4针长针，每间隔3针，在下一个短针上钩5针长针，长针与长针之间1针锁针间隔；第一行完成效果，自然向内卷曲。

第二行3针锁针起针，在上一行5针长针上钩织2针长针，1针长针，2针长针，1针长针，2针长针的规律钩织，每一组和中间1针锁针连接；花心最后2组花瓣上1针长针，2针长针，1针长针，2针长针，1针长针，规律钩织；第三行3针锁针起立针，对应上一行每个长针钩1针长针，两侧各2针锁针在上一行锁针上引拔，完成第三行的钩织（图2-52）。

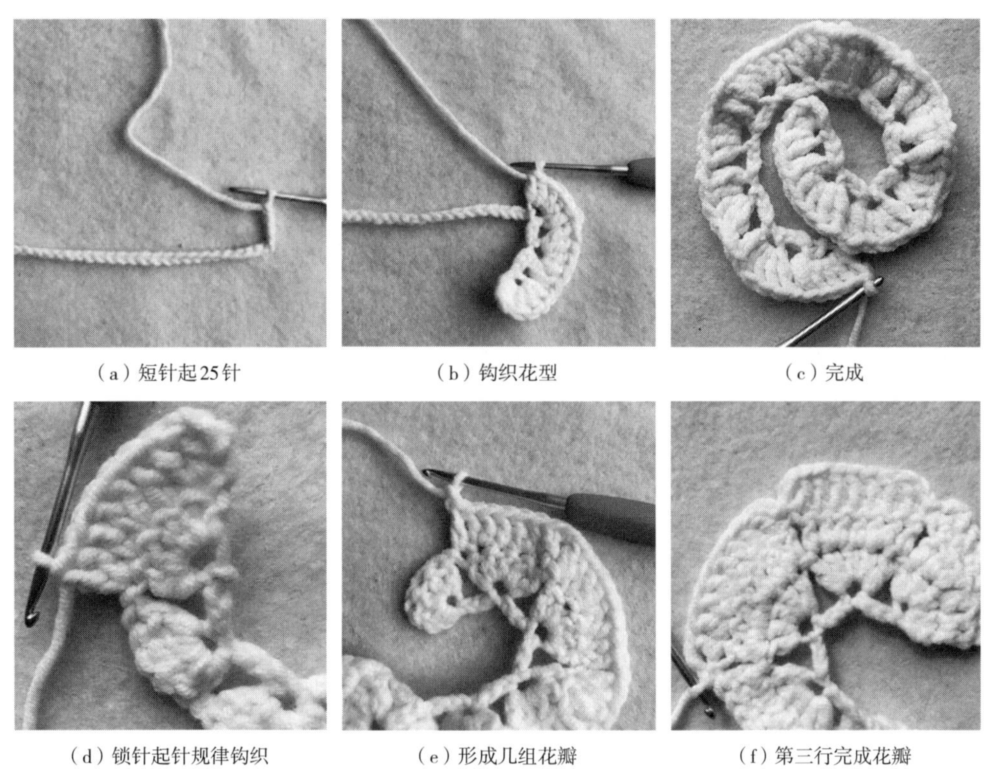

（a）短针起25针　（b）钩织花型　（c）完成

（d）锁针起针规律钩织　（e）形成几组花瓣　（f）第三行完成花瓣

图2-52　玫瑰花钩织流程图

2.银莲花钩织

此款银莲花造型由花心和花瓣两部分组成，从花心向花瓣部分钩织，可选择不同颜色的线组合，用于头花、胸针等装饰。

（1）材料选择。牛奶棉或蕾丝线。钩针：2.5~3.0mm。

（2）制作工艺。环形起针，立1针短针，第一圈5针短针，第二圈立1针锁针，在上一圈每1针短针上加1针短针，共10针短针，第三圈每隔1针加1针短针，共18针短针；第四圈共6个花瓣，每个花瓣的钩织规律是一样的，在上一圈每3针短针上形成一个花瓣；第一针短针上3针锁针，1针长针，1针长长针，第二针短针上3针三圈长针，第三针短针上1针长长针，1针长针，3针锁针，并以引拔针结束。结束三圈编织，并剪断线，换线以引拔针结束。

按照同样的规律完成花瓣的钩织；最后一圈钩短针，把线引拔至第一针锁针上分别在上一圈每个针目钩1针短针，中间的1针三圈长针上钩2针短针，按照这个规律完成最后一圈的钩织（图2–53）。

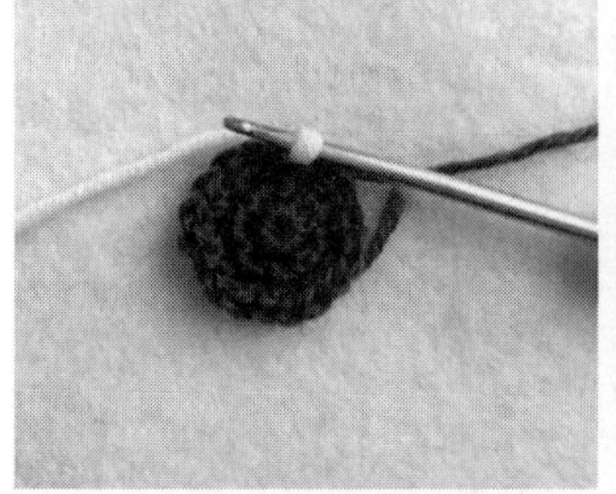

（a）环形起针，短针完成前3圈

（b）第4圈换线钩花瓣

（c）完成第一个花瓣

（d）完成6个花瓣

（e）钩编完成

图2–53　银莲花钩织流程图

3. 三层立体花钩织

此款花朵造型立体感较强，由三层不同大小的花瓣组成，共分10圈钩织，外圈分别在上一圈的外侧钩织，主要由短针、锁针、长针等针法组成。

（1）材料选择。可以选择棉线、丝线都可以。钩针：2.5~3.0mm钩针。

（2）制作工艺。环形起针，第一圈钩织6针短针，第二圈在每个短针上钩短针加1针，第二圈共12针；第三圈在上一针针目上钩1针短针，3针锁针，再在下一针短针针目上钩短针，共完成6组钩短针，完成6组锁针；第四圈在上一圈锁针孔中钩织3针锁针，3针长针，3针锁针为一个单元，完成第四圈的钩织。

第五圈钩织4针锁针，在上一圈的短针上继续钩织短针；第六圈在上一圈的锁针针孔中以3针锁针、4针长针、3针锁针为一个单元，完成第六圈的钩织；第七圈钩织5个锁针为一个单元，第八圈钩织3针锁针、6针长针，3针锁针为一个单元，完成第八圈的钩织；第九圈钩织6针锁针，第十圈钩织3针锁针、7针长针，3针锁针为一个单元，完成第十圈的钩织（图2–54）。

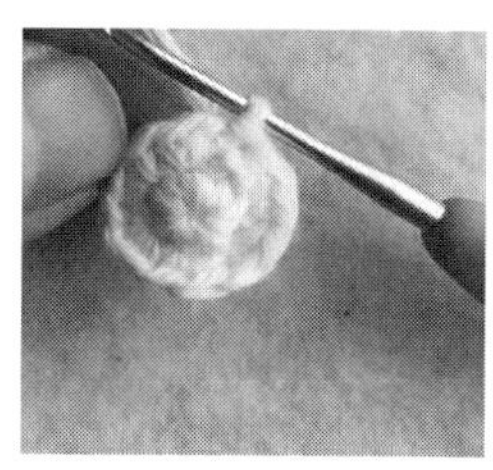

（a）环形起针完成前二圈

（b）完成6组锁针

（c）完成花瓣钩织

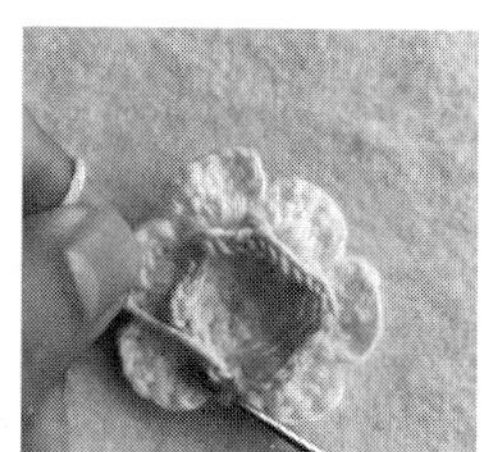

（d）反面形成6组锁针

（e）形成第二层6个花瓣

（f）形成第三层6个花瓣

图2–54　完成第八圈

每一圈在钩织时可以选择不同颜色的线材，以增加花朵的层次感（图2–55）。

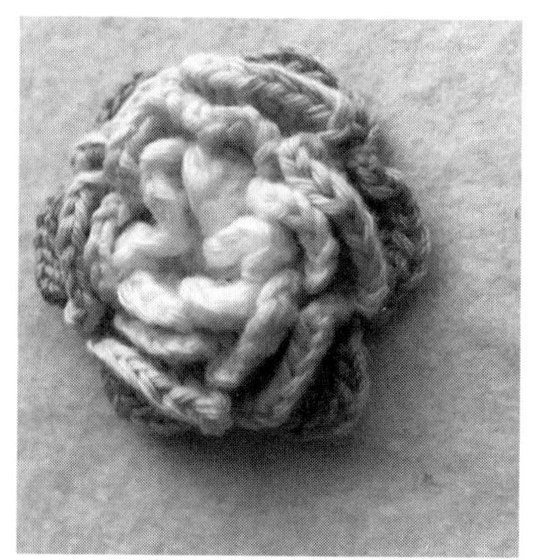

图2–55　三层立体花型完成

第三节　服饰配件扣结基础工艺

一、扣结基础知识

（一）扣结的起源与发展

扣结艺术是有着悠长历史的古老且拥有巨大应用潜力的传统手工艺术，

它在整个世界的文化历史长河中闪耀着迷人的光辉。扣结是以绳带为基本材料，以一段或多段绳带弯曲盘绕、纵横穿插，中间打上具有优美形态的结扣得以完成的，它凝聚了劳动人民的聪颖、灵巧的心思和艺术智慧，赋予平直单调的绳线以深刻、丰富的艺术内涵。它可应用于当代日常生活中的方方面面，如服装上的装饰、配饰物、家居软装、产品包装等，有着广泛的实用性和装饰性。

扣结艺术的历史可追溯到人类发展的黎明时期。扣结最初的用途是用以捆绑物体或将其连接起来，如旧石器时代人们用动物的筋、动物的皮割出的条子或用植物的纤维和茎等制成绳状，打结用于固定骨、角、贝壳、兽齿及石头等制作成的工具。此时打出的“结”外观简单而粗犷，带有原始野趣，并且其实用功能远远超出装饰的含义。《易·系辞下》中说：“上古结绳而治，圣人易之以书契。”结法也根据事物的大小、重要与否有所区别，如要事打大结，小事打小结，事情完成后将结解开。由此可见，绳结同时也具有标识、记事的作用（图2–56）。串结钱币，也是编结在日常生活中的应用之一，这类钱串绳结复杂精致，除了其购物功能外，还是一件象征权力、富有的装饰艺术品。古代许多民族都将蚧类壳加工制作成“钱”状，再用绳串结起来，以便携带和使用，如美拉尼西亚最为杰出的“螺币”（或称“迪瓦拉”）、巴布亚新几内亚的“猪币”等都是此类型的杰出代表（图2–57、图2–58）。

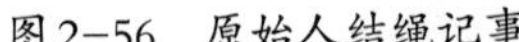

图2–56 原始人结绳记事

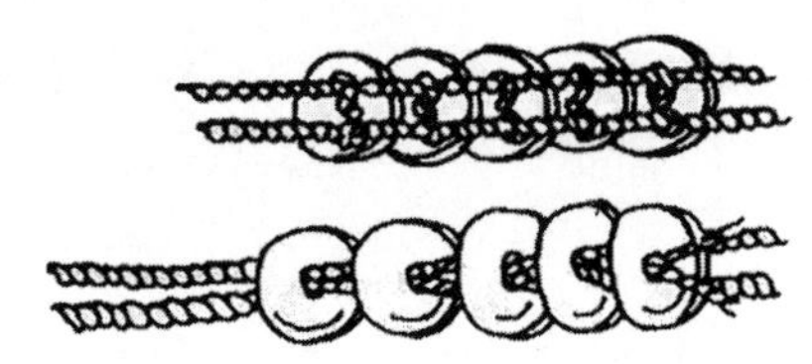

图2–57 美拉尼西亚的“螺币”

图2–58 巴布亚新几内亚的“猪币”

日常生活中的衣物和装饰，扣结制品重要且普遍。原始人类将树叶、兽皮等物用绳结连接在一起制成“衣服”“帐篷”用以御寒和防护；或将贝壳、鱼骨、兽齿等物用草绳皮条串连起来佩戴在头、颈、臂、腿上用于装饰；再或将绳状物编结成为吊网、扇子、背袋等日常生活中所使用的用具。这一时期鞋文化的产生是人类进步的一大特征，原始人的制鞋与我们探讨的绳结有着密不可分的联系，如处于热地区的印第安人用棕榈纤维编结出原始“凉鞋”；而处于北极附近的各民族的“雪鞋”（图2–59）能使人们在茫茫雪海中安全散步。

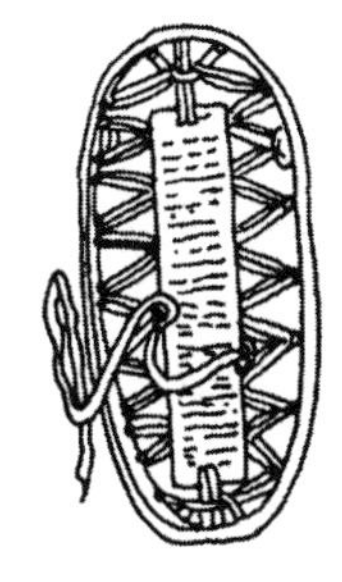

图2–59　北极附近的各民族的“雪鞋”

扣结的起源因素非常复杂，因地、因时、因人而异，用途也非常广泛，还包括许多大大小小的、日常烦琐的绑扎、结式。现如今，大到各种绳索吊桥、荡桥、捆绑车马；小到壁挂装饰、扇坠、纽扣、首饰（图2–60）。扣结造型千姿百态、十分复杂。在工业、农业、商业、军事、渔业以及人们的生活中无所不见。

图2–60　扣结产品在日常生活中的应用

（二）扣结在服饰设计中的表现形式

根据服饰中常见扣结装饰的特点，我们可以将其分为两大类型，一是单独存在的编结饰品，如腰带、络子、坠子等；二是编结饰物要依附在服装面料之上，如盘扣、边缘装饰等。例如，在我们本民族的旗袍、马褂及少数民族的诸多衣饰中，编结纽扣饰品是必不可少的内容。制作盘扣的面料一般由衣服的面料缝制而成，我国民间有关纽扣结的编法就有数十种之多。在简单的基本扣坨编好之后，再运用余下的绳带盘出各种花卉、动物、行云流水等图案，缝缀于纽扣结边缘显得十分精致巧妙（图2–61）。再如，西式军装，尤其是中世纪及现代礼仪所用的军装，很多都运用了绳结流苏的装饰。一般装饰在肩袖部、胸襟、军帽以及马靴等部位（图2–62），绳结的穗带多为黄色、米色丝带编结的四股辫结、锁链结、十字辫结等。

当代众多服装设计师也从传统扣结饰品中得到启发，创作出许多新颖的服饰精品，如在服装的胸前、领口、衣缘处编结抽穗，并饰以金属片、珠子、木片、玉石等饰物，或采用编结重塑面料，让面料产生半立体效果，使服饰生动明朗、多姿多彩又飘逸生辉（图2-63）。

图2-61　旗袍盘扣

图2-62　西式军装

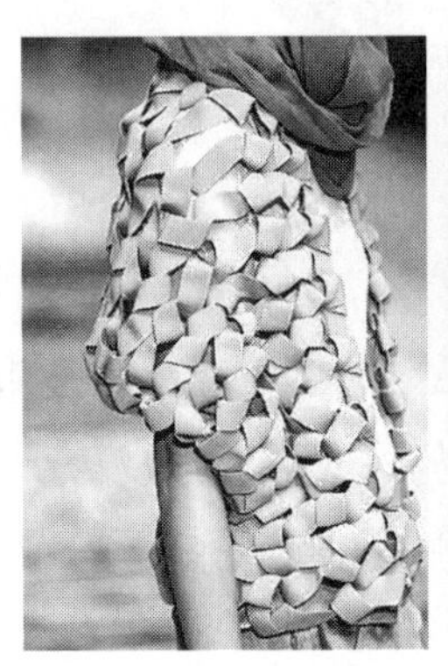

图2-63　扣结服装

（三）中国传统扣结图案的象征意义

中国传统扣结文化源远流长，始于上古，兴于唐宋，盛于明清。唐代的铜镜图案中绘有口含绳结的飞鸟，寓意永结秦晋之好（图2-64）。明清时期，人们开始给各种结饰命名，赋予它吉祥寓意。“绳”与“神”谐音，而绳结的编织扭曲盘旋似龙，而古人认为龙是天子、是神，也因此膜拜过绳子；“结”又与“吉”谐音，然而“结”又象征一种聚集在一起、团结亲密的感觉，因此大家想到中国结，就会想到吉祥如意、大吉大利等具有吉祥寓意的词汇。“如意结”代表吉祥如意，“双鱼结”代表吉庆有余等，而我们最为熟悉的传统结式之一同心结（图2-65），则象征了青年男女互相爱恋、永结同心的美好愿望，是我国婚俗中一项不可缺少的信物。南朝梁武帝萧衍《有所思》中名句：“腰中双绮带，梦为同心结。”以及李商隐《杂歌谣辞·李夫人歌》诗中所写：“一带不结心，两股方安髻。”均描述了当时同心结的佩戴在民间普遍流行的程度。传统汉民族中流传着端午节给孩子穿“五毒衣”、系“百索”的习俗（图2-66），“百索”是用五彩丝线编结而成的带子，可系在腰间、手腕处，人们将“百索”视为彩龙或蚯蚓，以期镇鬼魅、驱邪祟，保佑孩子安康。

图2-64　月宫盘龙镜局部的口衔

图2-65　山西省万荣县皇甫村薛墓出土石椁线刻佩戴同心结的仕女

图2-66　系“百索”的孩子

（四）扣结制作的材料

扣结制作的主要形式是线线相叠交错、盘绕穿梭的，因此它的基本材料是以细而长、柔软有弹性以及能够相互缠绕、编结等特点的绳线类为主（图2–67）。

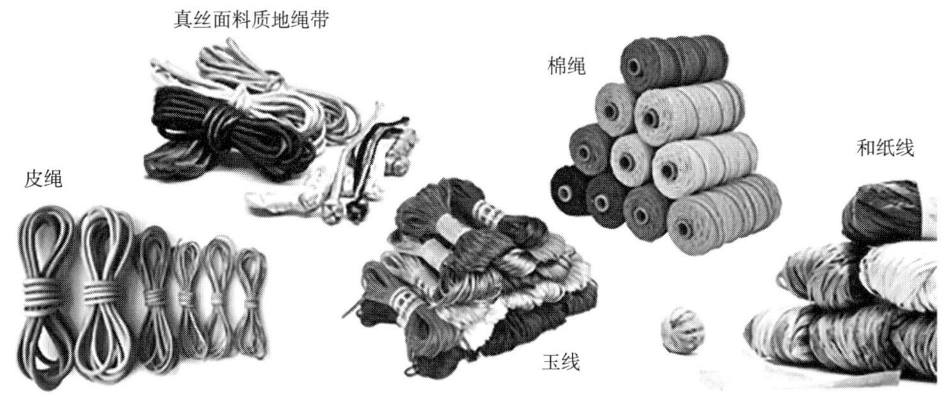

图2–67　各类编结绳材

（1）皮革（包括天然皮革和合成革）切割出的绳、带。

（2）棉、麻质地的线绳或带子。

（3）丝（真丝或涤纶仿真丝）质地的线绳或带子（如玉线、芊绵线）。

（4）毛条或纯毛质地的线绳或带子。

（5）混纺（棉麻混纺、丝麻混纺、毛腈混纺、毛麻混纺等）质地的线绳或带子。

（6）金属质地的线、绳（如钢丝、铁丝、铜丝、金线、银线82）等。

（7）其他：草绳、竹皮、柳条和纸等材料，在特殊的场合中也可用于编结。

除线绳类材料之外，某些复杂的结型需要利用一些工具辅助操作，如插垫、钩针、大头针、小钉子、镊子、剪刀、锥子、热熔胶、胶水、热熔胶枪和打火机等物。

（五）扣结的基本技法

扣结的编结方法不一而足，结式丰富多彩，有一根绳或多根绳编织的方法，也有绳带与其他饰物组合编织的方法。通常是先编结出一个或数个最基本、最简单的结式，在此基础上再编出变化结式，也可以重复组合应用。当我们掌握了最基本的结式和基本编结法，就可以得心应手地加以创作和应用，编出新的结式和新的作品来。

1.纽扣结的制作工艺

纽扣结，形如钻石，故又称钻石结，是生活中很常用的结式之一，可单独构成美丽的盘扣，又可与其他的配件相结合搭配做出耳饰、手链、项链等饰品。纽扣结根据其线头和线尾方向又分为单线纽扣结与双线纽扣结。单线纽扣结多用于编结饰品的中间装饰，而双线纽扣结多用于制作盘扣的扣头或项链的起头处用于固定挂坠部分。本案例中纽扣结选用锦纶材质，玉线为5号直径2.5mm。当这一结饰应用于盘扣、手链、项链等服饰品实际案例制作时，可根据需要选择布带、皮条、蜡线等相应规格及材质的线材来完成。

（1）单线纽扣结的制作。先将b端顺时针向上绕一圈，再向下绕一圈，再将b端挑向a端，b端沿着两个线环做压线、挑线、压线、挑线，然后从a端后面绕过拉向左再向上穿过中间的洞；把线分别向两边拉，将纽扣结慢慢调圆（图2–68）。

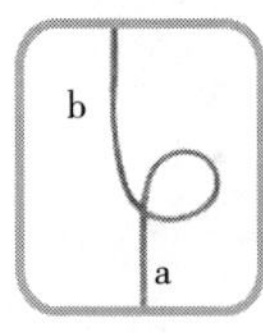

（a）上绕线

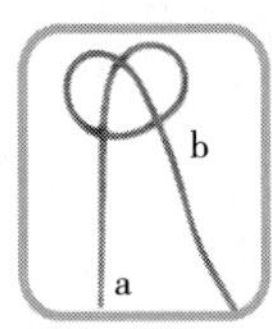

（b）下绕线

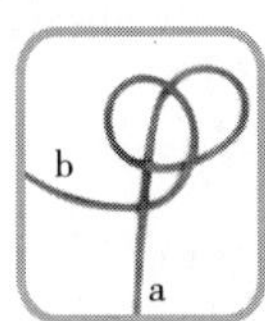

（c）挑线

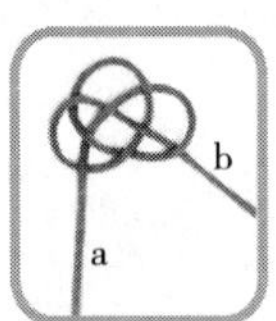

（d）做压线、挑线

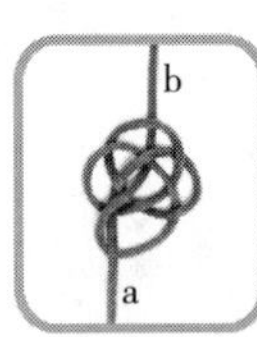

（e）绕线、穿线

（f）拉线调结

图2–68　单线纽扣结制作

（2）双线纽扣结的制作工艺。准备一条线绳，将线绳弯折，a和b两端留相似长度；a端逆时针绕出左圈；b端顺时针绕出右圈；将右圈套入左圈，再将右圈线尾如图翻转；b端从左圈下方穿出，a端如图穿线；a端逆时针走线，从上往下穿进中间的洞；b端逆时针穿线，从上往下穿进中间的洞；上下线拉紧，把纽扣结调整圆润，双线纽扣结完成（图2–69）。

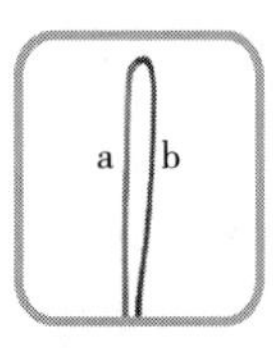

（a）线绳对折

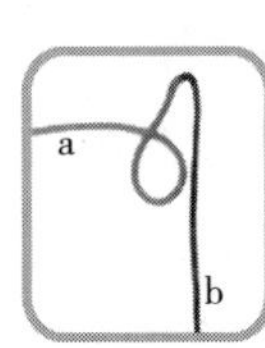

（b）逆时针绕出左圈

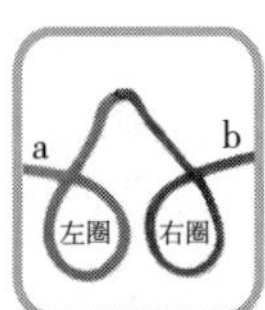

（c）逆时针绕出右圈

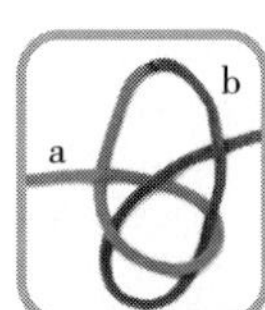

（d）右圈套入左圈

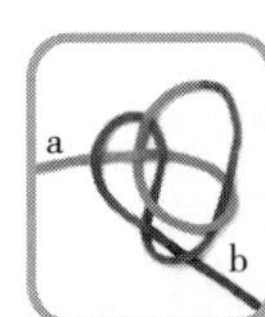

（e）穿出线圈

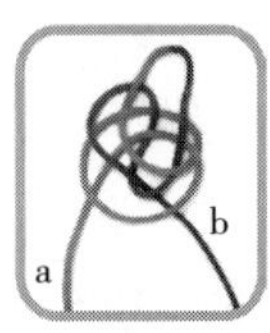

（f）a从上向下穿出

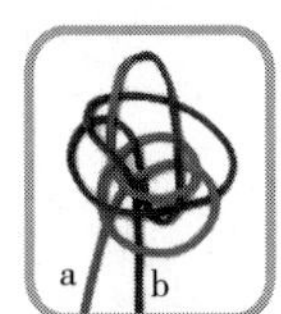

（g）b线圈从上向中间穿

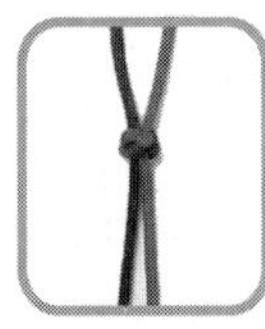
（h）上下收紧

（i）完成

图2–69　双线纽扣结制作

2.琵琶扣结的制作工艺

琵琶扣结因形似乐器琵琶而得名，琵琶结的应用最常见的是在纽扣结的基础上加以变化组合，与纽扣结成对出现，用于编结盘扣、发夹等。材料选择同纽扣结。

准备一条线绳，将其弯折，a端保留长度要长于b端两倍以上；将a端逆时针绕一个大圈，再顺时针绕一个小圈，形成一个“8”字；将a端在第一个大圈内逆时针绕一个稍小的圈，再仿照上面的方法顺时针绕一个小圈；依照上面的步骤继续绕圈，绕4~5次；a端从最中间的小圈穿过；剪掉多余的线头，将线头用打火机略微灼烧之后接在结的反面（图2-70）。

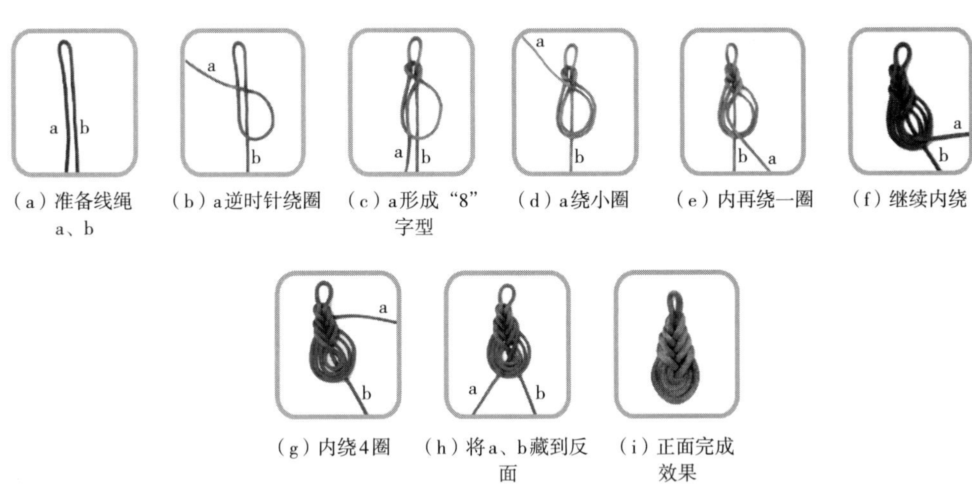

（a）准备线绳a、b（b）a逆时针绕圈（c）a形成“8”字型（d）a绕小圈（e）内再绕一圈（f）继续内绕

（g）内绕4圈（h）将a、b藏到反面（i）正面完成效果

图2-70　琵琶扣结制作

3.平结的制作工艺

平结是一个较古老、通俗和实用的结式，也被称为方结、平接结。平结的英文名称Reef Knot，起源于早期水手用来将帆卷绕在桅杆上打的结。本结完成后的形状扁平，所以称作“平结”。平结可以连续编数十个，并列制成手链、手镯、项链、门帘，或编制动物图案，如编结蜻蜓的身体部分。平结根据打结方向分为单向平结和双向平结（图2-71）。材料选择同组扣结。

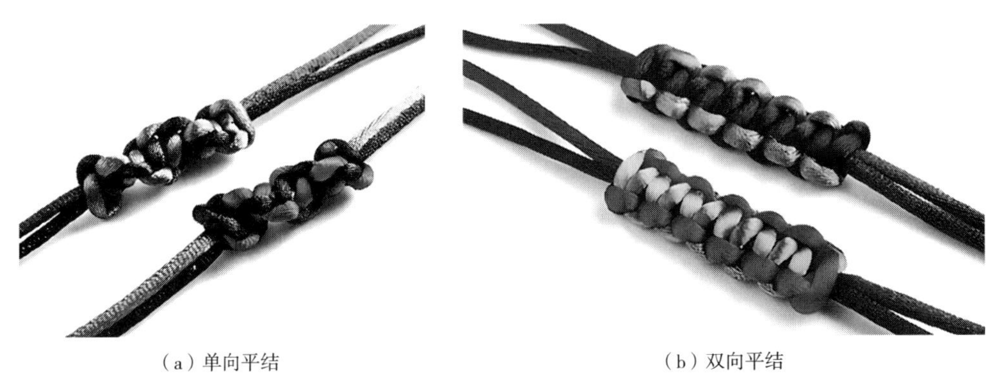

（a）单向平结　（b）双向平结

图2-71　平结

（1）单向平结的制作工艺。将两条线对折后呈十字交叉叠放；由b端挑向a端，压垂线穿过左圈；将线左右拉紧；b端挑垂线；a端挑b端，压垂线，穿过左圈，将线左右拉紧；a端向右挑垂线，压住b端，b端向左压垂线，穿进左圈；按

照上面的方法重复编结，最终形成螺旋形的结（图2–72）。

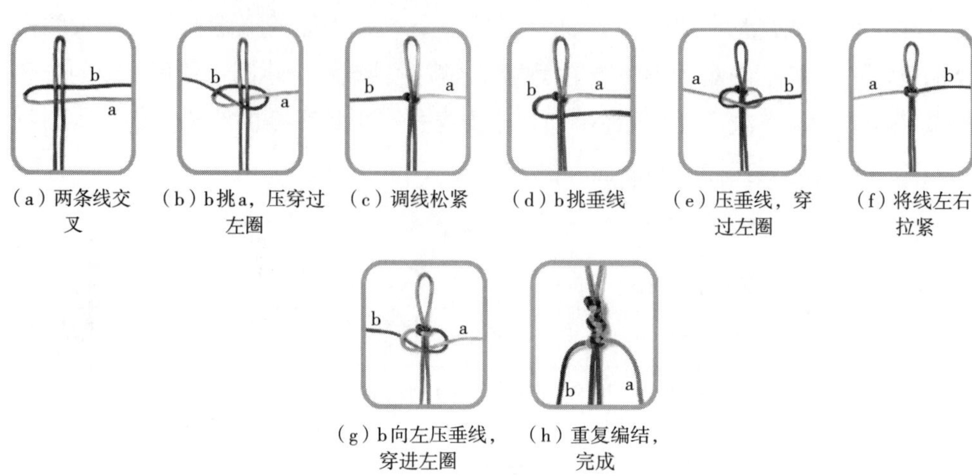

（a）两条线交叉　（b）b挑a，压穿过左圈　（c）调线松紧　（d）b挑垂线　（e）压垂线，穿过左圈　（f）将线左右拉紧　（g）b向左压垂线，穿进左圈　（h）重复编结，完成

图2–72　单项平结制作

（2）双向平结的制作工艺。将两条线对折后呈十字交叉叠放；由a端挑向b端，压垂线，穿过左圈，将线左右拉紧；b端挑垂线，a端挑b端，压垂线，穿过左圈，将线左右拉紧；重复以上步骤，完成（图2–73）。

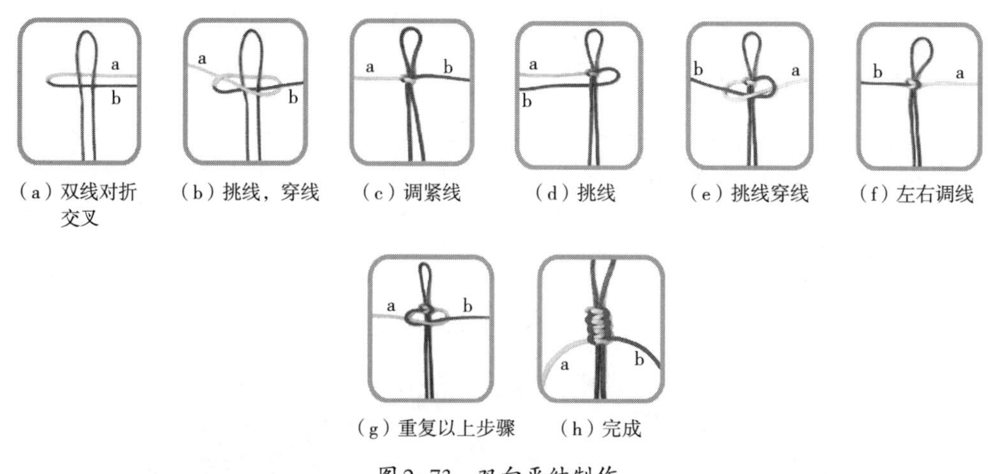

（a）双线对折交叉　（b）挑线，穿线　（c）调紧线　（d）挑线　（e）挑线穿线　（f）左右调线　（g）重复以上步骤　（h）完成

图2–73　双向平结制作

4. 十字结的制作工艺

十字结正面呈现“十”字，背面似“田”字，寓意十全十美，所以又称成功结，结形小巧简单，多在饰品编结时组合其他结饰使用（图2–74）。材料选择同纽扣结。

取一条线对折，将a端压住b端，再从下面挑出，绕出右圈；向反方向继续绕出左圈；用b端线如图包缠住a端线形成的圈，进到a端线形成的左圈，将线拉紧；重复上面的步骤可编出连续的十字结（图2–74）。

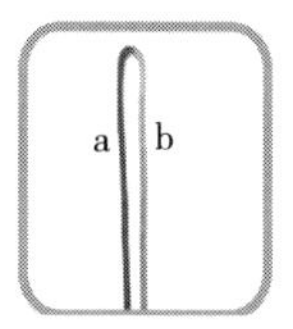

（a）单线对折

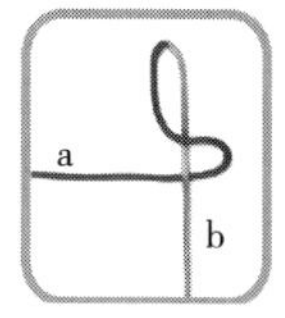

（b）压、挑、绕线

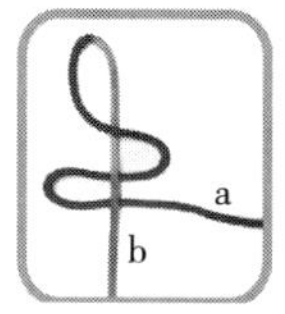

（c）绕线圈

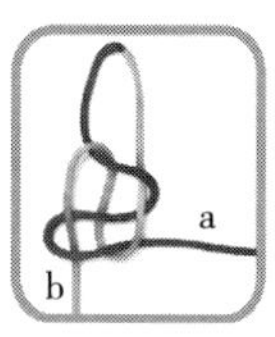

（d）包缠

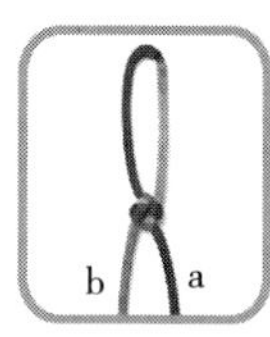

（e）拉紧线圈

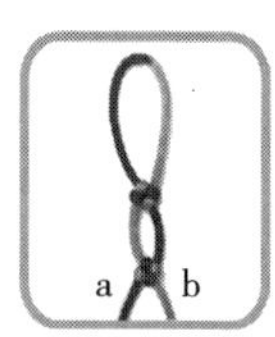

（f）连续操作成品

图2-74　十字结

5.吉祥结的制作工艺

吉祥结又称中国结，是十字结的延伸。传统吉祥结的耳翼为七个，故又称“七圈结”。此结形常出现于中国僧侣的服装及庙堂的饰物上，是一个古老且吉祥的结式。七圈结可演变成多花瓣的吉祥花结，甚为美观。七圈结是吉祥结的基础款，因有七个长线圈造型而得名。而花式吉祥结属于吉祥结的设计款，由五个大线圈和六个小线圈组成，变化复杂。在结饰的组合中加上吉祥结，寓意吉祥如意、吉祥平安、吉祥康泰（图2-75）。材料选择同纽扣结。

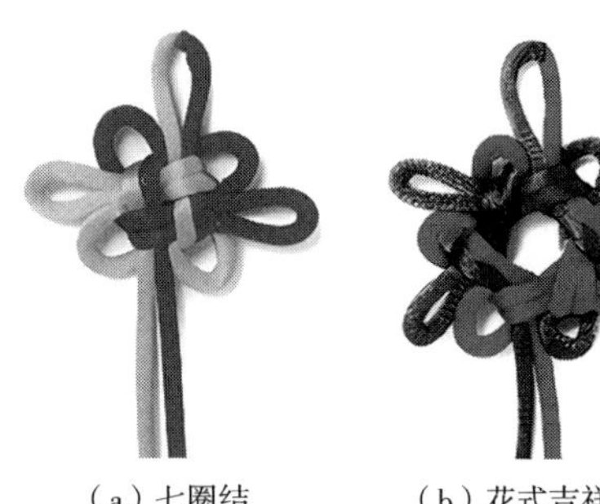
（a）七圈结　　（b）花式吉祥结

图2-75　吉祥结

（1）吉祥结的制作。将绳线对折，左右各拉出一个耳翼，取其中任一个耳翼向右压相邻的耳翼，四个方向的线以逆时针方向相互挑压，以任意一耳翼起头皆可；收紧结体并调整形态；再次用四个耳翼相互挑压一圈，然后收紧结体并调整；拉出耳翼，调整成形（图2-76）。

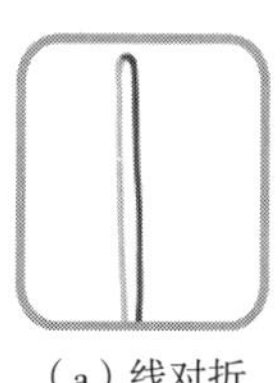
（a）线对折

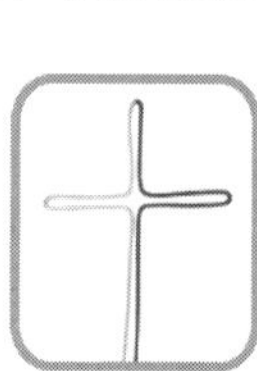
（b）左右拉出耳翼

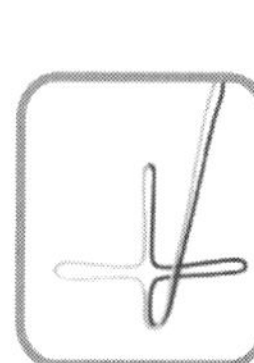
（c）逆时针压挑1

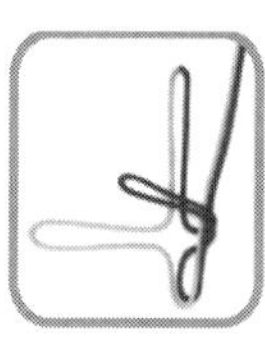
（d）压挑2

（e）压挑3

（f）调线前

（g）调线后

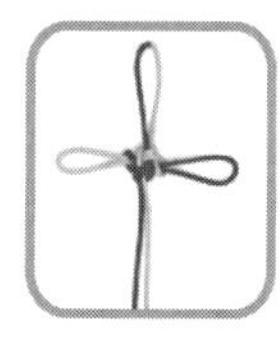
（h）第一圈完成

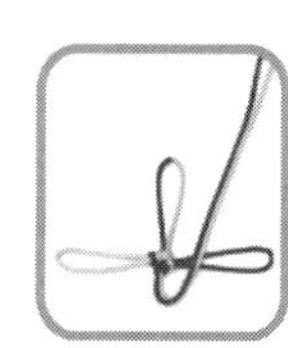
（i）第二圈开始挑压1

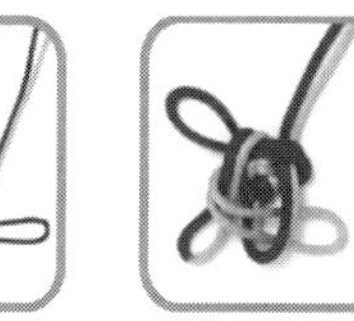
（j）挑压结束

（k）收紧

（i）拉出小耳完成

图2-76　吉祥结制作

（2）花式吉祥结的制作。将绳线对折，左右各拉出两个耳翼，共形成六个方向的耳翼；将最下方的耳翼逆时针压在上一个耳翼之上，以此类推，将其余耳翼以逆时针方向依次互相挑压；花式吉祥结与吉祥结相比多了几个耳翼，但挑、压的方法与吉祥结的方法一样；拉紧结体，将大耳翼留出来，再以同样的方法将耳翼沿逆时针方向挑压一次；将线调整、拉紧，调整所有耳翼的大小；拉出小耳翼，调整大耳翼，使整体比例均衡美观（图2–77）。

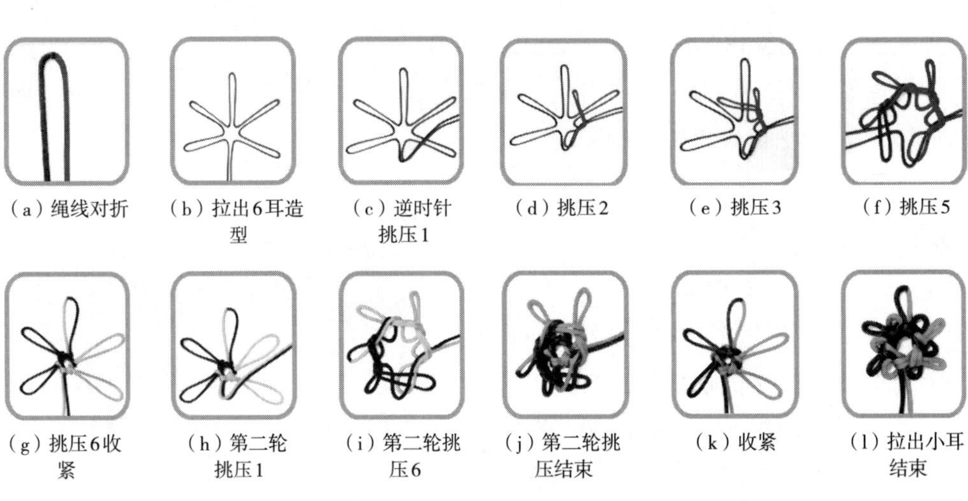

图2–77　花式吉祥结制作

6.万字结的制作工艺

“万”象征着众多的数目，亦可写作“卍”。“卍”原为梵文，为佛门圣地常见图记，在武则天长寿二年，被采用为汉字，其间读为“万”，被视为吉祥万福之意。以“卍”字向四端纵横延伸，互相连锁作为花纹，意味着永恒连绵不断。此结饰因其中心形似“卍”字而得名（图2–78），也因其形状与酢浆草相似，又称“酢浆草结”。万字结常用来当作结饰的点缀，在编制吉祥饰物时可大量使用，以寓“万事如意”“福寿万代”。材料选择同纽扣结。

图2–78　万字结成品图

将绳线对折，a端打结，做出左圈；b端如图穿入左圈，做出右圈；从右圈中向右拉a端线，从左圈中向左拉b端线（图2–79）。

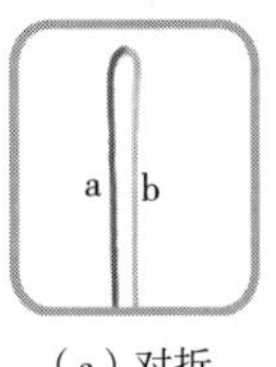

（a）对折

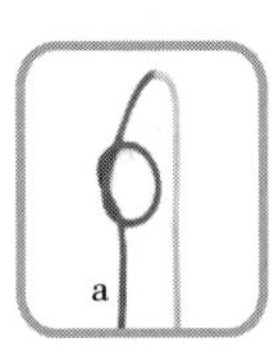

（b）做线圈

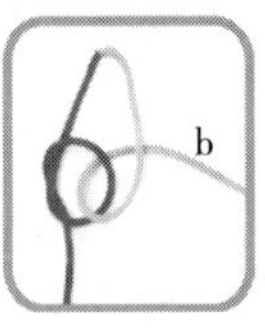

（c）另一侧穿线圈

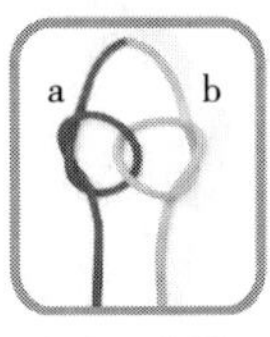

（d）两侧线圈相连

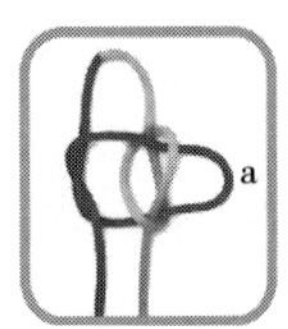

（e）右圈中向右拉a线

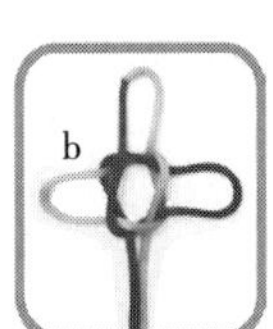

（f）从左圈中向左拉b线

图2–79　万字结制作

7. 凤尾结的制作工艺

凤尾结又叫发财结（图2–80），因结体形似凤凰的尾巴而得名，象征“龙凤呈祥”“事业发达”“财源滚滚”。多用于编结手链、项链及小挂件的收尾部分，起到装饰作用。材料选择同纽扣结。

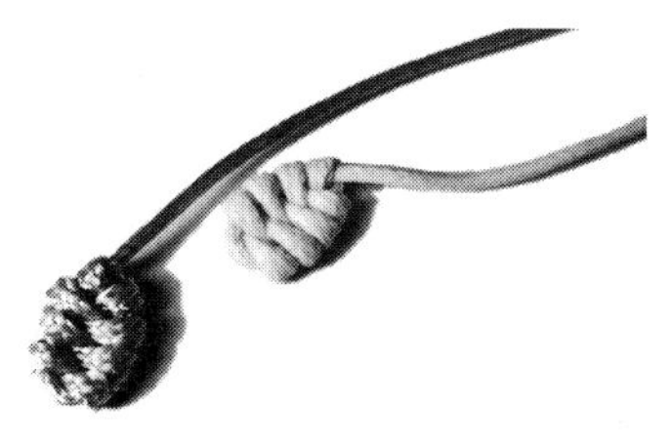

图2–80　凤尾结

取一条绳带绕出一圈；用a端线先压后挑b端线的方式，向左穿过线圈；a端依照上述步骤向右穿过线圈；继续重复步骤，以此类推，每绕一圈后都要按住结体、拉紧；最后向上收紧b端线，把多余的a端线剪掉，处理好线头即可（图2–81）。

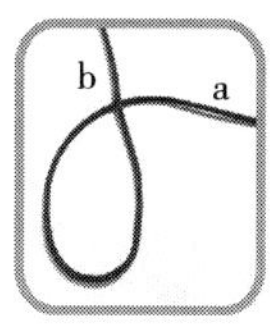

（a）绕绳

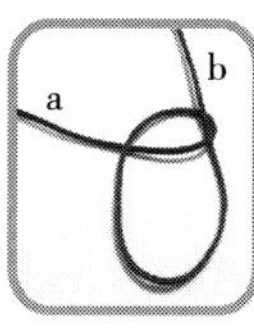

（b）穿线圈

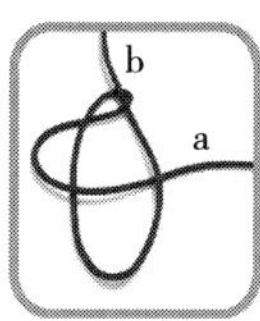

（c）另一侧穿线圈

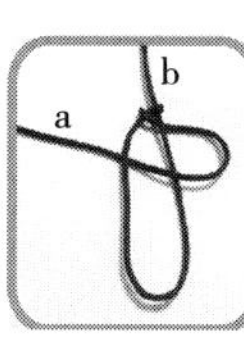

（d）第一个结拉紧

（e）重复上面操作

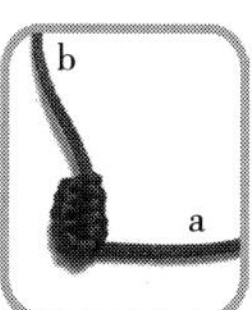

（f）调整，处理线头

图2–81　凤尾结制作

8. 露结的制作工艺

因多个结排列起来形似蛇身，所以露结又叫蛇结（图2–82）。结体微有弹性，可拉伸，结型简单大方，象征“金玉满堂”“平安吉祥”。常用于编结手链、项链。材料选择同纽扣结。

图2–82　露结

线对折后，将a端线在b端线上绕一个圈，b端挑a端，穿过a端线绕一个圈；将a和b两端拉紧，调整好结的形态，形成单个露结；反复重复这一步骤，即可完成多个露结（图2–83）。

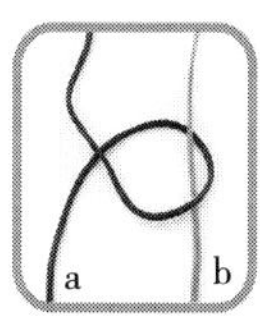

（a）绕线圈

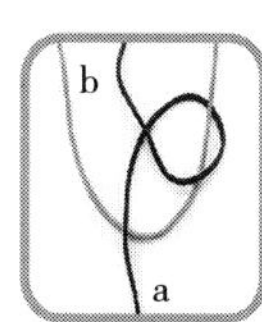

（b）挑线

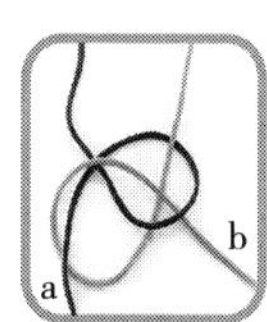

（c）调整线

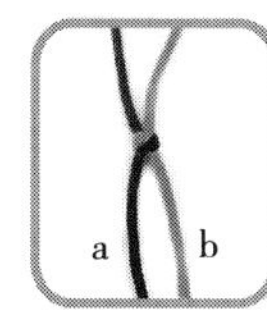

（d）形成单节

（e）重复操作完成

图2–83　露结制作

二、扣结饰物制作范例

（一）编结挂饰的制作工艺

本案例为一款编结挂饰，由露结、万字结、单线纽扣结等三种基础结型组合而成，中间可点缀玉制、水晶、景泰蓝、亚克力、木制等材质的大孔珠子进行装饰。

1. 材料准备

直径1mm玉线长120cm，大孔装饰串珠一颗。

2. 设计图（图2-84）

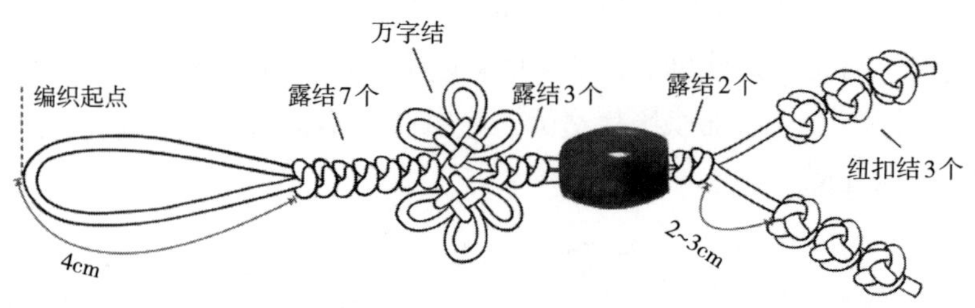

图2-84　编结挂饰设计图

3. 制作步骤

将绳线沿中间对折，留出4cm绳头，制作出七个露结；用左右两个绳头分别编出左右两个万字结，接着完成三个露结；将两根绳头并在一起穿入装饰串珠，接着完成两个露结；将左右两个绳头分别留出1.5~2cm距离，分别编出三个纽扣结；编好后将多余绳头剪掉（图2-85）。

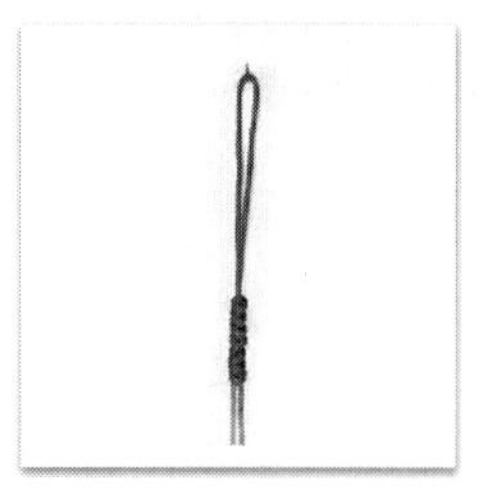

（a）中间拟饰7个露结

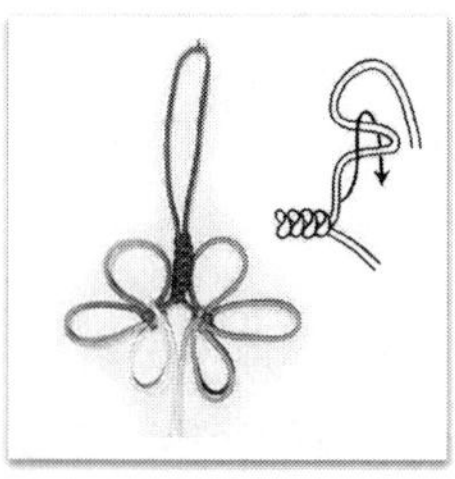

（b）2个万字结和3个露结

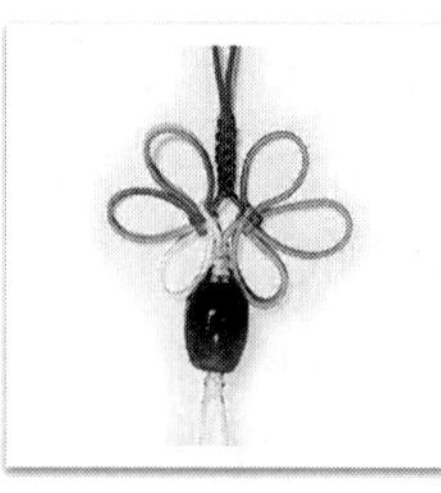

（c）串珠，2露结

（d）编纽扣结收尾完成

图2-85　编结挂饰制作

（二）编结手链的制作工艺

本款编结的手链由露结、吉祥结两种基础结型组合而成。

1. 材料准备

1mm玉线长70cm两根，1mm玉线长40cm一根，彩色亚克力串珠12个。

2. 设计图（图2-86）

3. 制作工艺

设计编结手链图样，构思每部分运用的结式；将40cm长的线绳穿过彩色串珠并对折，先编一个露结，紧接着弯曲两边的绳头编结一个七圈结，将七圈结的绳头藏于结背后并用黏合剂粘好；将另外两条70cm长的玉线并拢穿入吉祥结上的彩色串珠，并将串珠置于线绳中间；分别于左右两边编结，左右两边分别

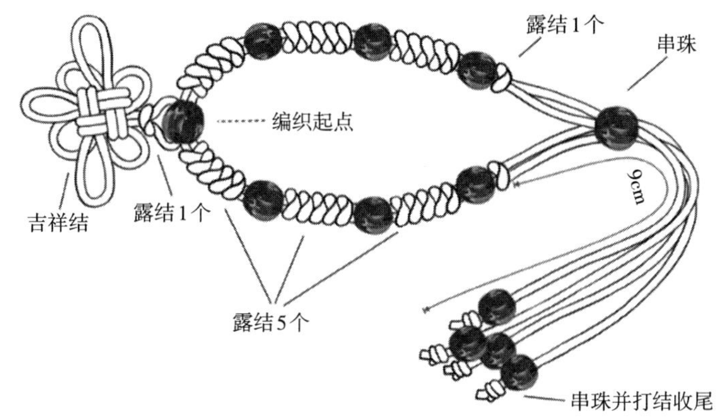

图2-86　编结手链设计图

编结5个露结，再穿入彩色串珠一颗，如此作为一组，交替完成三组；在第三组完成后最后编结一个露结收尾；将所有绳头穿入一颗彩色串珠，留出9~10cm绳头分别收尾；收尾时将多个线头分别穿入一颗串珠，并绕线圈打结收尾（图2-87）。

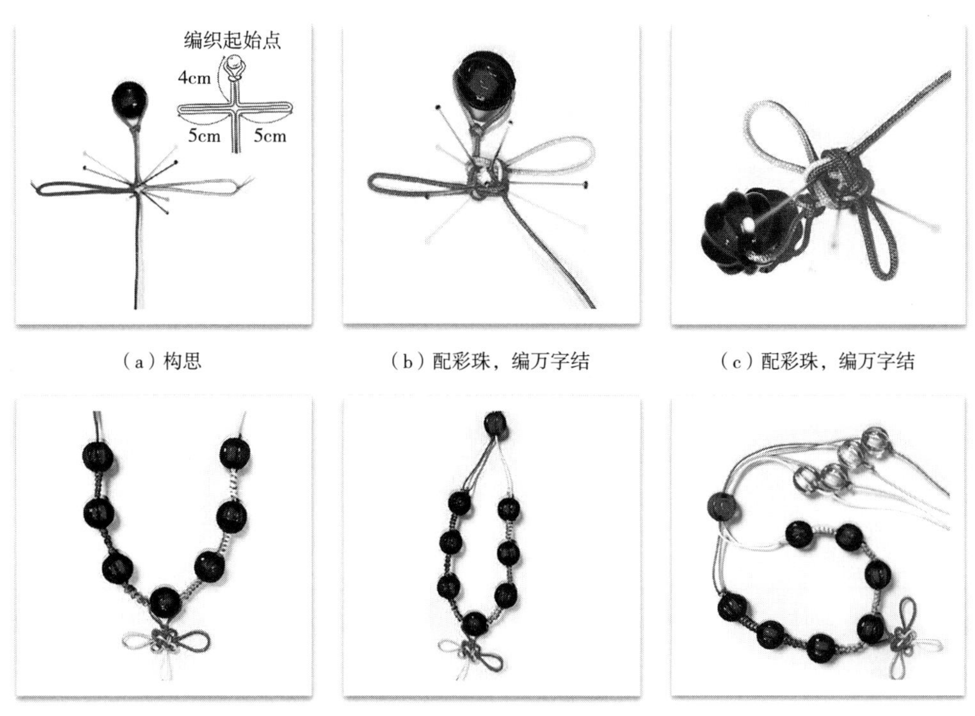

（a）构思　（b）配彩珠，编万字结　（c）配彩珠，编万字结

（d）穿入彩珠　（e）留出线头　（f）收线头绕线圈打结

图2-87　编结手链制作

课后练习

1. 收集面料、线材、辅料各五种，分析其特征、用途，并尝试搭配。
2. 练习手缝手针工艺和基础机缝工艺。
3. 钩编的基本针法有哪几种？
4. 钩编起针有哪几种方法？
5. 编结在服装服饰中的应用案例有哪些？列举两到三个并具体说明。
6. 扣结的基本结式有哪些？
7. 盘扣有哪些类型，制作的要点有哪些？
8. 自行设计一款编结盘扣。
9. 自行设计一款编结饰品，可选择项链、手链、腰带、包袋等。
10. 根据钩编基本针法和针数的组合，自行设计一款杯垫的钩编成品。

第三章
包袋制作

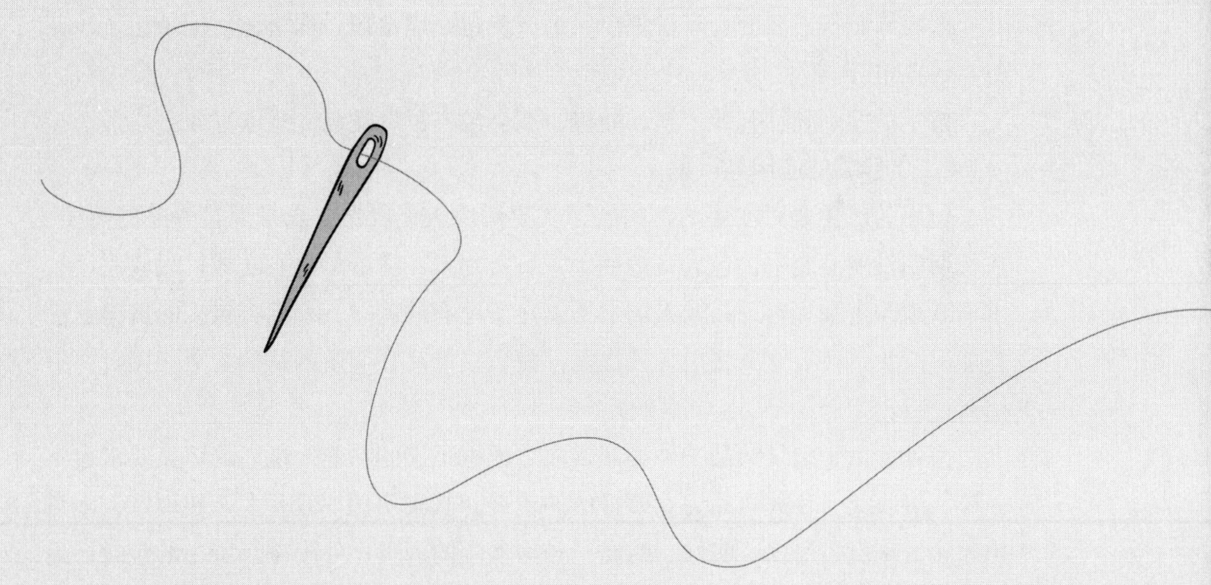

第一节　包袋制作基础知识

包袋是服饰配件中的重要品类，在服装搭配中必不可少。包袋种类繁多，功能也各不相同，包袋的设计与制作不能脱离包袋与服装的关系，应该注意与服装的搭配与协调，真正做到集实用功能与装饰功能于一体。

一、包袋的分类及应用

包袋的种类很多，包括按用途分、按材料分、按外形分、按制作方法分、按使用人群分等。

（一）包袋的分类

按具体用途分：有公文包、电脑包、学生书包、旅游包、化妆包、摄影包、钱包等。

按所用材料分：有皮包、尼龙包、布包、塑料包、草编包等。

按外观形状分：有筒形包、小方包、三角包、罐罐包等。

按装饰制作方法分：有拼缀包、镶嵌皮包、口金包、珠饰包、编结包、压花包、雕花包等。

按年龄性别分：有绅士包、坤包、淑女包、祖母提袋、儿童包等。

（二）包袋的应用与审美

包袋的产生是以实用为目的的，主要解决人们收集、携带保存物品的需要。在长期的发展演变中，包袋又被赋予了审美因素，随着材料不断地扩大应用，技术不断地改进和完善，以及人们永不满足于已有的状况，人们将包袋的造型、色彩加以变化，在装饰方法上寻找出路，使包袋饰品在实用的基础上更为美观、更引人注目。

另外，由于包袋饰品的种类非常多，根据不同的功能，他们的审美要求也不一样。以收集、存放物品为主要目的的包袋，其实用性一般要大于装饰性，多考虑大小、牢度、厚度、防蛀、防腐等较为实用的因素；外出旅行所用的包袋，除了装饰性、美观性外，还要考虑其便携性、大容量、多功能、牢固、质轻等因素；学生书包类包袋，要从科学性、健康性的角度出发，轻便、多层次，当然还要有装饰性；又如女士提包、手包多以装饰为目的，其功能性要远逊于它的装饰性。

二、包袋的装饰表现形式

包袋的装饰是包袋款式设计的主要表现形式，主要工艺手法有：编织、绗缝、饰边、打褶、印染、镂空、拼接、刺绣、手绘等（图3-1）。

（a）编织 （b）绗缝 （c）饰边

（d）打褶 （e）印染 （f）镂空

（g）拼接 （h）刺绣 （i）手绘

图3-1 包袋的装饰表现形式

第二节 包袋制作范例

能用来制作包袋的材料有很多，从包袋的外部用料来看，主要有皮革、布料、塑料、草木、金属、藤竹等。其中最常见、最多变、最多使用的当属纺织面料包和皮革包，为了便于教学，本文也选择这两种材质的包袋制作为范例。

一、布艺包袋的制作范例

（一）刺绣风琴卡包

刺绣风琴卡包是一款便携式手包，可以容纳各种卡片及零钱。打开方式采用金属互扣，精致小巧，整体效果艺术感强，美观实用（图3-2）。

图3-2　刺绣风琴卡包成品图

1.材料选择

本款刺绣风琴卡包使用的材料有：缎纹绣片、平纹晕染细棉、进口水洗牛皮纸、7.5cm宽口金、硬衬、无纺软衬。

2.结构制图

图3-3（a）为卡包面、里毛样板结构图，硬衬样板比裁片毛样板四周均小1.2cm，无纺软衬样板与裁片毛样板一致，图3-3（b）为牛皮纸风琴褶的样板（图3-3）。

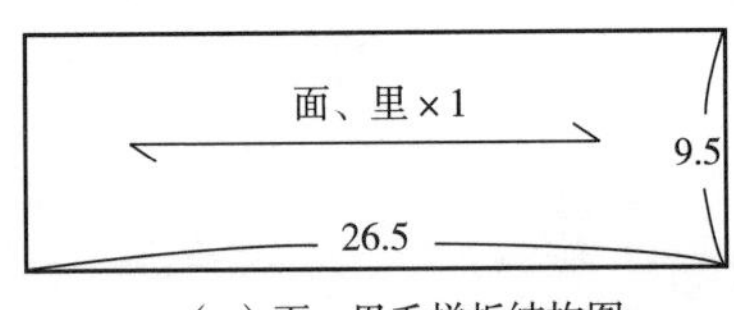

（a）面、里毛样板结构图

（b）牛皮纸风琴褶样板结构图

图3-3　刺绣风琴卡包样板结构图

3.制作工艺

（1）裁面、里布及烫衬。按样板裁出卡包的面布、里布裁片；粘衬时里料先烫硬衬，四边留出1.2cm大小缝份，然后将面、里都烫上整片的黏合软衬，其中里布反面覆盖两层不同衬料（图3-4）。

图3-4　裁面、里布及烫衬

（2）缝缉、翻转。将面、里正面相叠，环硬衬四周0.2cm缝缉，在一侧留出开口以便面布翻出；修剪缝头，面布正面翻出，熨烫平整，注意四角美观平直，得到长方形双层布片（图3-5）。

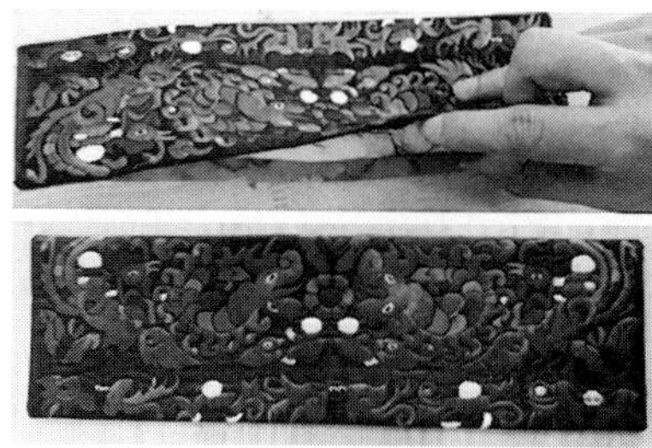

图3-5　缝缉、翻转

（3）黏合、压缉。用胶水将预留出的开口黏合牢固，里布朝上，将布片四周压缉0.1cm止口（图3-6）。

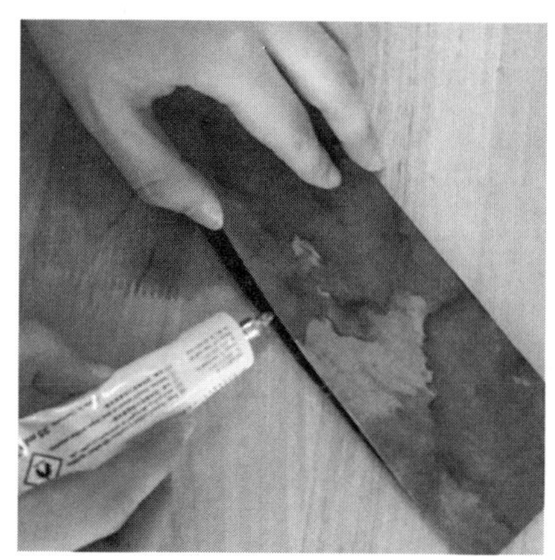

图3-6　黏合、压缉

（4）风琴褶处理。将按样板裁剪好的2张进口水洗牛皮纸折成均匀的风琴褶样式，共折叠九次，头尾各留2.5cm宽，其余折转处均为1.5cm，注意每个褶裥尺寸相同（图3-7）。

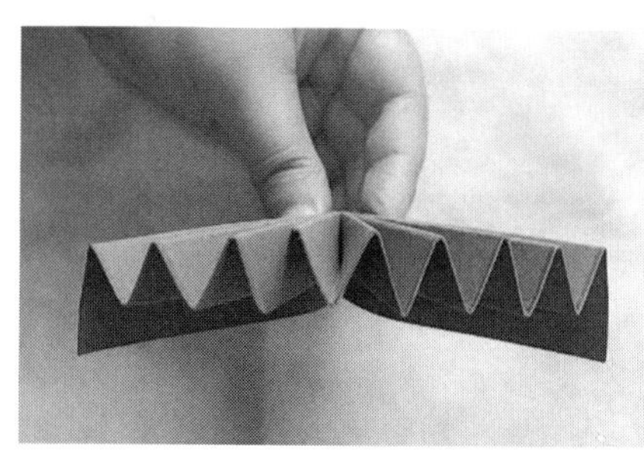

（a）折叠效果

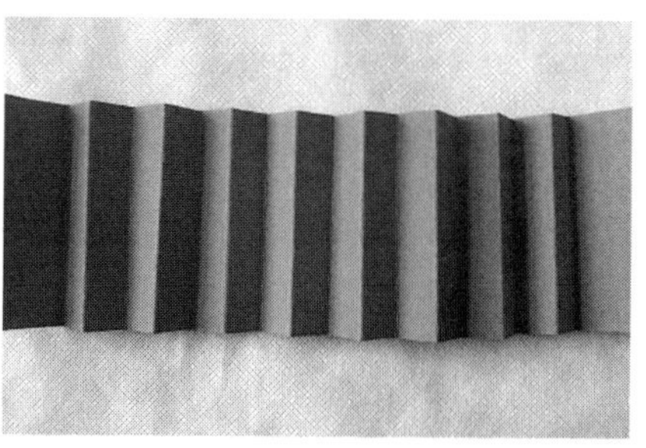

（b）展开效果

图3-7　风琴褶处理

（5）风琴褶固定。将折叠好的牛皮纸两端与布片较长一侧边对齐缝合，缝份0.2cm，距离布片上下端各2.5cm，两张牛皮纸分别缝在长方形布片两侧，形成对称（图3-8）。

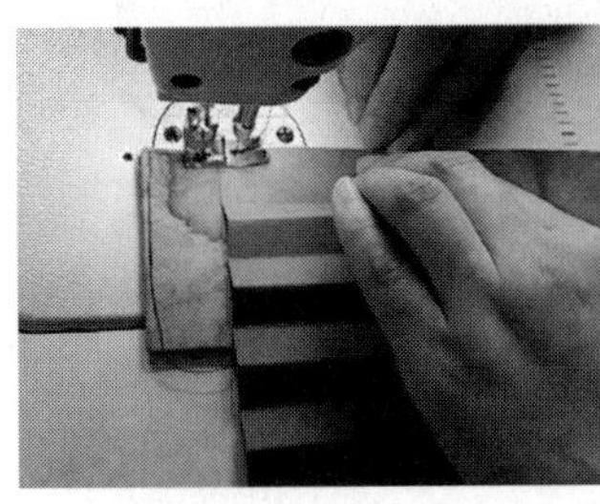
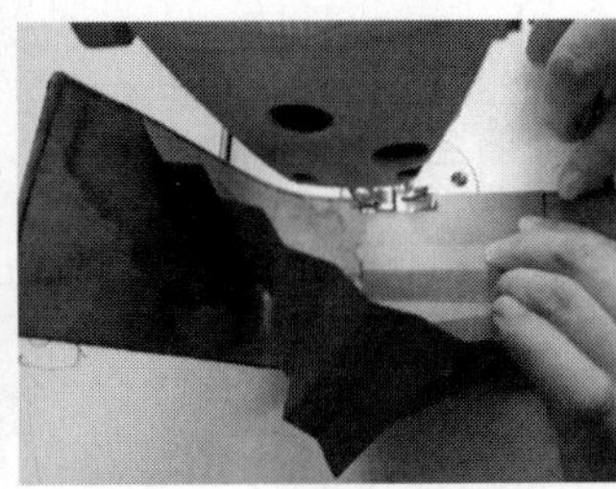

图3-8　风琴褶固定

（6）装口金。将布片两端塞入口金的长槽内，用珠头针定位，再用手工针将布片上下端与口金缝合固定（图3-9）。

图3-9　装口金

（7）完成（图3-10）。

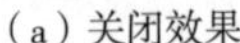

（a）关闭效果

（b）装盒效果

图3-10　刺绣风琴卡包完成图

（二）拼接按扣钱夹

本款拼接按扣钱夹呈扁平长方形，内设多个卡槽，可以容纳多张卡片及各类钱币。打开方式采用真皮镶金属按扣，简洁大方，便捷耐用（图3-11）。

图3-11 拼接暗扣钱夹成品图

1. 材料选择

本款拼接按扣钱夹使用材料有：印花棉布、斜纹纯色棉布、平纹晕染细棉布、拉链、真皮镶金属按扣、先染布料滚边条、硬衬、无纺软衬。

2. 结构制图

图3-12（a）为钱夹面布与里布样板，①～③号面布拼接后与④号里布样板大小一致；图3-12（b）为里布中的隔条板样板结构图，其中样板⑤异色里料各1块，样板⑧为一整块熨烫出风琴褶的样式。图中皆为毛样板，无须加放缝份即可用于裁剪（图3-12）。

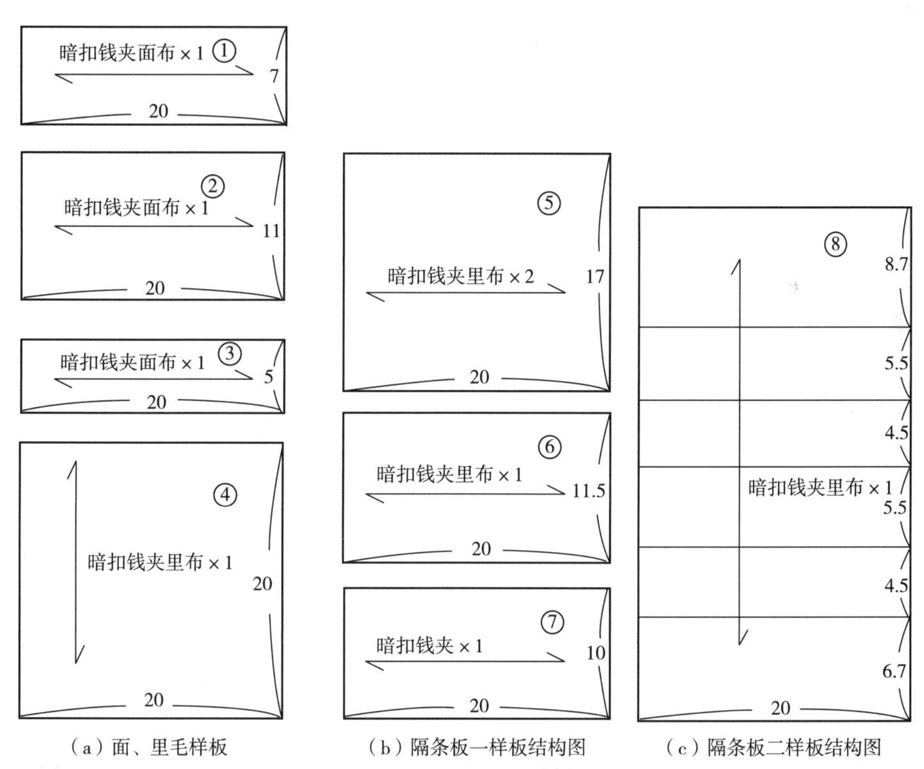

（a）面、里毛样板　（b）隔条板一样板结构图　（c）隔条板二样板结构图

图3-12 拼接按扣钱夹样板结构图

3. 制作工艺

（1）裁剪面、里布及拼合面布。按样板①～③裁剪面、里布，图3-12（a）左三块为钱夹面布，右为钱夹里布，其余为隔条板裁片（图3-13）。

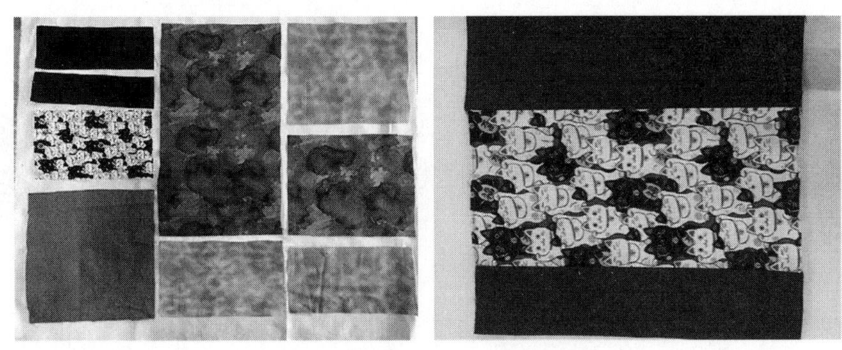

图3-13 裁剪面、里布及拼合面布

（2）烫衬。

①将拼接后的面布和里布烫上硬衬；将样板⑤和样板⑦所裁出的用于装拉链的裁片烫上软衬（图3-14）。

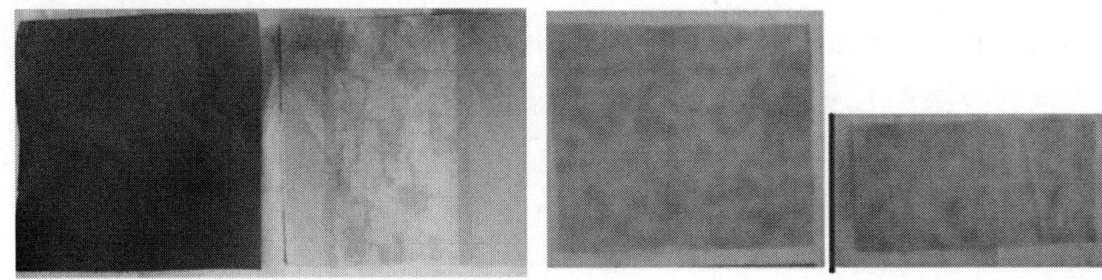

图3-14 烫衬

②将另一块样板⑤及样板⑥的裁片按图3-15各烫一半面积的硬衬，两端对齐折转至熨烫备用。

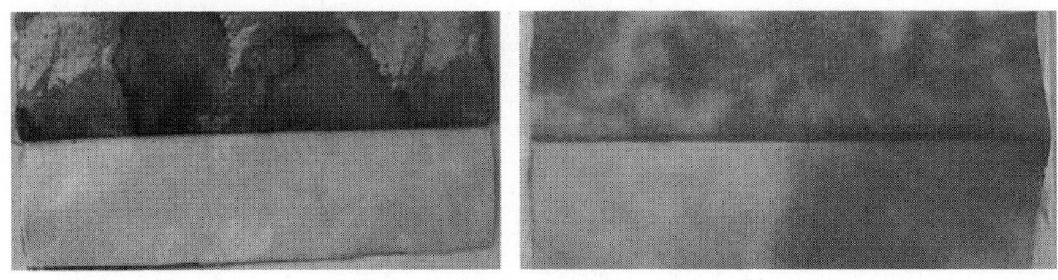

图3-15 裁片⑤⑥反面烫硬衬

③在裁片⑧上6.7cm与两个5.5cm处的位置烫上硬衬（图3-16）。

（3）熨风琴褶。将裁片⑧熨烫出风琴褶形状备用，每排相隔1cm（图3-17）。

（4）熨烫定型、装拉链。将裁片⑤、裁片⑦对折熨烫，其中裁片⑤折烫后将连折处再折转1.5cm熨烫；在连折处压缉拉链，两边分别缉0.1cm止口线（图3-18）。

（5）固定拉链袋、划线定位。将安装拉链的裁片⑤与裁片⑦对折熨烫；将裁片⑥压住熨烫好的裁片⑧，两端对齐叠好备用，找出横向的中点做好标记以备压并缉中分线（图3-19）。

图3-16 裁片⑧反面烫衬（间隔）

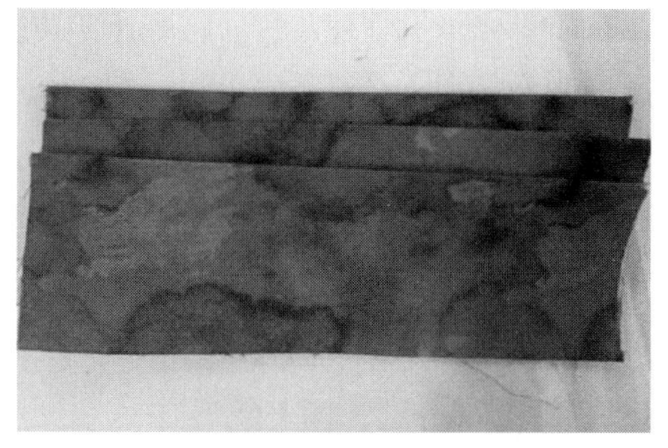

图3-17 熨风琴褶

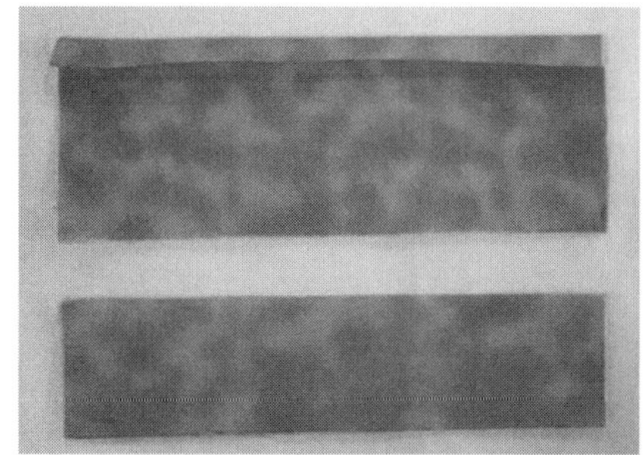

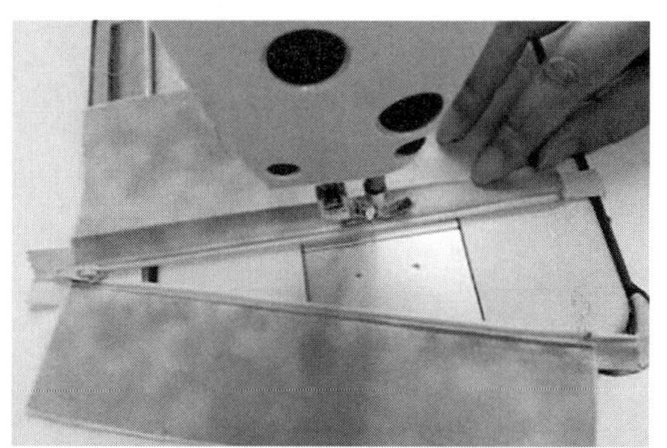

图3-18 熨烫定型、装拉链

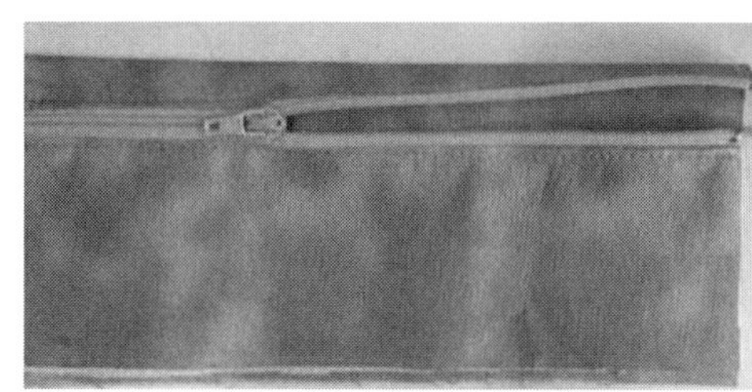

图3-19 固定拉链袋、划线定位

（6）定位、压缉。将装好拉链的裁片与另一⑤号裁片放置在底布一侧，裁片⑥和裁片⑧按步骤安放于底布另一侧；先将做好记号的裁片按中线压缉在底布上，再将所有裁片四边齐沿底布压缉0.1cm止口（图3-20）。

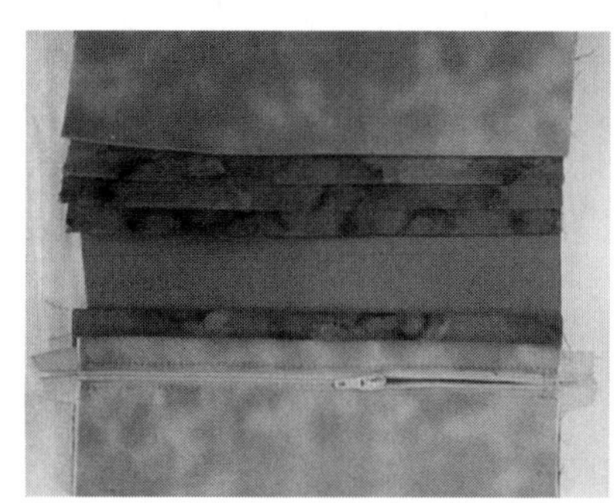

图3-20 排片定位、压缉固定

（7）修剪、整理裁片。将底布四边参差部分修剪整齐备用；比较拼接好的面布与里布，大小必须相同（图3–21）。

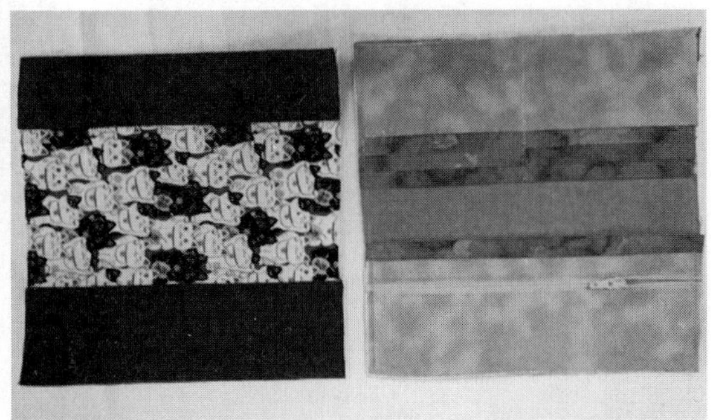

图3–21　修剪、整理裁片

（8）装按扣。在面子两端纯色布上距布边0.5cm的中点处做定位，用手工针钉上皮质按扣，注意按扣应在一条直线上（图3–22）。

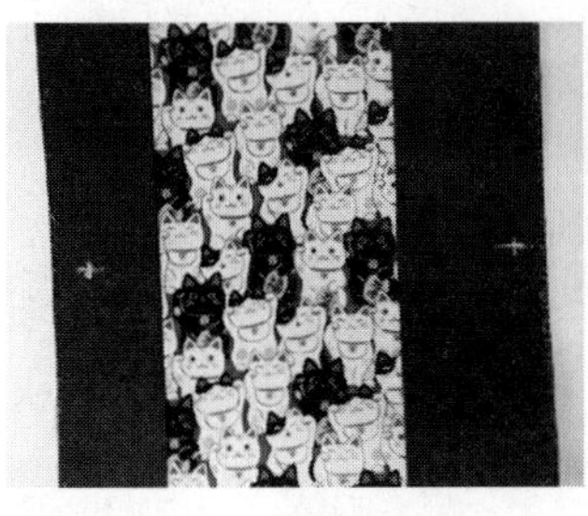
（a）做标记

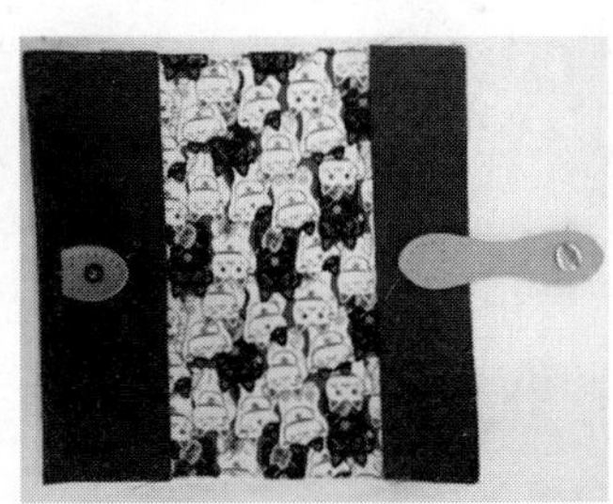
（b）按扣定位

（c）钉扣

图3–22　装按扣

（9）拼合面里、修剪。将钱夹的面布与里布反面相叠，四边对齐，压缉0.1cm一周；将压缉在一起的布块的四角修成小圆角（图3–23）。

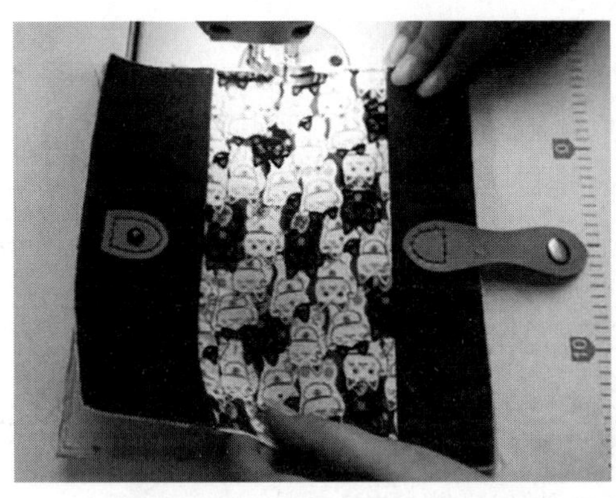

图3–23　拼合面里、修剪

（10）缉滚边条。将预先备好的先染布料滚边条与修剪后的布块边沿对齐，正面相叠，压缉一周，缝份为0.5cm，注意保持四周缝份宽窄一致（图3–24）。

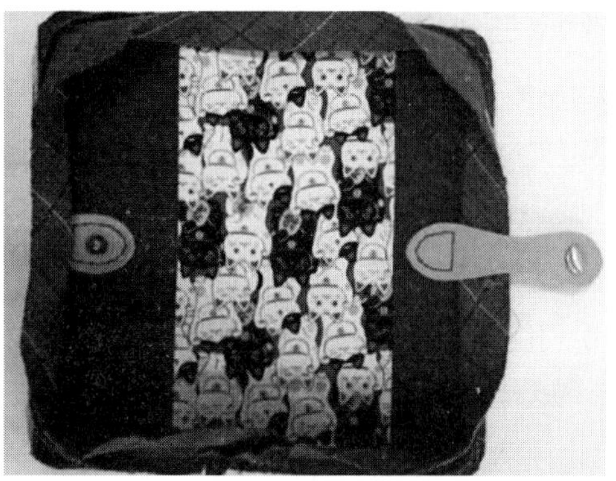

图3-24　缉滚边条

（11）缲滚边条。将滚边条翻至钱夹内衬外侧周边，将滚边条毛缝折光，用手针暗针将滚边条缲牢，至此钱夹制作完成（图3-25）。

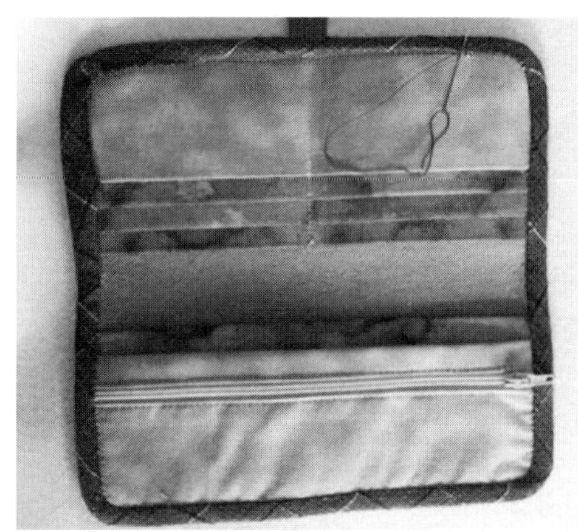

（a）滚边毛缝内折

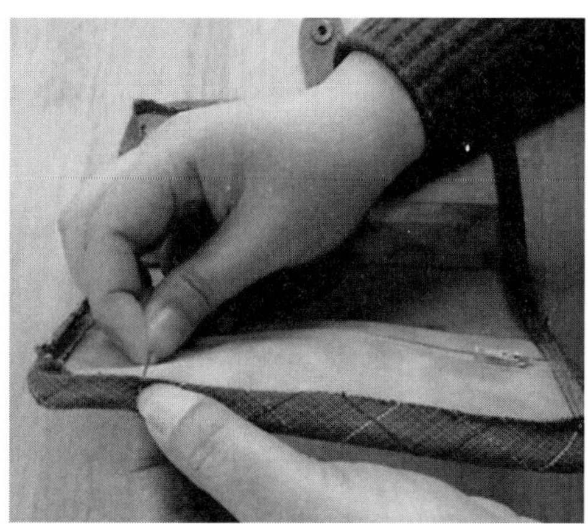

（b）手针缲边

图3-25　缲滚边条

（12）完成（图3-26）。

（a）外部效果

（b）内部效果

图3-26　钱夹完成效果

（三）民族风竹节拎包

本款民族风竹节拎包呈立体圆筒形包身，口金上自带U形竹节提手，包内空间较大，内置贴袋，轻便个性，具有独特的民族风情。

1.材料选择

本款拎包使用材料有：连续纹提花麻布、连续纹细棉布、26cm宽口竹节提手口金、铺棉、硬衬、无纺软衬。

2.结构制图

图3-27（a）为拎包面、里净样板，同时也是硬衬与铺棉的样板；内袋的袋位确定在里布上，如图3-27（b）所示；图3-27（c）是侧面净样板，面、里裁片与侧面裁片都在净样的基础上加放1cm。

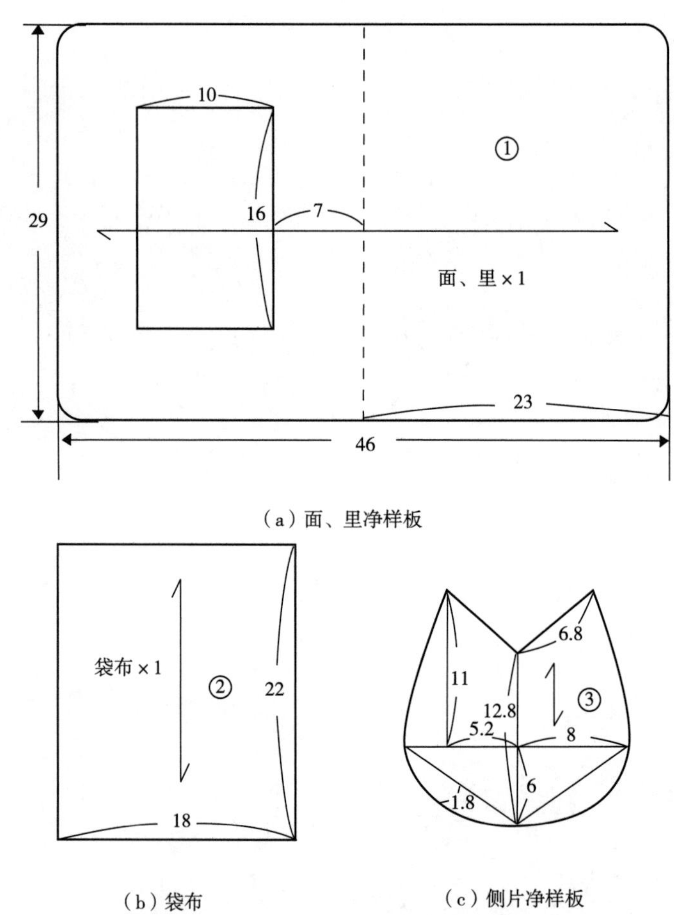

（a）面、里净样板

（b）袋布

（c）侧片净样板

图3-27　民族风竹节拎包样板结构图

3.制作工艺

（1）烫铺棉。按净样板①、净样板③裁出同等大小的铺棉，分别熨烫到拎包的包身里布上，注意铺棉的黏合牢度（图3-28）。

（2）面布烫衬。将拎包的面布与侧布烫上与样板相同尺寸的硬衬（图3-29）。

（3）里布烫衬。在拎包的包身里布和侧片里布上烫好铺棉后再覆烫上一层无纺衬，同时按样板②裁出内袋布，并烫上无纺衬（图3-30）。

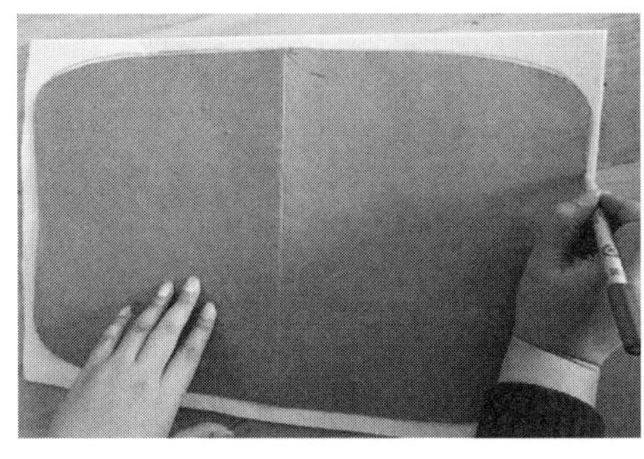

（a）划样

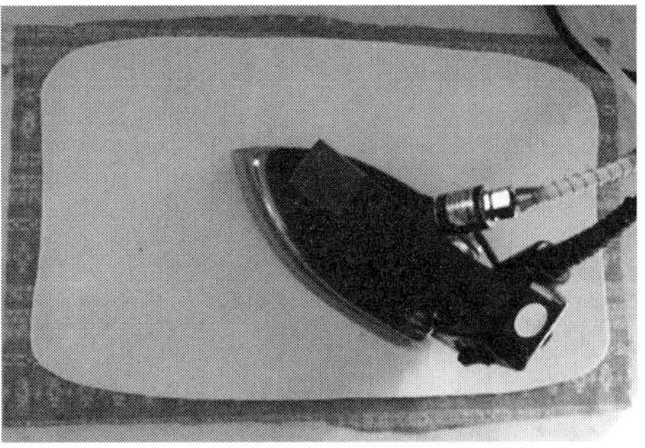

（b）熨烫铺棉

图3-28　包身里布烫铺棉衬

（a）面布烫衬

（b）侧布烫衬

图3-29　包身表布烫硬衬

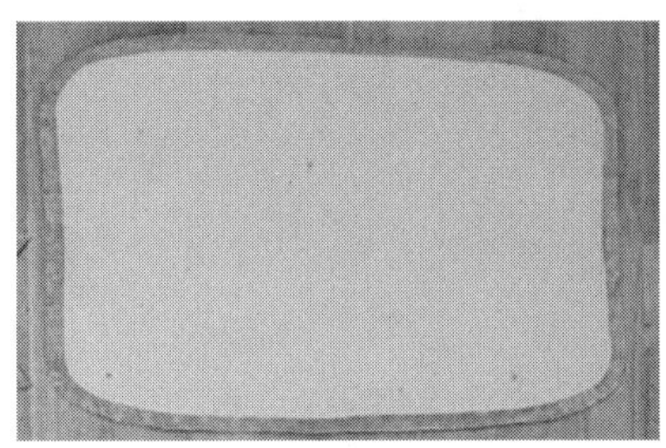

（a）包身里布烫衬

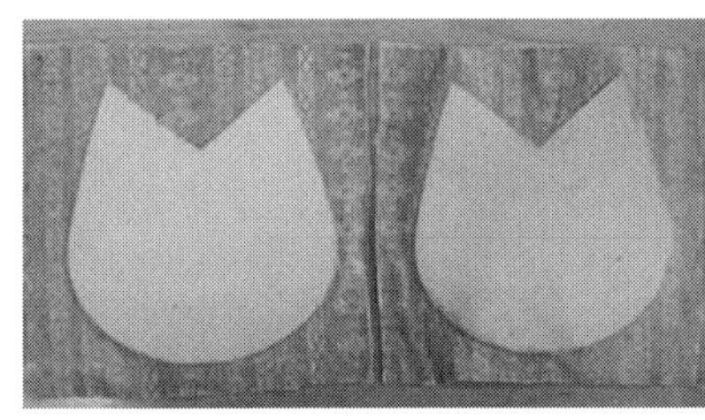

（b）侧片里布烫衬

（c）内袋布烫衬

图3-30　包身里布烫软衬

（4）裁片准备。所有面布也同样在反面烫硬衬的基础上再覆烫上一层软衬，除袋布外，其余裁片按净样四周留出1cm缝份，修剪并做好缝制标记备用（图3–31）。

（5）内袋布处理。将内袋布反面沿中线正面对折，三边缝缉1cm缝份，在一边留出开口将四角缝份修剪后翻转熨烫平整（图3–32）。

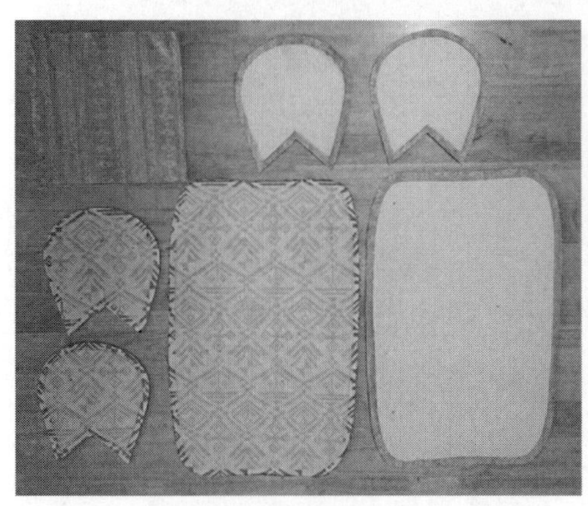

（a）裁片反面

（b）裁片正面

图3–31　裁片准备

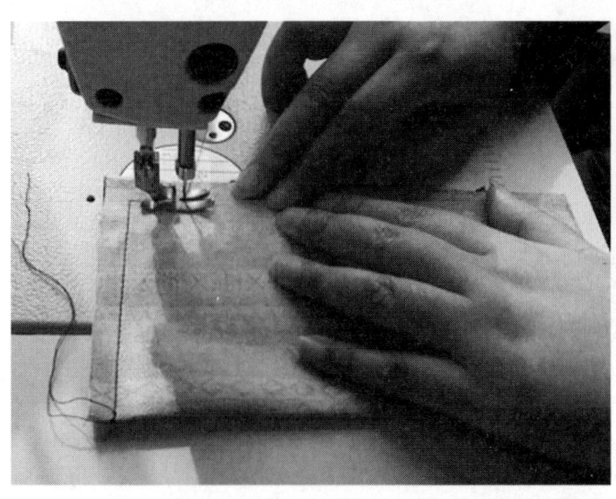
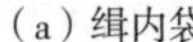

（a）缉内袋

（b）翻出

图3–32　内袋布处理

（6）定袋位、压缉袋布。按样板①在里布上画线定出袋位，将内袋布依据定位线压缉0.1cm止口固定（图3–33）。

（7）侧面、包身面布拼合。缝线压缉袋布三边，留一边为袋口，将拎包侧面裁片与包身裁片拼合（图3–34）。

（8）包身拼合。面、里两端拼合后得到桶形包身，一正一反放好；将面置于里内部，正正相对，在包口上端将面、里沿衬边拼合，留口待翻（图3–35）。

（9）修剪、翻出包身。修剪拼好的面、里缝份，侧片下凹夹角处剪去多余缝份，随后在预留开口处将正面包身翻出（图3–36）。

图3–33　定袋位、压缉袋布

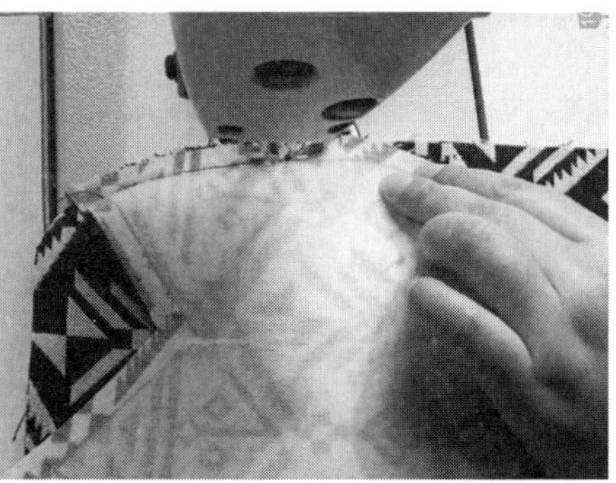

图3–34　侧面、包身面布拼合

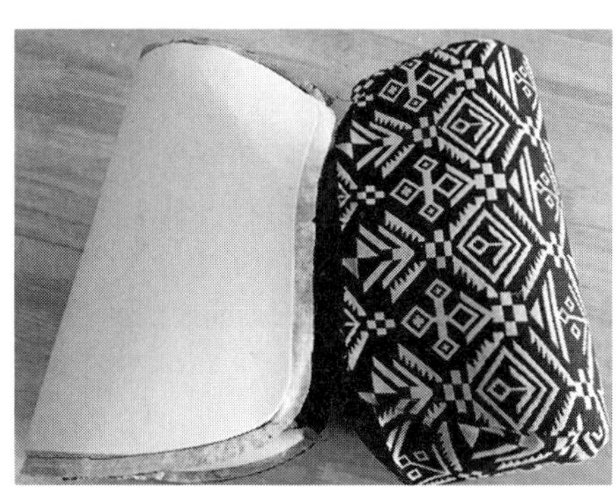
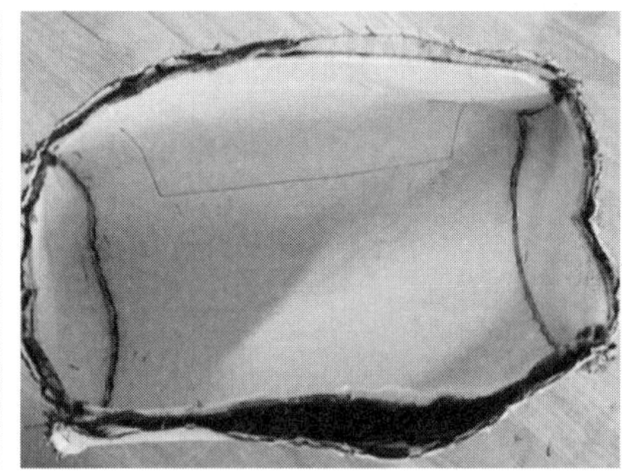

图3–35　包身拼合

图3–36　修剪、翻出包身

（10）压缉止口、塞入口金。将翻转后的拎包上口熨平后压缉0.1cm止口，留作翻转的口子一并压好；将压好的上口塞入配套的竹节拎手口金内（图3-37）。

（11）装口金。将布片两端塞入口金的长槽内，用珠头针定位，再用手工针将布片上下端与口金缝合固定（图3-38）。

（12）完成（图3-39）。

图3-37　压缉止口、塞入口金

图3-38　装口金

（a）正面

（b）侧面

（c）俯视

图3-39　民族风竹节拎包完成效果

（四）贝壳化妆包

本款化妆包为半圆弧形手包，拉链开合设计，尺寸适中，存取方便，可贴身携带，整体素雅大方、知性时尚（图3-40）。

图3-40　贝壳化妆包成品图

1.材料选择

本款贝壳化妆包使用材料有：印花棉布、纯黑色棉布、本白细棉布、拉链、先染布料滚边条、硬衬、铺棉、无纺软衬。

2.结构制图

图3-41（a）为面布毛样板，图3-41（b）为对折后的里布毛样板，两图裁片拼接、折烫并处理好口袋后与图3-41（c）铺棉衬样板造型一致。

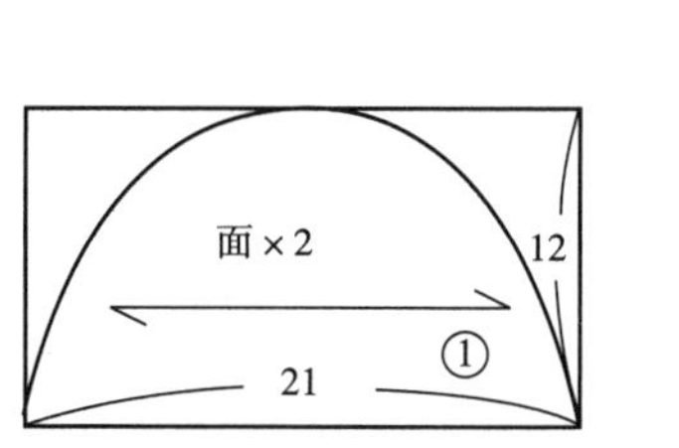

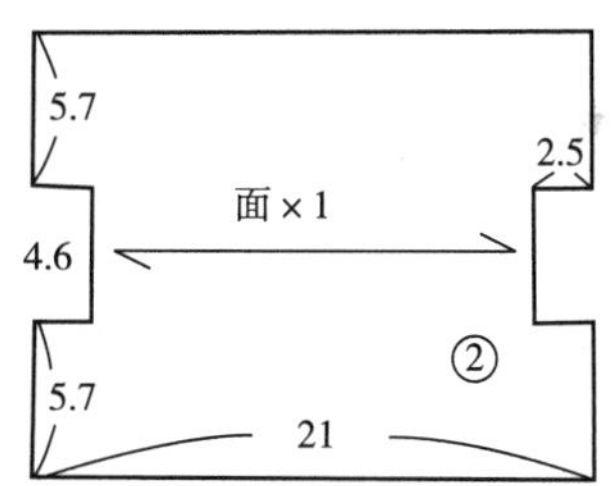

（a）面布毛样板

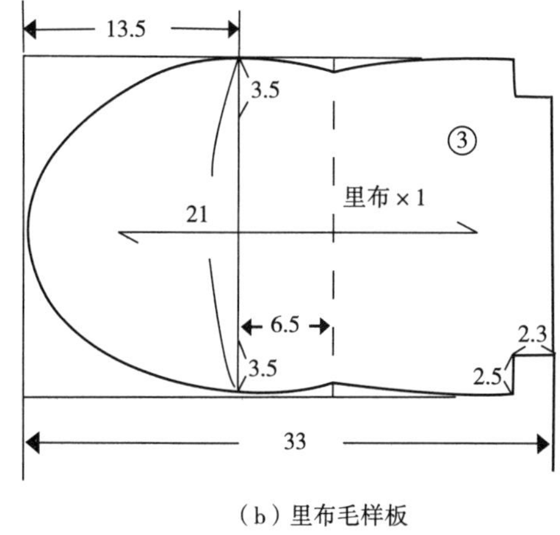

（b）里布毛样板

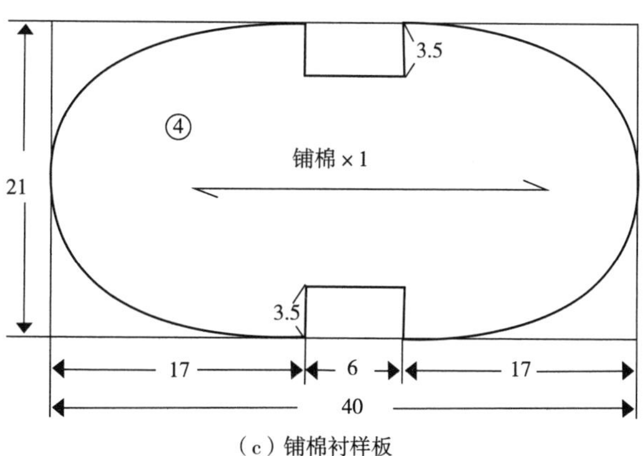

（c）铺棉衬样板

图3-41　化妆包样板结构图

3. 制作工艺

（1）裁剪、烫衬。按样板裁剪出化妆包的面、里布；将里布的袋位烫定型，袋深6.5cm；将烫好的里布反面净样部分黏上铺棉，面布裁片上先黏上硬衬，注意面布裁片的直线处烫衬时都向里缩进1cm，弧线处则衬与面布对齐不需缩进，再将烫好铺棉与硬衬的所有裁片反面以无纺衬烫全备用（图3-42）。

（2）拼合面布、烫开缝份。将面布拼合完整，烫开缝份，与烫好衬的里布大小一致（图3-43）。

（3）固定口袋。在距布边两侧3.5cm处做好标记，固定内袋口两端（图3-44）。

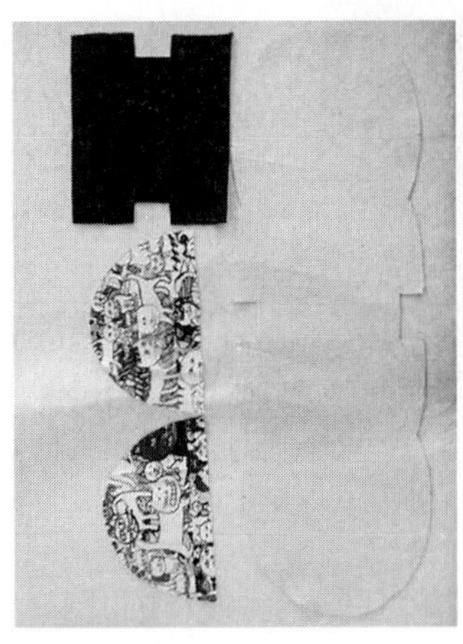
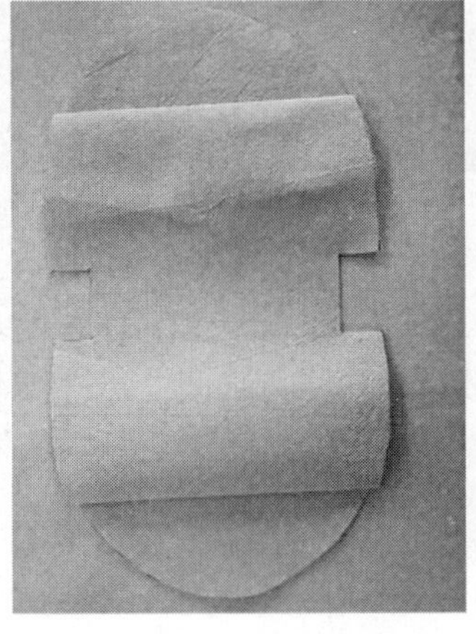
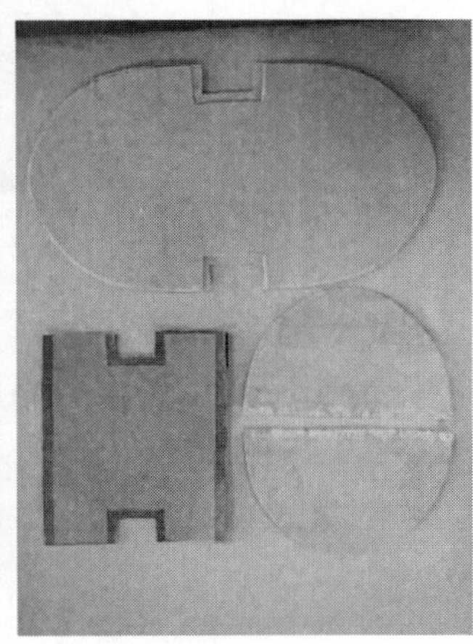

图3-42　裁剪、烫衬

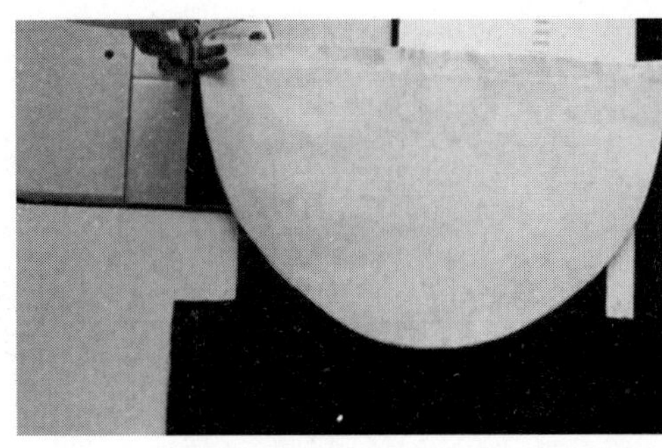
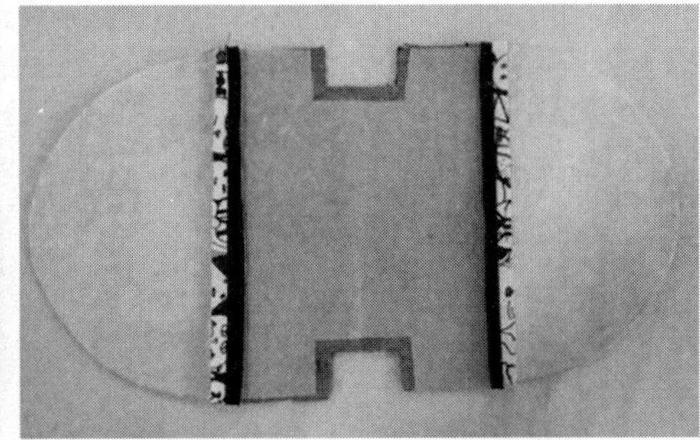

图3-43　拼合面布、烫开缝份

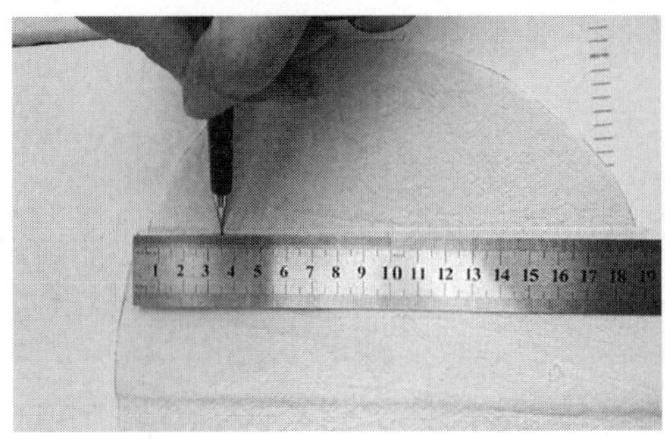

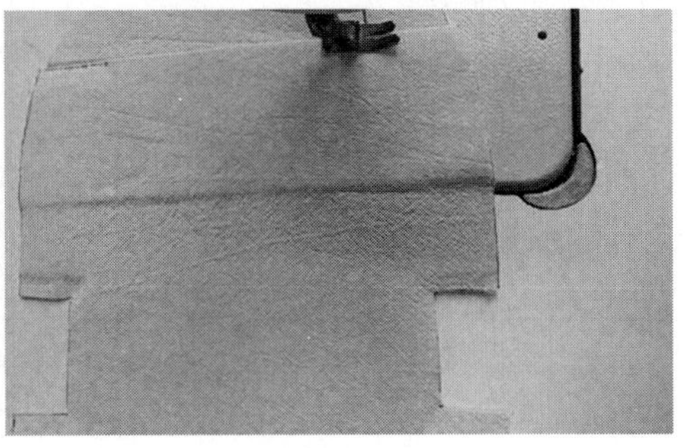

图3-44　固定口袋

（4）面、里布固定。将面、里反面相对，沿裁片净线处压缉固定，压缉在一起的面和里，里布应略紧，使之自然折转后面布在外（图3–45）。

（5）装滚边条。将滚边条与面布正面相对，沿两个半圆边缘压缉一周，在压缉过程中注意将布条边缘带紧并与圆周对齐，缝份0.6cm，两端压缝时保持宽窄一致（图3–46）。

（6）装拉链。将缝纫机换上单边压脚，将拉链正面半边压缉到半圆里布边缘，方法与装滚边条一致，缝份0.6cm（图3–47）。

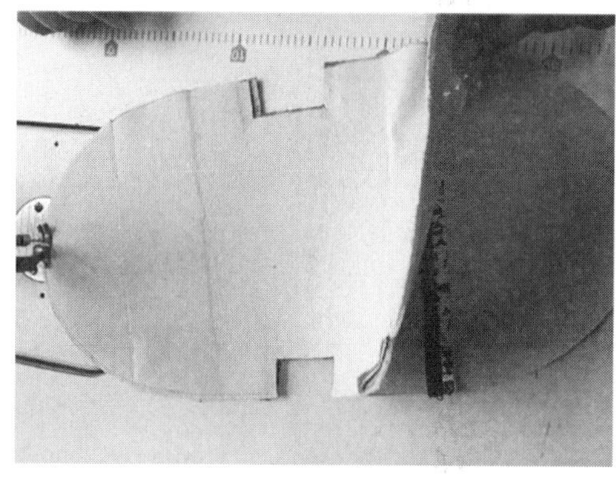

图3–45　面、里布固定

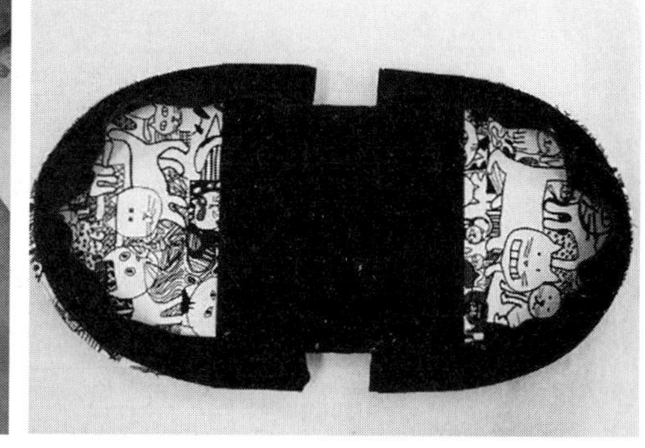

图3–46　装滚边条

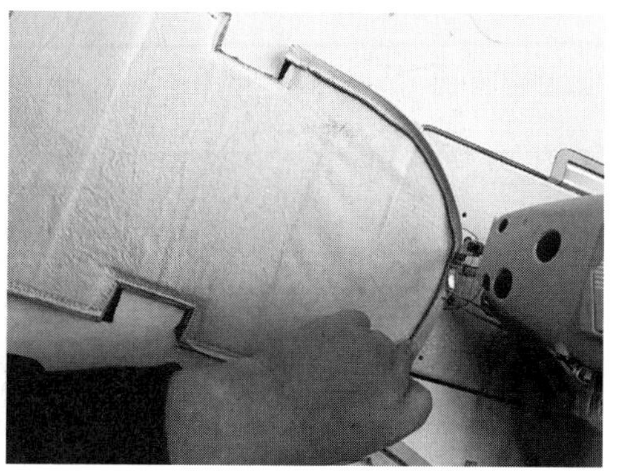

图3–47　换单边压脚、固定一侧拉链

将拉链另一边装到另半圆上，注意拉链的对位（图3-48）。

（7）手工缲滚边、做带扣。将滚条正面翻转，用手工针包缝住拉链边缘与半圆的布边，包边宽窄一致。做带扣，取5cm×3.5cm斜丝，两边扣光，压缉0.1cm明止口（图3-49）。

（8）对折固定、包底两侧封口。将压好的布条对折缉在裁片凹进的一侧；将包底两头凹进处封口缝合，小心避开拉链（图3-50）。

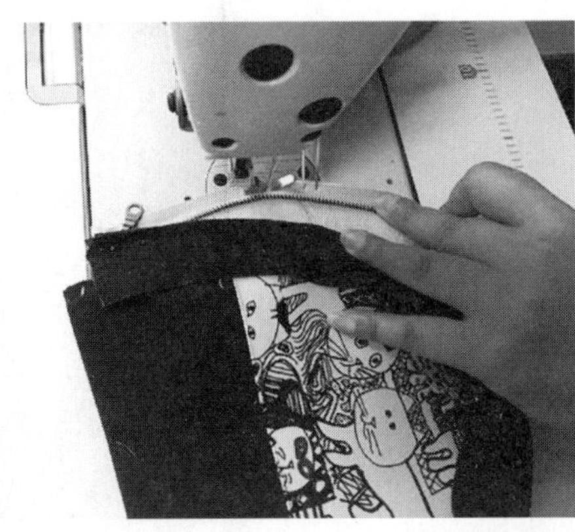

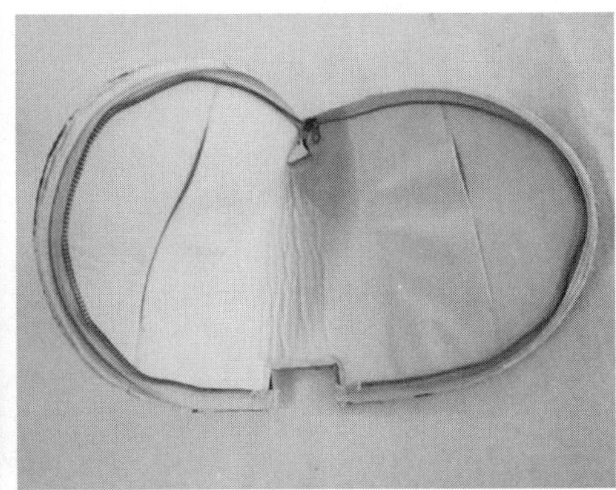

图3-48　固定另半边拉链、拉链压缉完成

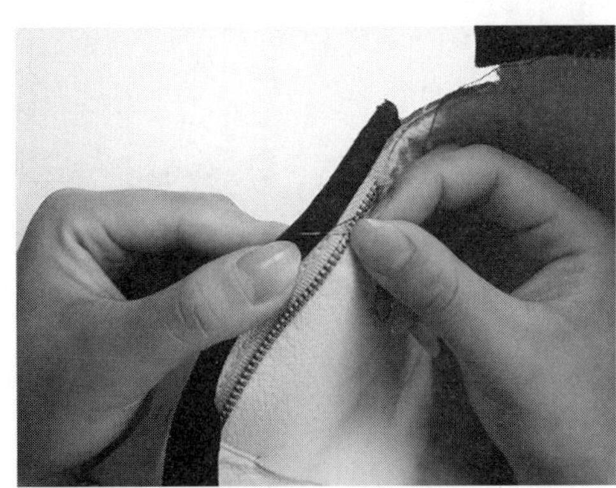

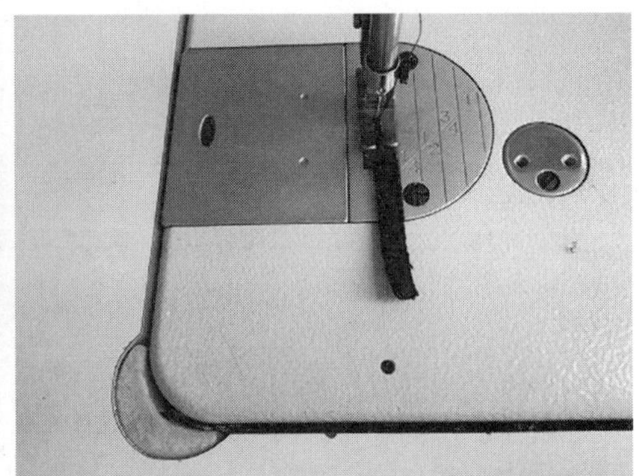

图3-49　手工缲滚边、做带扣

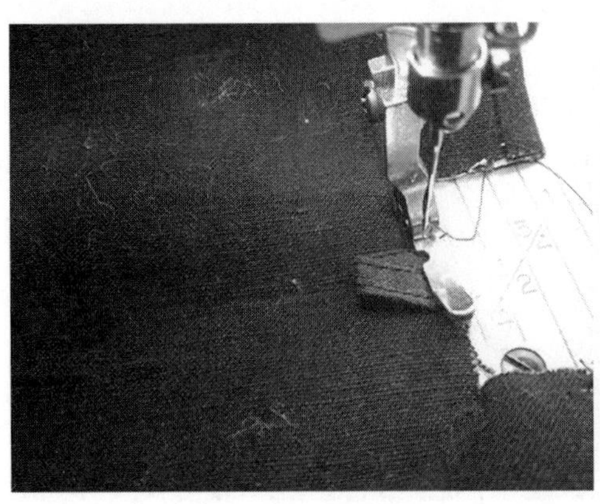

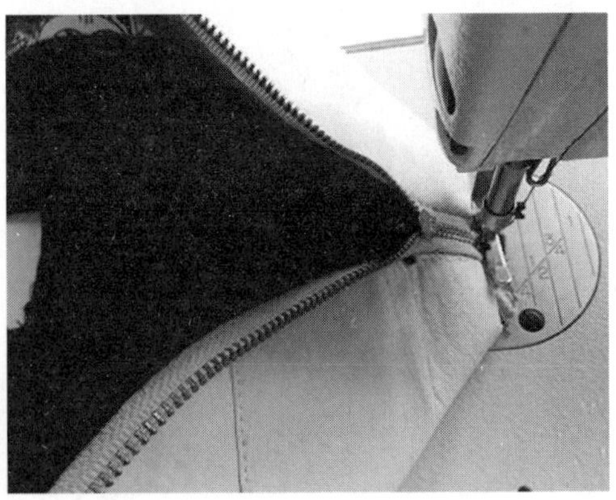

图3-50　对折固定、包底两侧封口

（9）底部两侧处理。检查底部两侧封口对位固定效果，依据封口尺寸长短，裁两个同色小布条做毛边包光用（图3-51）。

（10）两侧包光。包底两侧用同色里布包光，可借助手工针（图3-52）。

（11）固定侧边、装饰绳线。将包翻到正面，用手工针从底部两侧分别向上将滚条并合部位固定5cm，注意藏针；在拉链头上用绳线装饰，便于拉开，底部带扣上可以挂上皮质的拎带（图3-53）。

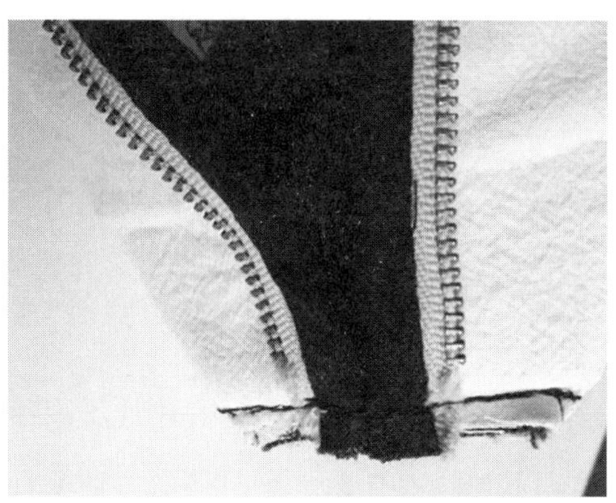
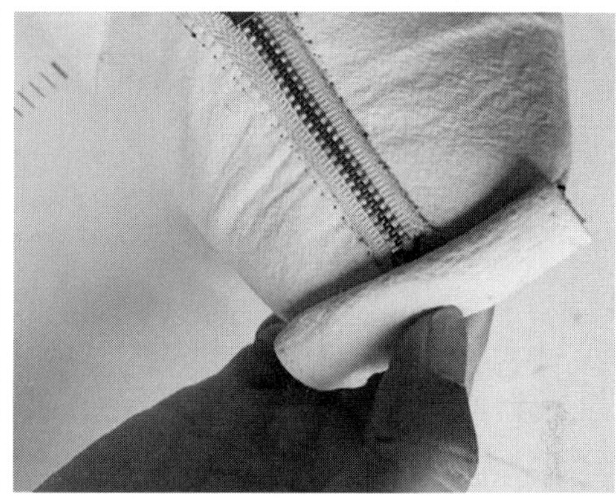

图3-51　底部两侧处理

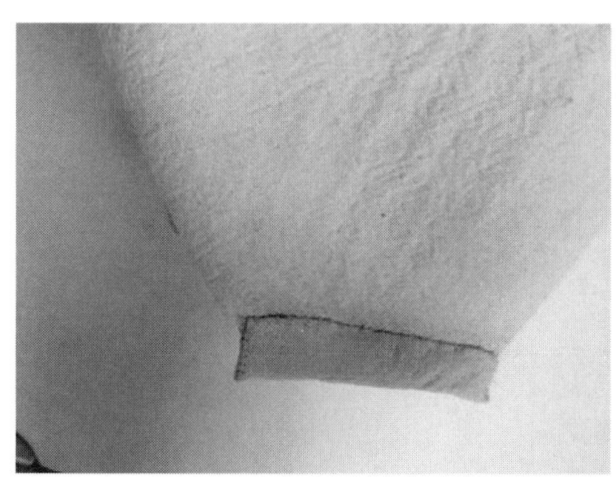
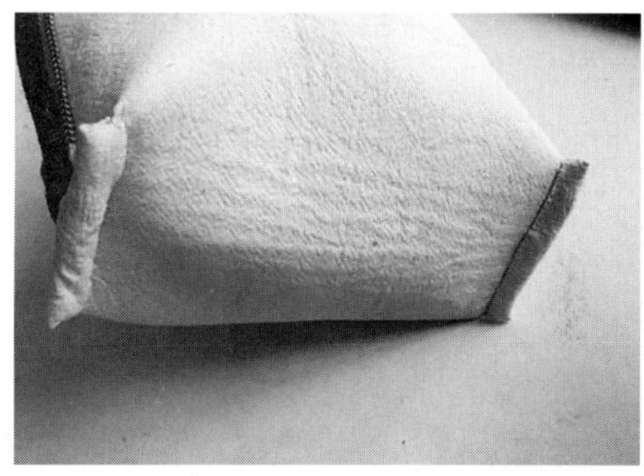

图3-52　两侧包光

图3-53　固定侧边、装饰绳线

（12）完成（图3–54）。

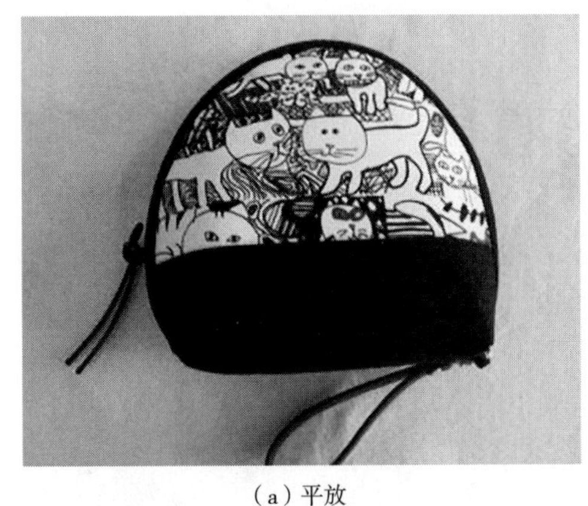

（a）平放

（b）立放

图3–54　贝壳化妆包完成效果

（五）托特包制作

本款托特包袋外形简洁大方，内部宽大，便于置物，时尚而具有质感的细长皮质双带既可肩挎也可手提，包口与内袋安装拉链，整个款式配色清新，随意自然（图3–55）。

图3–55　托特包成品图

1. 材料选择

托特包袋使用材料有：牛奶花棉布、配色斜纹棉布、全棉帆布、拉链、皮质拎带、脚钉、扣子、硬塑底板，硬衬、薄铺棉、有纺衬、无纺软衬。

2. 结构制图

图3–56（a）是包袋两块牛奶花面布净样板，与图3–56（b）放缝后的裁片拼接，构成完整的包袋整身面布，里布可以按照拼接好的面布大小来裁剪，故不再出样（图3–56）。

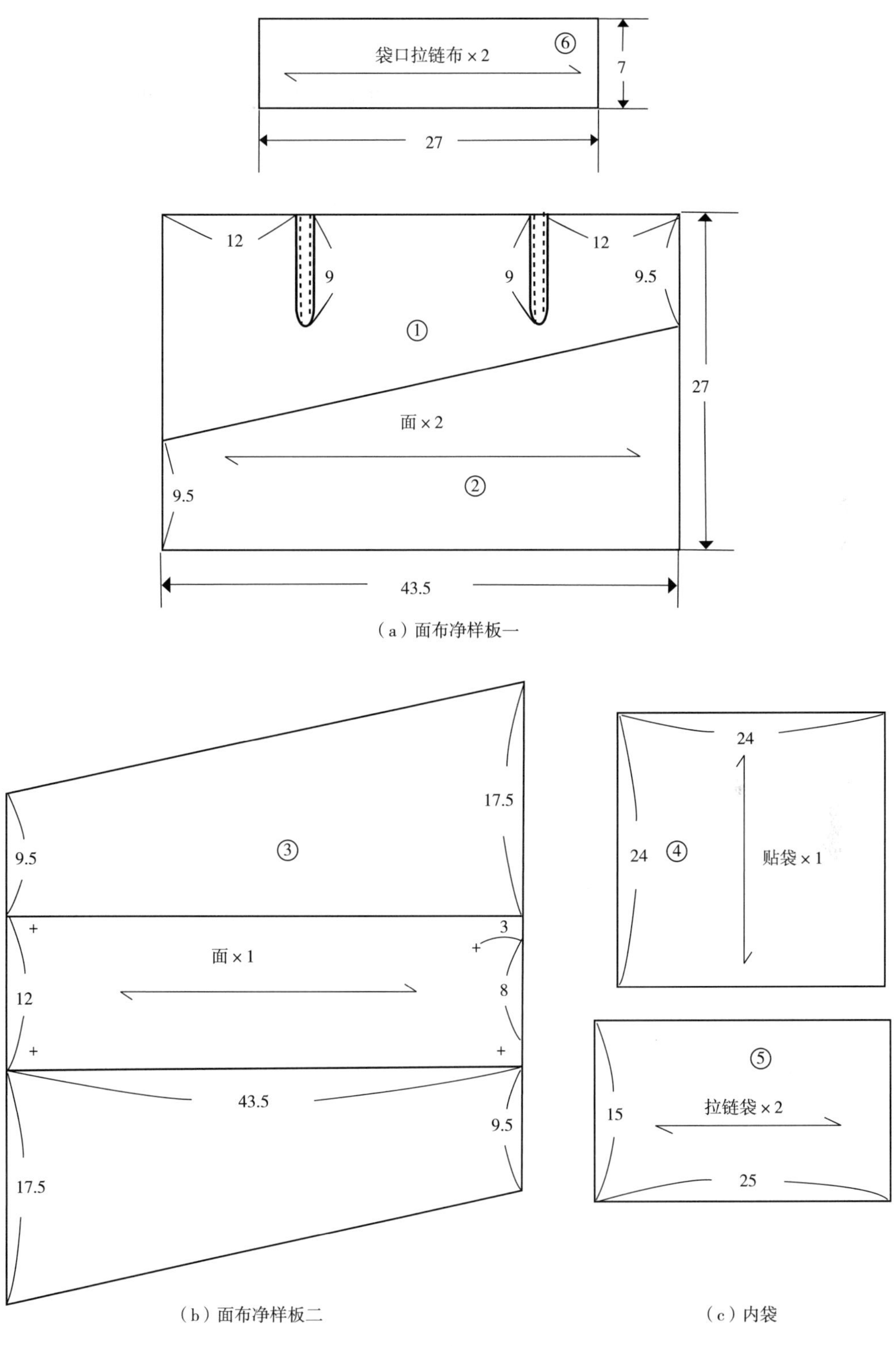

图3-56　包袋样板结构图

3. **制作工艺**

（1）按样板①~③将包袋的面布裁剪出来，四周各留缝份0.8cm；面布沿净缝处烫硬衬，留出缝份（图3–57）。

（2）面布的反面在硬布衬基础上再沿毛缝在面布上覆烫一层黑色有纺衬；沿0.8cm净缝线拼接（图3–58）。

（3）牛奶花面布与墨绿斜纹布拼接，后将缝份烫平（图3–59）。

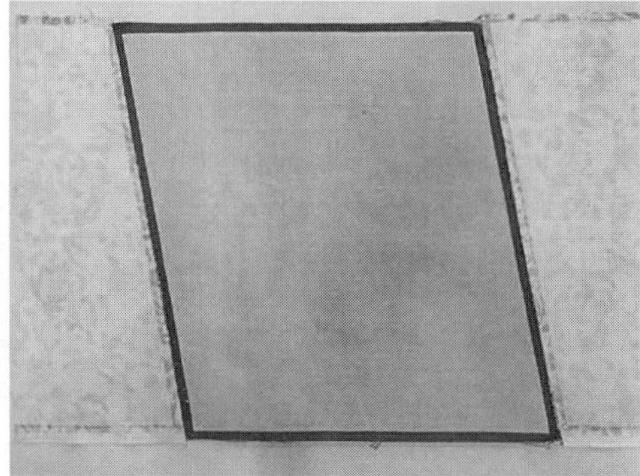

图3–57　裁剪面布、烫硬衬

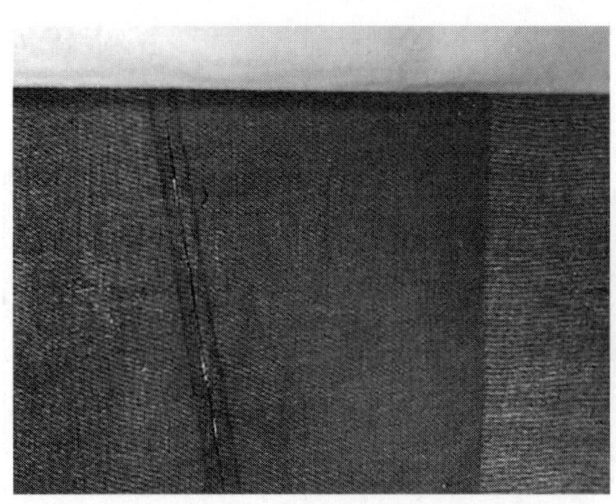

图3–58　烫有纺衬、沿净缝拼接

（a）面布完整拼接

（b）拼缝熨平效果

图3–59　拼接面布

（4）按拼接好的面布裁出里布备用，反面烫上铺棉，里布比面布四周略收进0.2cm；在面布正面画好中心线，沿中线面布折叠对合，以备侧边拼接（图3-60）。

（5）面布两侧沿0.8cm缝份拼合，缝合后烫平缝份，缝份依正面中心线对齐后将两侧抓底处烫死；包底两侧缝线总长12cm，每边离中心线6cm，缝好后在缝线外留缝修去一块三角（图3-61）。

（6）将面布翻转，包袋面布立体造型初步完成；确定包底脚钉位置，距包底中心线4cm，距侧边2～3cm，做好记号，记号处用锥子扎孔，将脚钉从孔中穿入，在包底固定（图3-62）。

图3-60　里布准备、画中心线

图3-61　缝合后熨烫、面布包底缝合

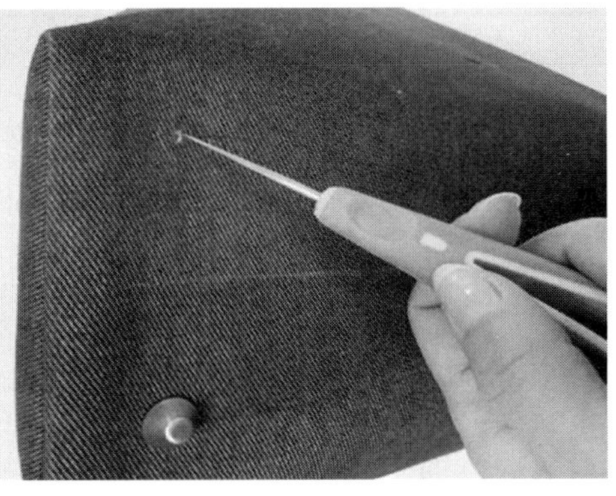

图3-62　包面完成、脚钉定位钻孔

（7）脚钉在反面分开，四角对称，将底板脚钉、面布和包底板三层固定（图3-63）。

（8）用手针将皮拎带固定到包袋上，拎带位距上口9cm，距侧边12cm，线迹均匀美观，注意位置合理，左右对称（图3-64）。

（9）将前面备好的里布用直角尺定位，挎包的上口离贴袋口6～7cm，贴袋口净尺寸约21cm，居中。裁剪贴袋毛缝24cm见方，袋口折转1cm熨烫（图3-65）。

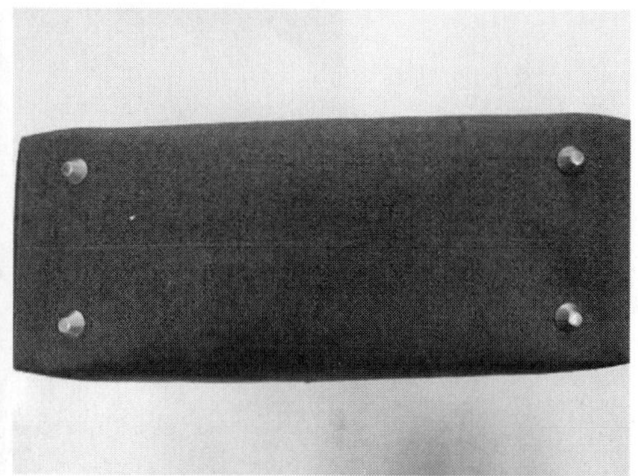

图3-63　脚钉、面布和包底板固定效果

图3-64　皮拎带固定

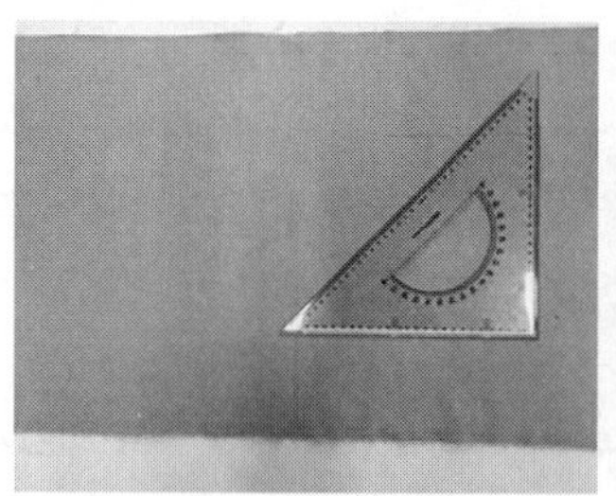
（a）直角尺定位

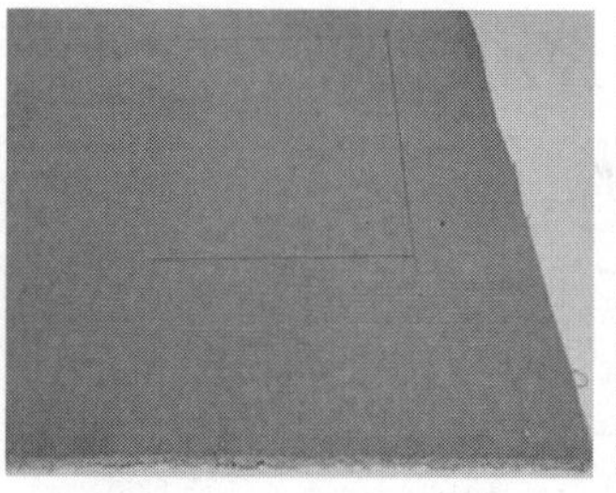
（b）画线

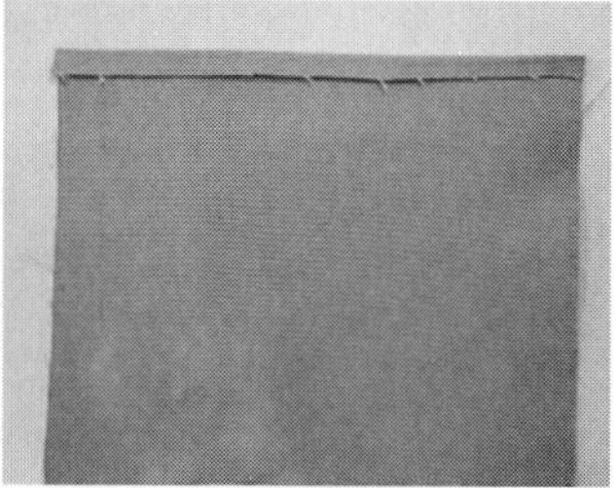
（c）贴袋裁剪折烫

图3-65　贴袋布准备

（10）贴袋布袋口折转2.5cm缝合，沿边压缉0.1cm，袋口缉双止口0.1cm、0.6cm，将袋布其余三面扣烫光，沿边0.1cm装贴袋，缝双止口0.6cm，将贴袋压缉至里布上（图3-66）。

（a）做袋口

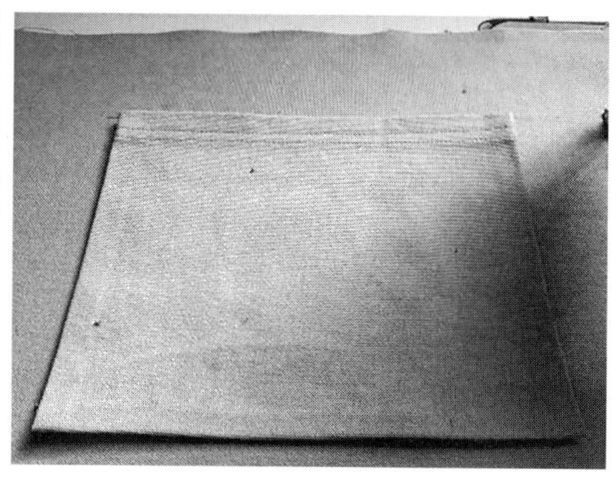
（b）扣烫

（c）装贴袋

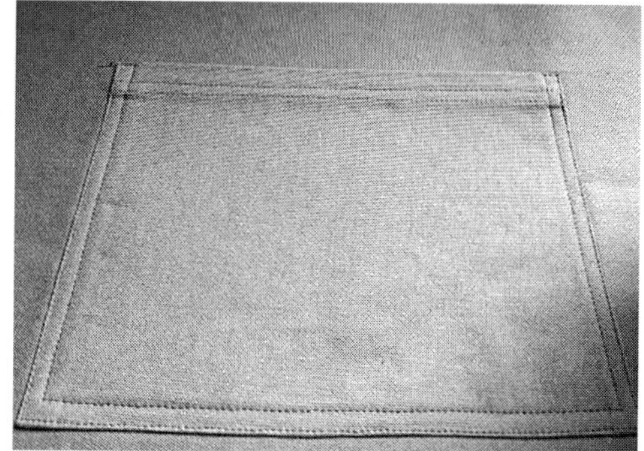
（d）贴袋完成

图3-66　贴袋安装过程与完成效果

（11）拉链安装：裁剪开袋袋垫布两块，长15cm，宽25cm；拉链反面一侧与袋布正面缝合，缝份0.75cm，将上下袋布与里布正面相对缝合，两边缝份各0.75cm；翻转里布，反面形成两条平行的1.5cm线迹；拉链位按两线中间剪开，两端留1.5cm剪出三角后翻转；拉链与下袋布缝合0.1cm明止口线，再加缉0.6cm平行止口线，两边相同；封袋口两端三角；将袋布铺展平整，其他三边缉合；拉链上方可钉上装饰皮标（图3-67）。

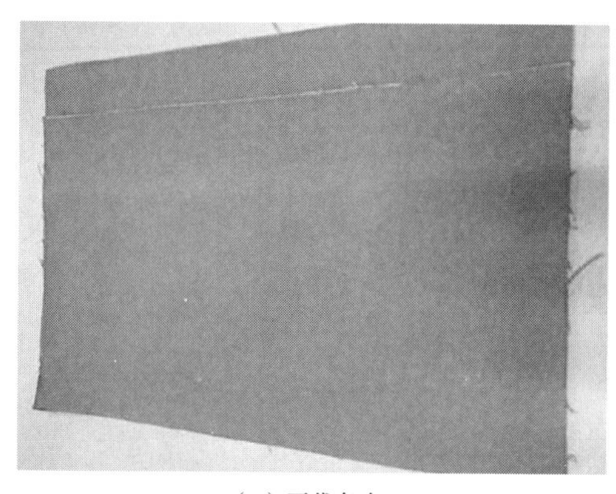
（a）开袋备布

（b）拉链固定

图3-67

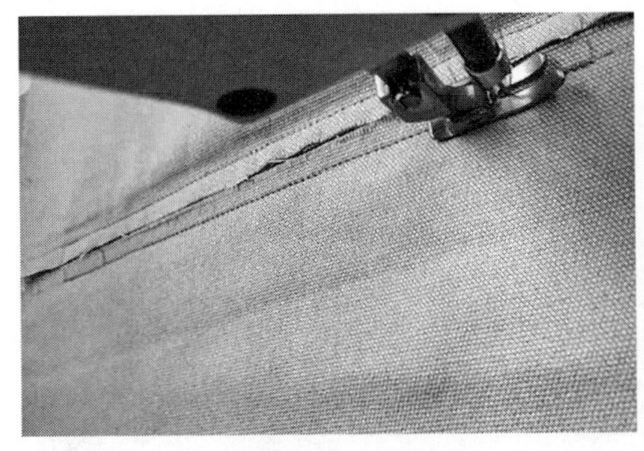
(c) 袋布与里布相对缝合

(d) 反面线迹

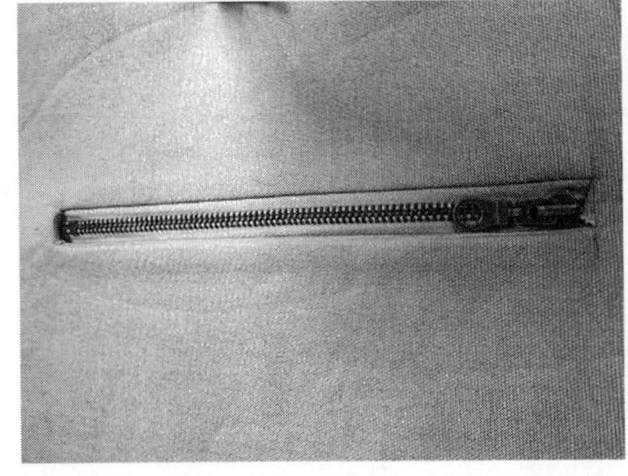
(e) 剪开

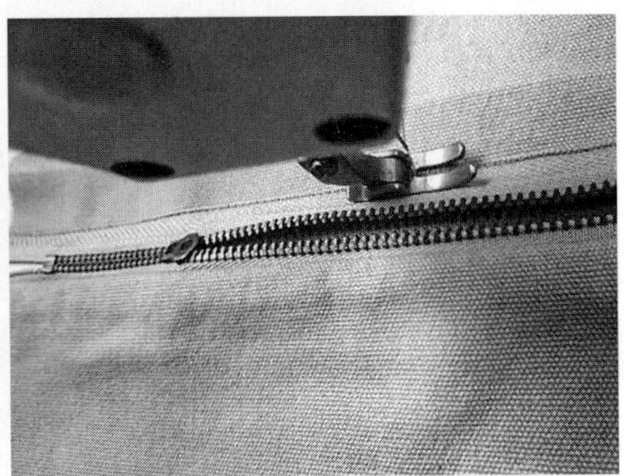
(f) 拉链与下袋布缝合

(g) 压缉止口线

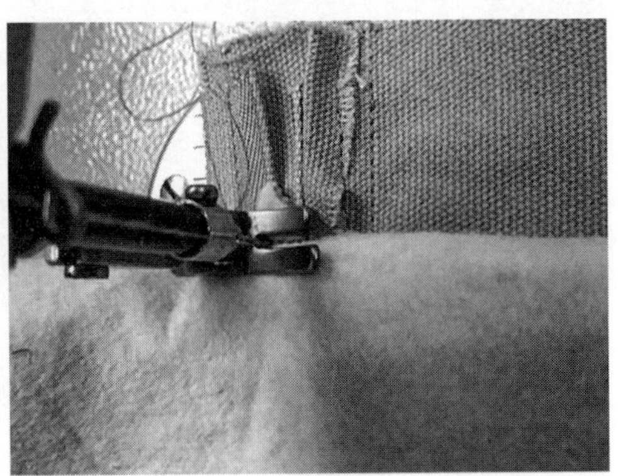
(h) 封袋口

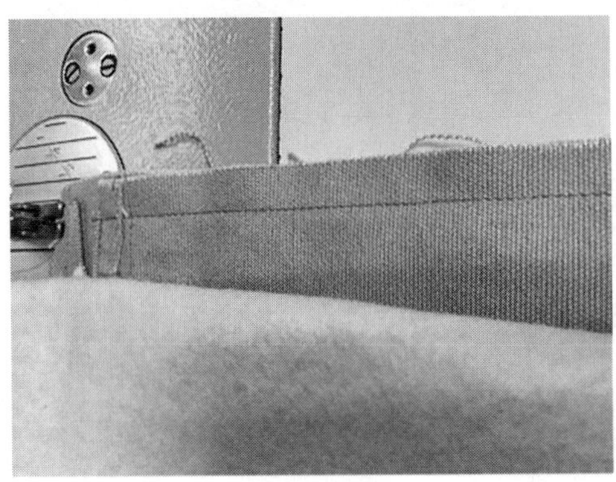
(i) 三边缉合

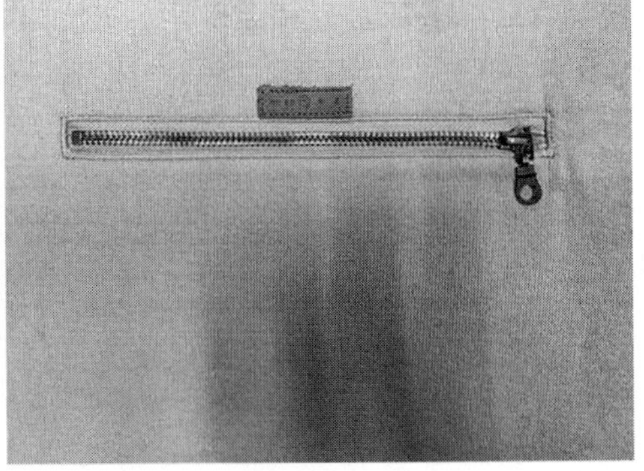
(j) 拉链内袋完成

图 3-67 拉链安装

（12）与面布底侧的处理方式相同，里布抓底画线12cm缝合牢固；将三角处多余部分修掉，缝份1cm（图3-68）。

（13）将包袋面、里布反面相对叠到一起，包口处固定0.5cm缝份，包口正中打剪口备用（图3-69）。

（14）裁剪袋口拉链布两块，尺寸为27cm×7cm；在拉链布反面烫上黑色有纺衬（图3-70）。

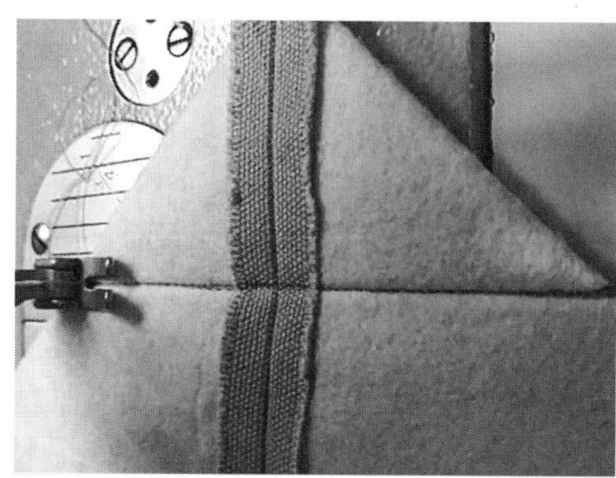

图3-68　缝合里布包底、修剪三角

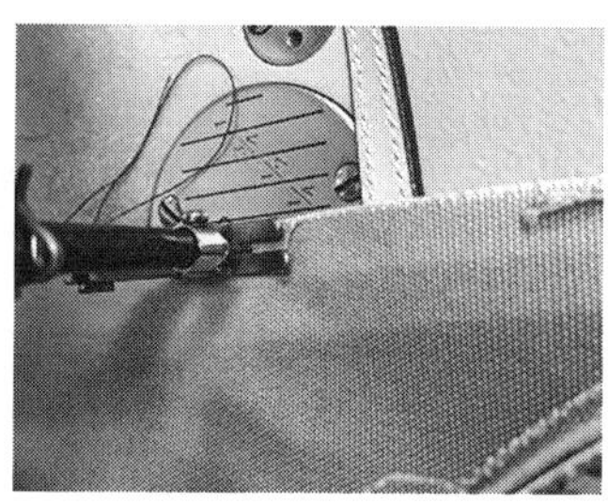
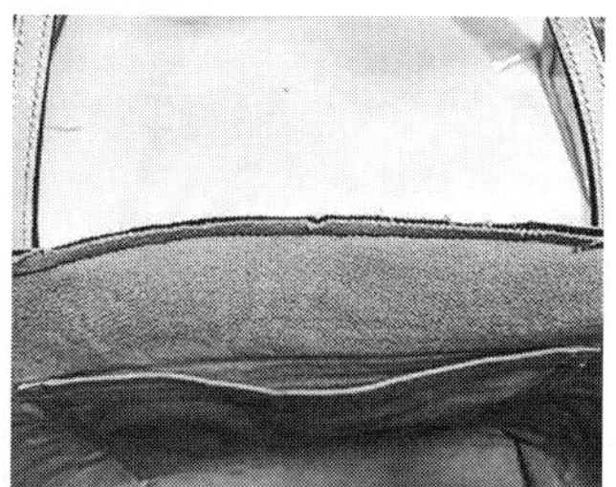

图3-69　包口固定处理

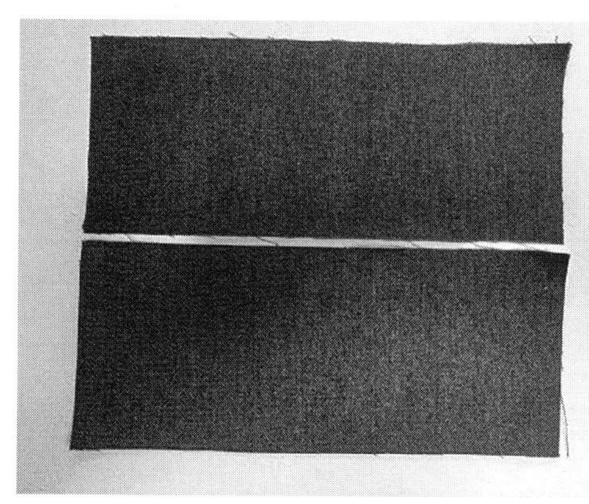

图3-70　裁剪袋口拉链布、烫衬

（15）将拉链布三边扣光、熨烫缝份1cm；拉链居中固定压缉0.1cm、0.6cm明止口线（图3-71）。

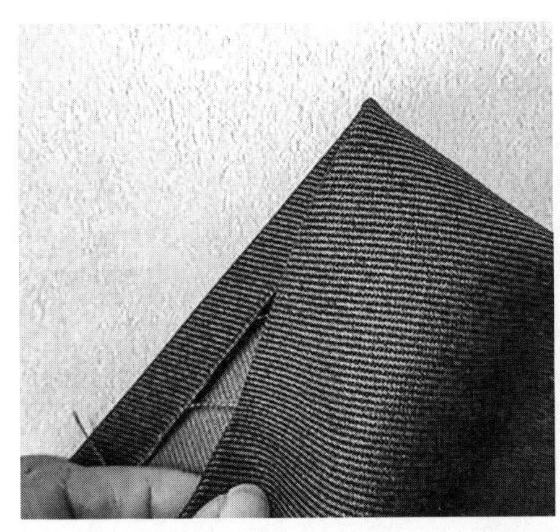
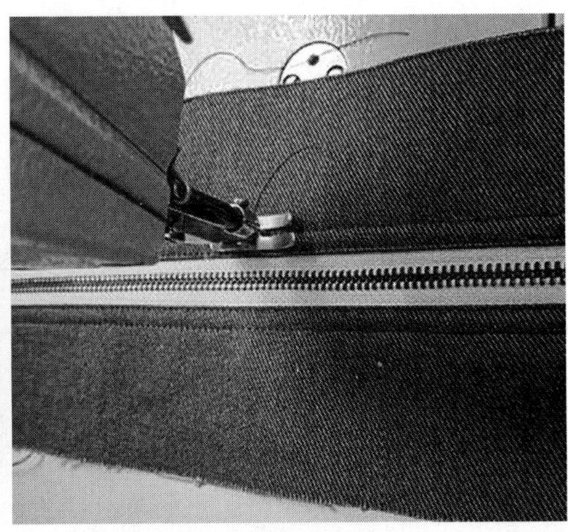

图3–71　扣光熨烫、压缉止口

（16）将拉链布中点与包口中点剪口对齐，在两侧缝合到包袋袋口对称位置（图3–72）。

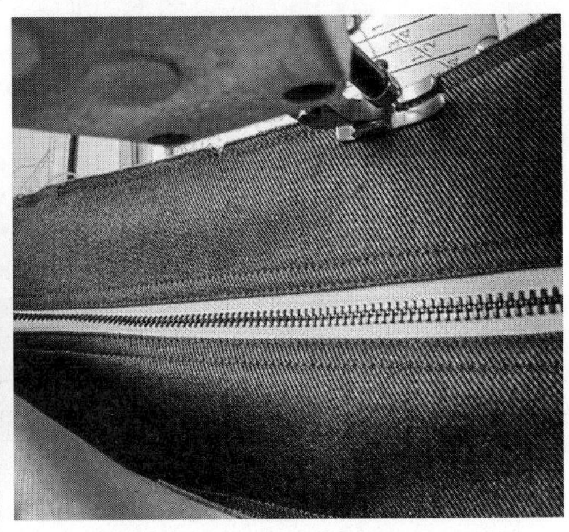

图3–72　依据剪口对位、缝合

（17）将先染布料滚边条与包袋袋口正面相对围绕包袋口压缉一周，缝份0.8cm，然后将滚边条向袋口内侧翻转用藏针法固定，使滚边条宽窄一致（图3–73）。

（18）做拉链两端对扣。剪出四周比扣子大出2cm一圈的面料，用手缝针双线将四周缝一圈，然后将线抽紧后再缝一圈，做出四个相同的包扣（图3–74）。

（19）将一对包扣与拉链一端合在一起，用藏针法将拉扣两两固定，拉链头由对合在一起的包扣替代（图3–75）。

（20）完成（图3–76）。

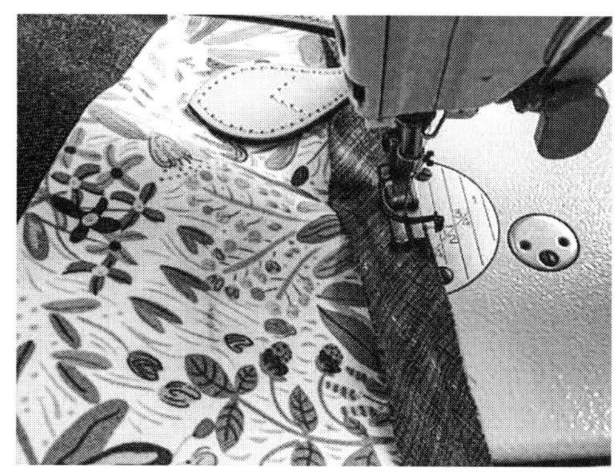

（a）滚边条对位

（b）压缉一周

（c）手针固定

（d）滚边条固定完成

图3-73　滚边条安装与完成效果

（a）裁布

（b）缝线

（c）抽紧

图3-74　包扣准备

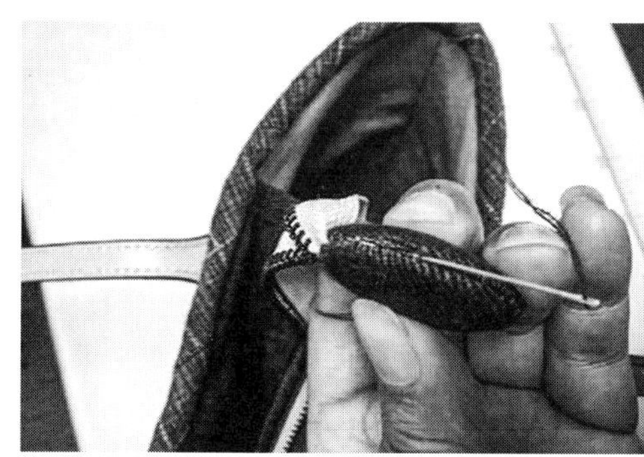

（a）合扣

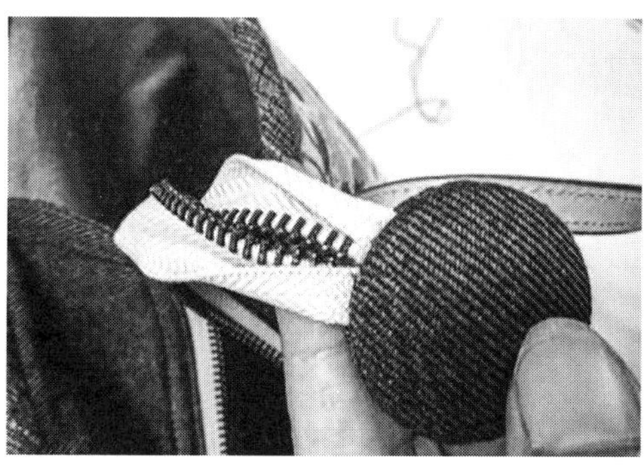

（b）固定

图3-75　包扣安装

（a）平放效果

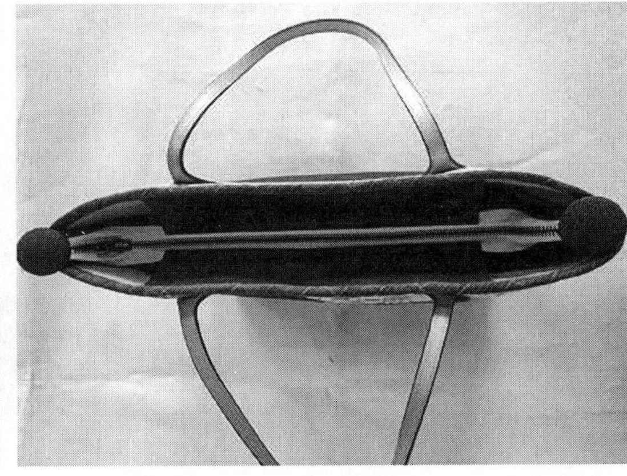

（b）俯视效果

图3–76　包袋完成效果

二、手工皮包的制作范例

（一）枫叶卡包

卡包是存放和收纳各种卡片的保护套。皮质卡包精美、耐用，手感好且具有高级感而受到大多数青年群体的热爱（图3–77）。

图3–77　枫叶卡包成品图

1.材料使用

枫叶卡包材料选用进口植鞣革，辅料选用枫树叶、皮革用蜡线、德国进口强力胶、封边液等。

2.结构制图（图3–78）

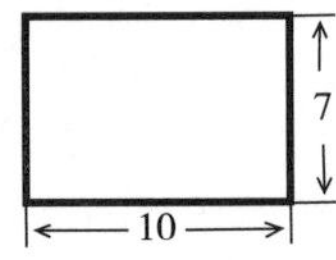

图3–78　枫叶卡包样板结构图

3. 制作工艺

（1）按照样板进行卡包划样、裁剪皮料，皮料裁剪可用裁纸刀，也可以选择切割皮料的专用道具，两块皮料等大（图3–79）。

（2）将预先准备好的风干枫叶拿出，待用；将皮料用海绵打湿两遍，取出待用（图3–80）。

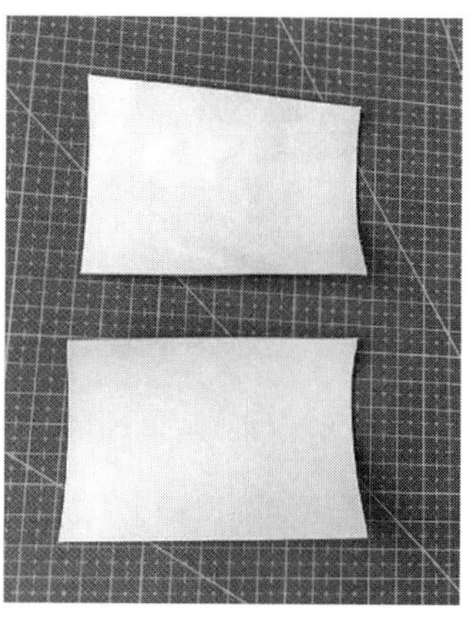

图3–79　卡包划样、裁片

图3–80　备好枫叶、打湿皮料

（3）将枫叶放到裁片正面，设计好摆放位置；用理石板光面对压，用加压钳压紧5~10分钟，解压后取出待干；卡包上色，用柔软的白棉针织布料蘸取染料轻涂几遍，直到颜色满意为止，注意上色均匀（图3–81）。

（4）卡包上下层除上口处留5mm，其他部分涂床面处理剂，上下层上口正反面进行削边处理（图3–82）。

（5）涂抹封边液并反复打磨，直至光滑为止；之后用酒精灯加热压边器（图3–83）。

（6）用压边器在上口压装饰线，距边缘0.3cm左右；压完装饰线效果整体感增强，更加美观完整；将上口留出，其余三边涂强力胶（图3–84）。

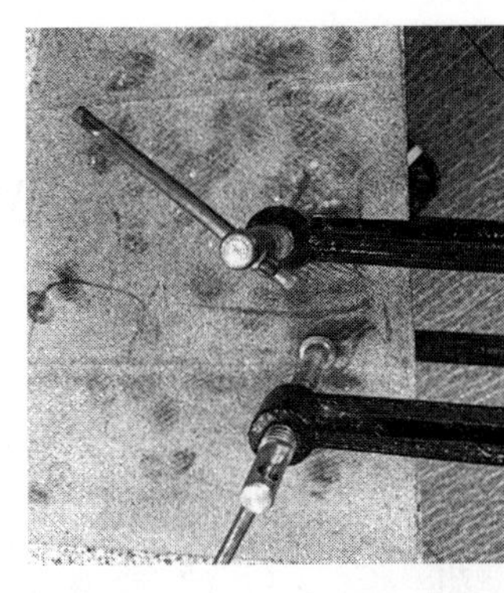

图3-81　解压、上色

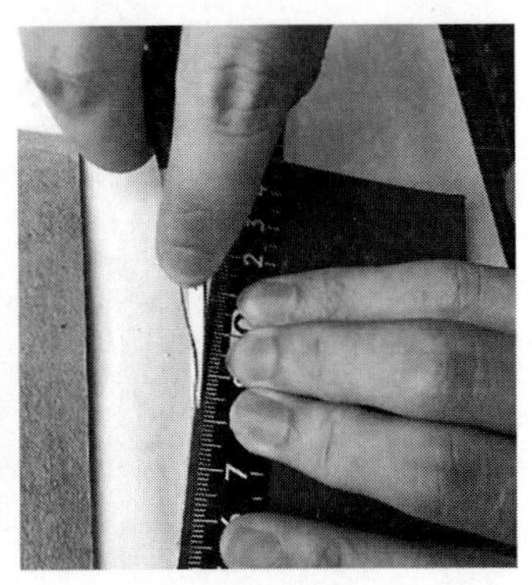

图3-82　涂创面处理剂、削边

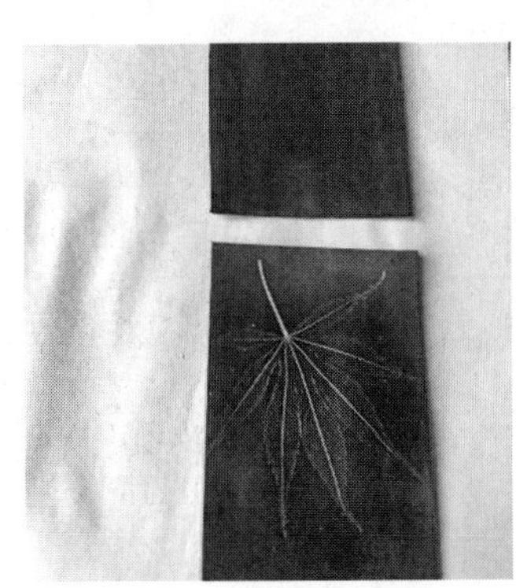

图3-83　涂封边液、打磨、加热压边器

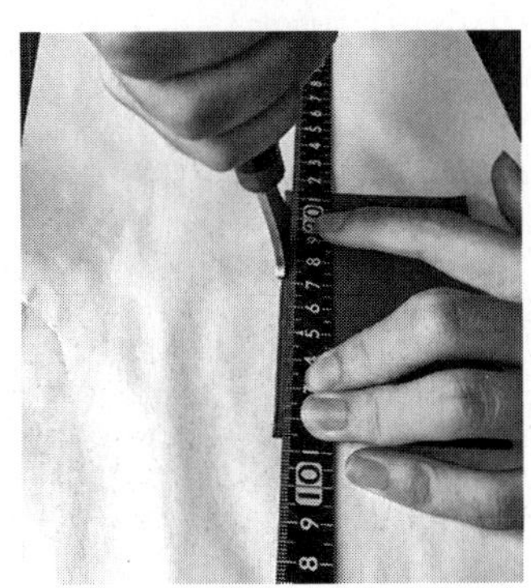

图3-84　压装饰线、涂胶

（7）双层除上口，将上下两层用强力胶黏合；将四角用半月斩处理半月形，其他三边固定约3分钟后取掉夹子（图3–85）。

（8）用水将三边打湿，用粗打磨条打磨约3遍，将边线器调整为3mm画边线（图3–86）。

（9）用4mm菱斩6齿进行打斩孔；用0.45mm蜡线3.5～4倍斩迹长度，两边穿针并固定，缝制过程中注意线松紧一致；缝好后，正反面用削边器削边（图3–87）。

图3–85　两层黏胶、做半月角并固定

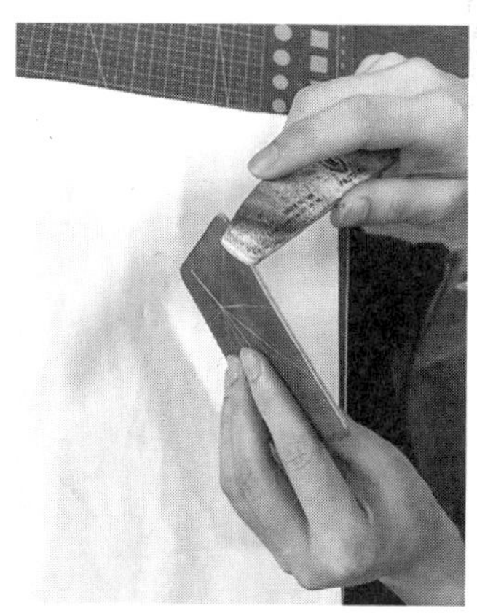

图3–86　磨边、画边线

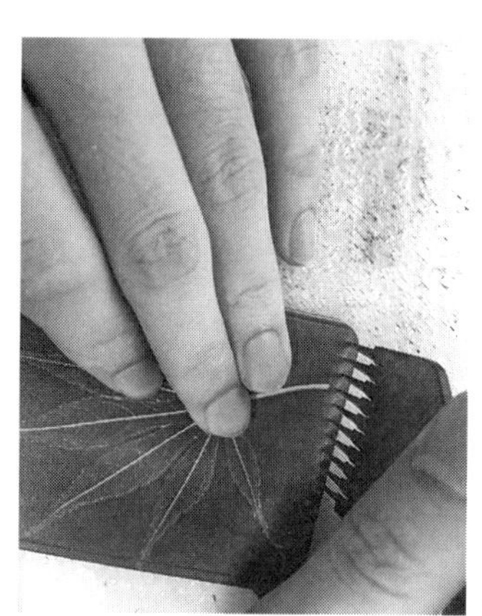
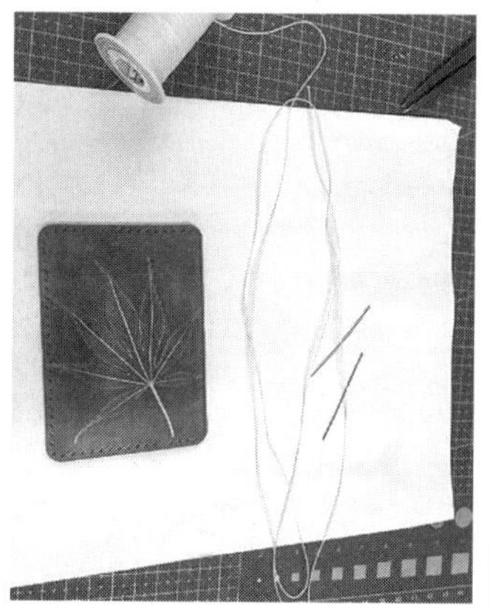
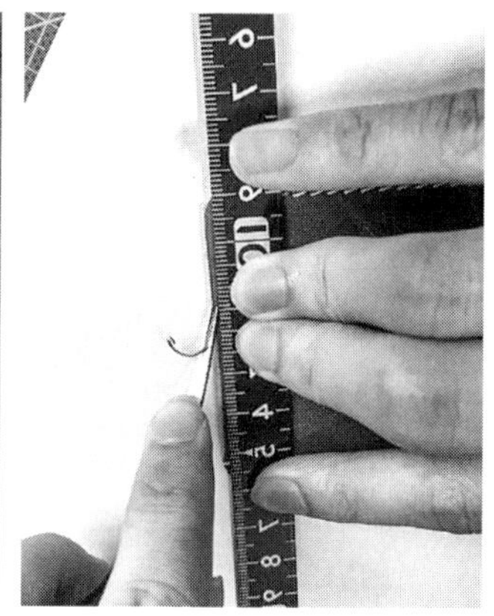

图3–87　打斩孔、缝线、削边

（10）涂封边液，用打磨棒打磨至光滑，一般3～5遍；卡包完成（图3-88）。

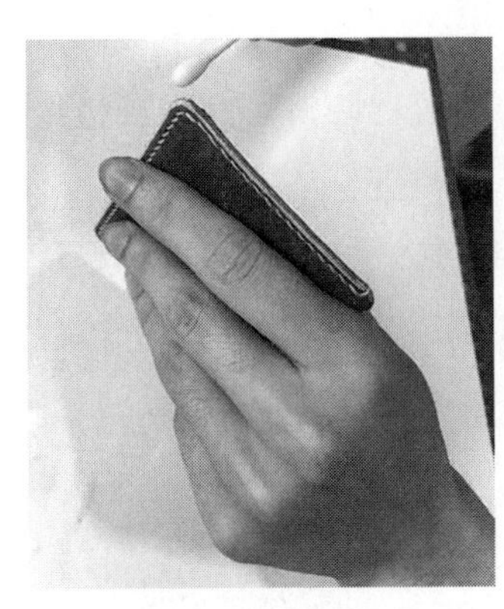
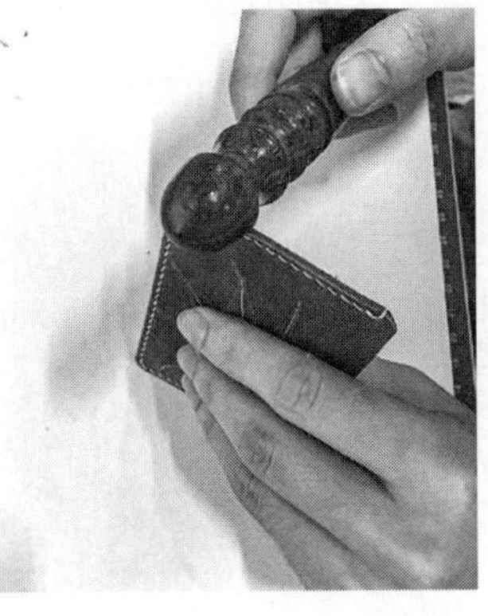

图3-88　打磨、完成

（二）零钱包

零钱包可以收纳零钱和小杂物，皮质零钱包精致、美观、耐用且时尚。

1.材料使用

零钱包材料选用进口植鞣革，辅料选用枫树叶，皮革用蜡线，胶皮锤子，双面胶，德国进口强力胶及封边液等。

2.结构制图（图3-89）

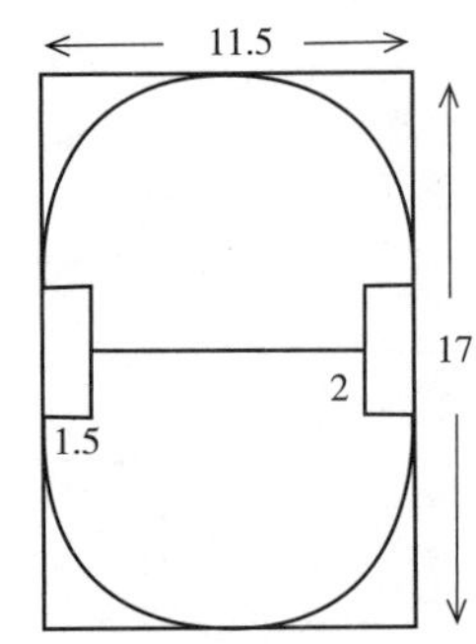

图3-89　零钱包样板结构图

3.制作工艺

（1）按照样板图用锥子划样后进行裁剪（图3-90）。

（2）用海绵将裁片打湿，将选好的干树叶备用（图3-91）。

（3）理石板光面对压，然后用加压钳压紧5~10分钟；吹风筒吹干，待用；按照喜欢的颜色给皮面上色（图3-92）。

（4）染好色后将样片正反面边缘进行削边处理；边缘涂抹封边液涂3~5遍（图3-93）。

（5）涂抹封边液后进行打磨，直到光滑为止；将样板以3mm边距进行划线斩位确定，用4mm菱斩进行样板打孔；然后将样卡斩位对称复制到另一侧样卡上，确保缝制时斩位准确；将样板上的斩位用锥子透印到样片上（图3-94）。

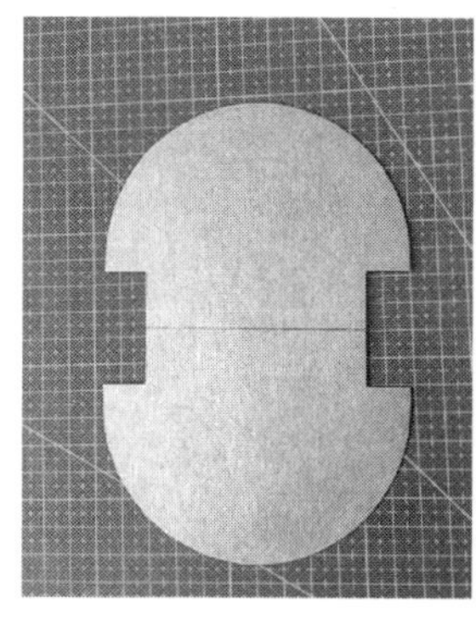
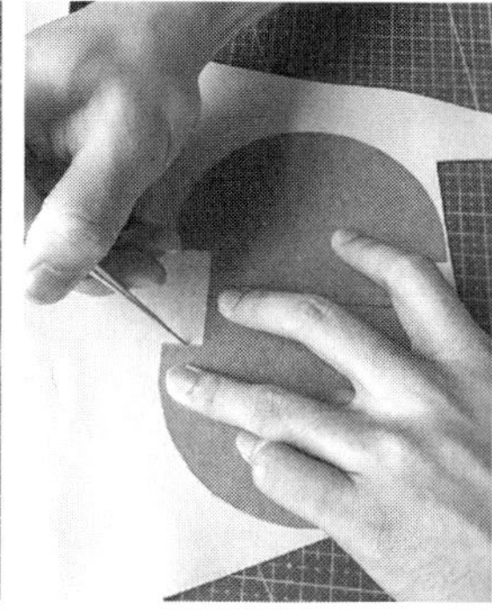

图 3-90　划样、裁剪

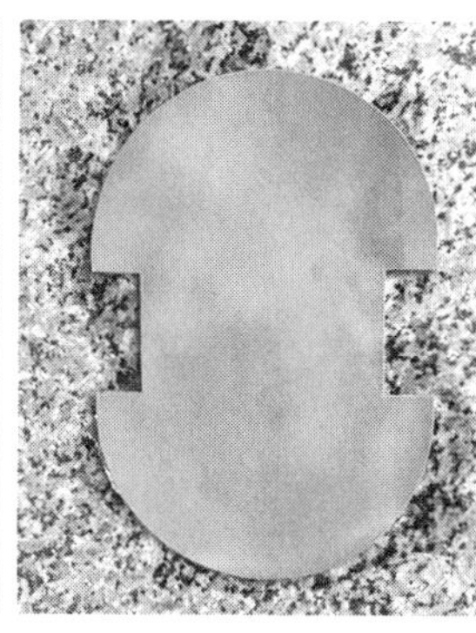

图 3-91　打湿裁片、树叶备用

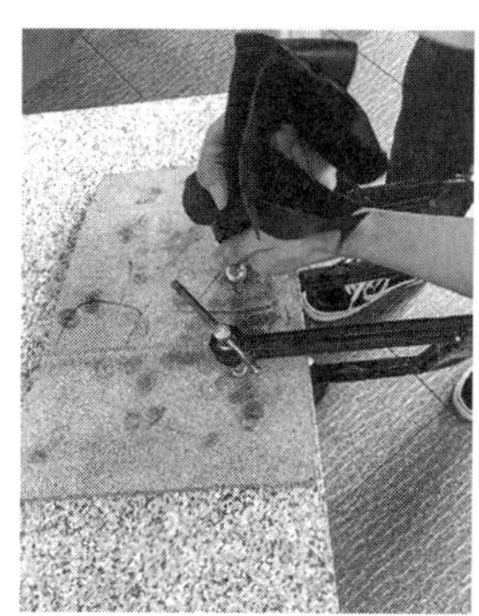
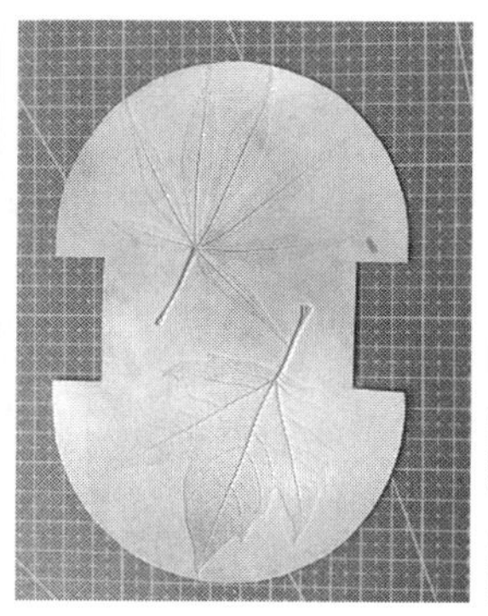

图 3-92　压花、上色

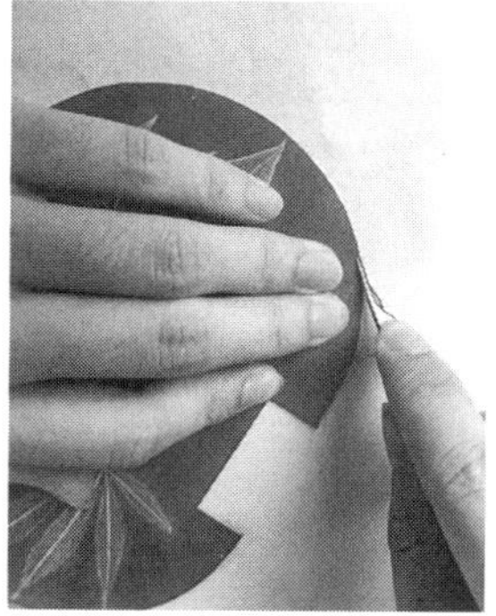

图 3-93　削边、封边

（6）用边线器按照3mm画边线；用4mm菱斩进行打孔，注意弧形边缘用2齿菱斩打孔；打完斩效果（图3–95）。

（7）用猪里皮做里层并用样板；里层比面层小一个缝线即在斩位线里；将面层和里层分别涂强力胶（图3–96）。

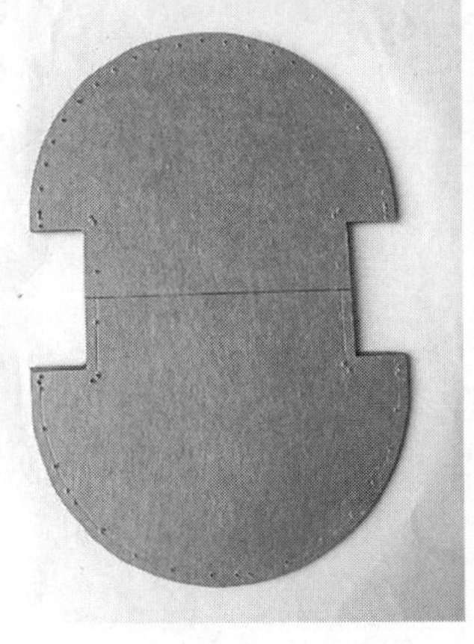

图3–94 打磨、透样板

图3–95 划边线、打孔

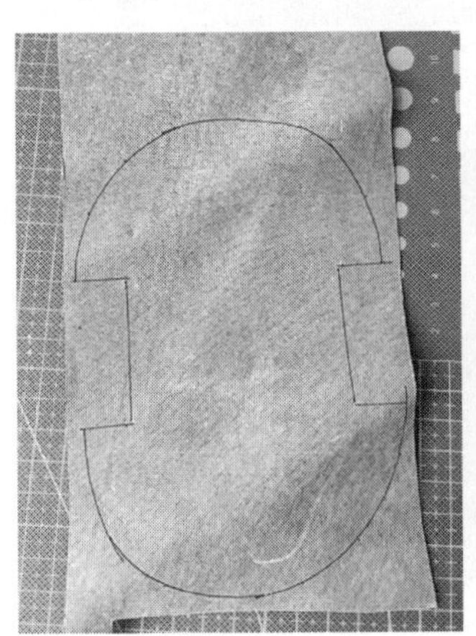

图3–96 划里层猪皮贴片涂胶

（8）将涂胶里侧稍干后粘合；用胶皮锤子锤牢固；将拉链和绱拉链开口处对合好（图3–97）。

（9）将双面胶条粘到拉链一侧；将零钱包上口和拉链上的双面胶粘牢；粘合时注意拉链齿距零钱包上口约5mm（图3–98）。

（10）准备3.5~4倍线迹0.4mm缝纫蜡线；起缝后要求缝线均匀，缝线迹美观一致（图3–99）。

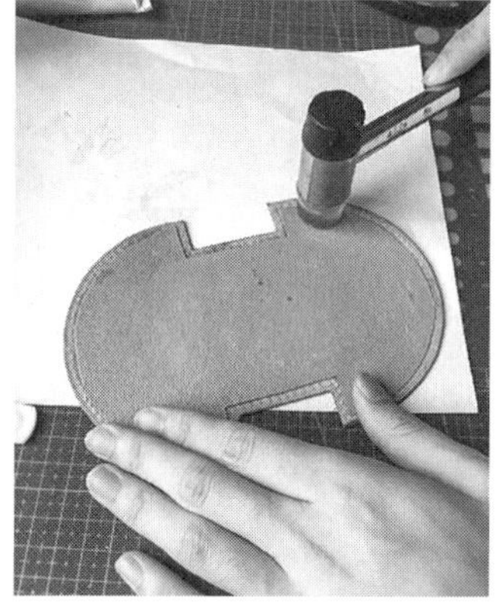
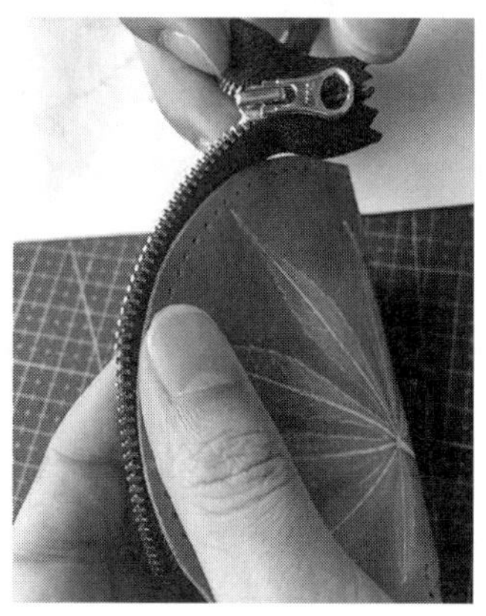

图3–97　合面里层、对拉链

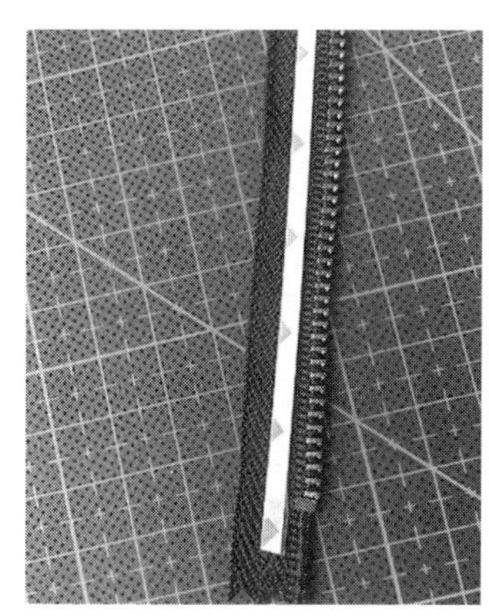

图3–98　合拉链

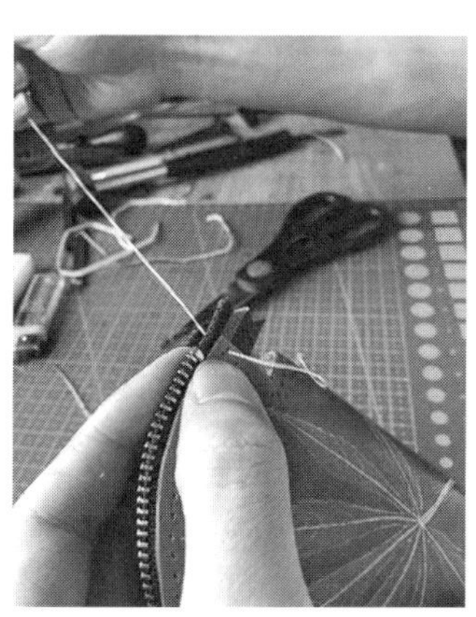

图3–99　装拉链

（11）拉链装好后，将零钱包翻到反面，封两侧底口（图3-100）。

（12）完成（图3-101）。

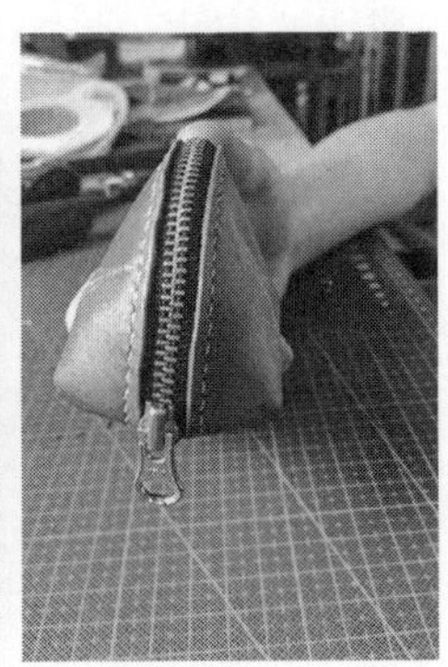

图3-100　封两侧底口

图3-101　零钱包完成图

（三）短钱夹

短钱夹可以收纳不同证件，还有纸币，多被男性朋友所喜爱，手工皮短钱夹更能体现男性特征、地位，彰显身份。

1.材料使用

短钱夹材料选用进口植鞣革、皮革用蜡线、德国进口强力胶及封边液等。

2.结构制图（图3-102）

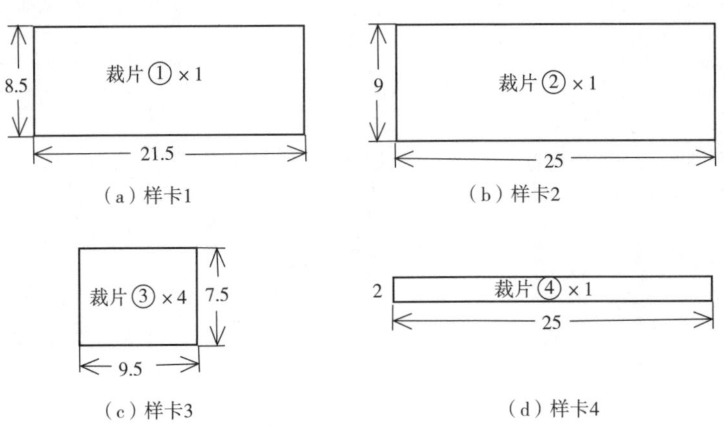

图3-102　短钱夹样板结构图

3.制作工艺

（1）裁剪好所有用到的裁片；外层表皮植鞣革厚度为2mm，其他为1mm；所有皮面进行防污处理，可以用貂油膏（图3-103）。

（2）皮反面进行床面处理，黏胶处预留5mm，上口处不留；裁片①、裁片③、裁片②均同前处理三边；分别涂床面处理剂（图3-104）。

（3）钱包里层卡位上口间距为12mm；将中间卡层进行倒T形处理，上口处向里进约5mm，下口处向里进20mm（图3-105）。

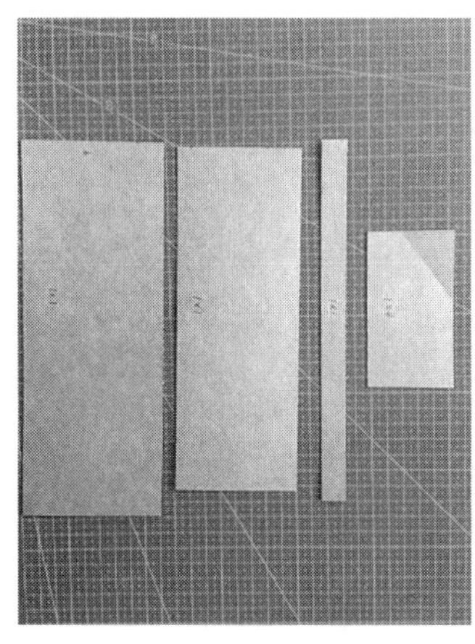
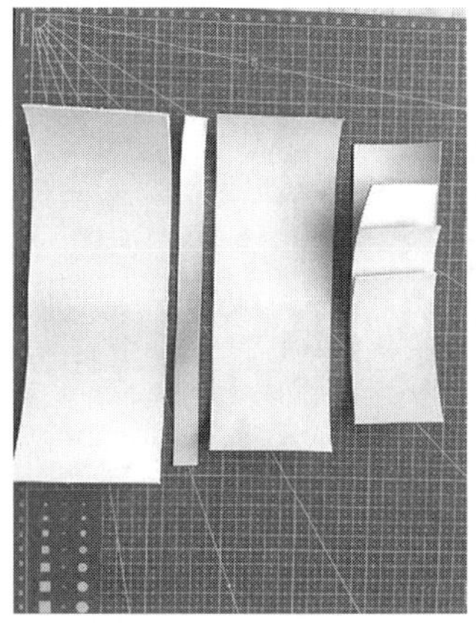

图3-103 裁剪裁片、涂防污油

图3-104 涂创面处理剂

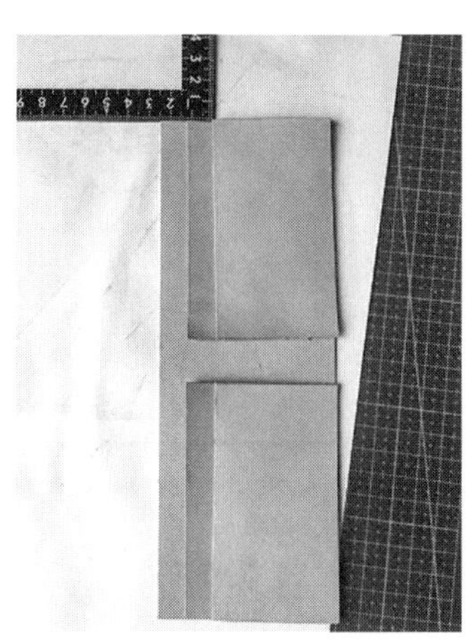

图3-105 确定卡位

（4）将上口和中间边缘进行削边处理，削边后涂封边液；将裁片①和裁片③卡隔；用打磨棒打磨3~5遍，直到光滑圆润为止（图3-106）。

（5）打磨部位及效果如下图；将压线器用酒精灯烧热，在上口压装饰线；确定上口卡位均相距12mm（图3-107）。

（6）划好卡位，需要黏胶部位用刀片或砂条搓以便涂胶；将裁片①和裁片③的三边削薄（图3-108）。

（7）削薄后，对准卡位粘贴削边部位，以菱斩打孔，缝线固定下端（图3-109）。

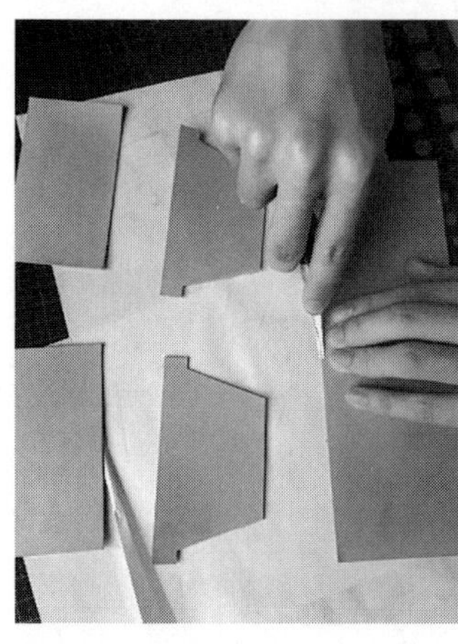
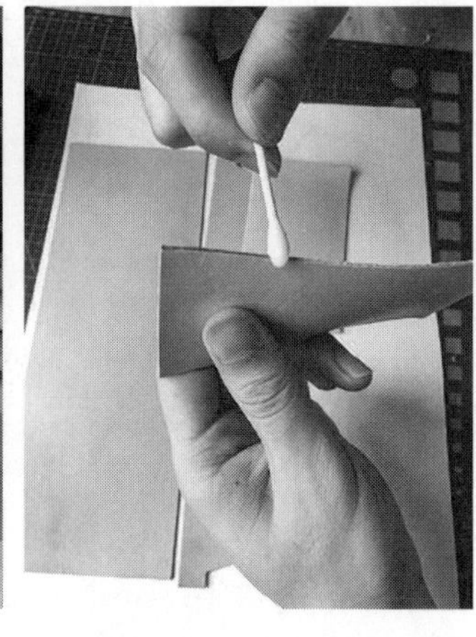
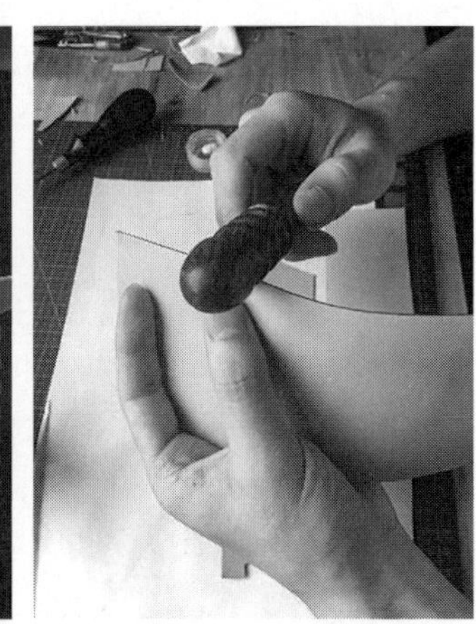

图3-106　削边、打磨

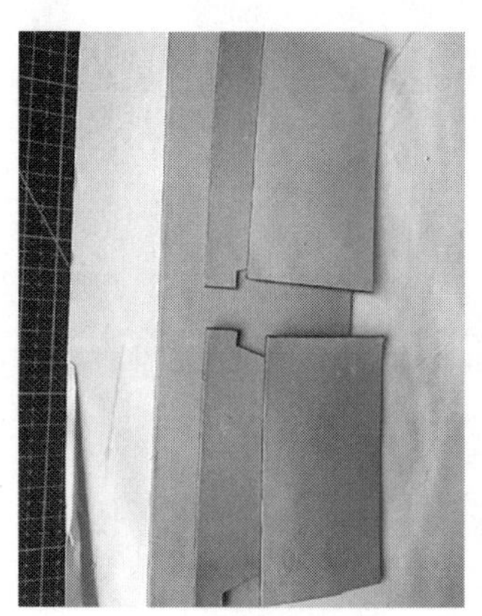

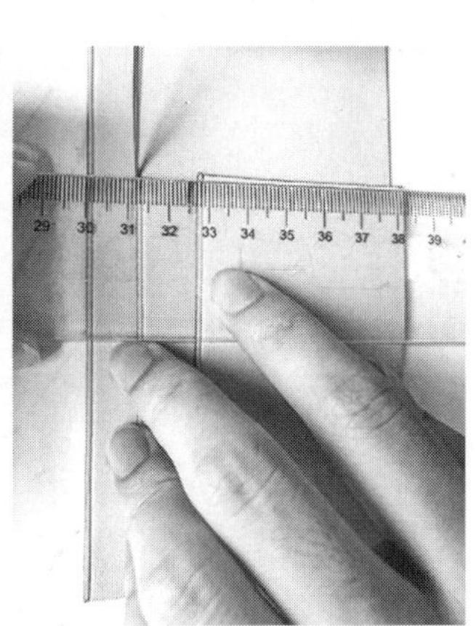

图3-107　确定卡位

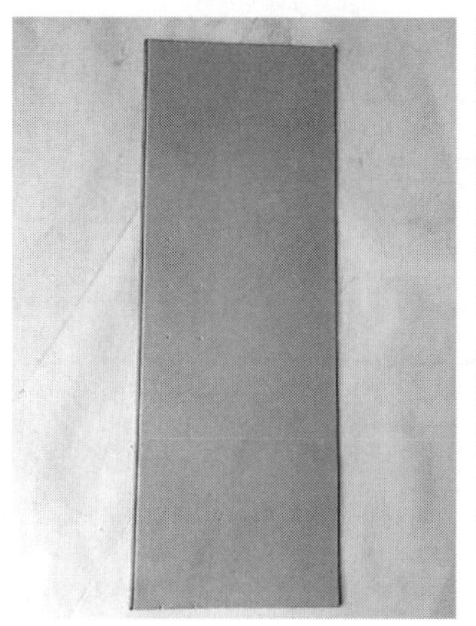
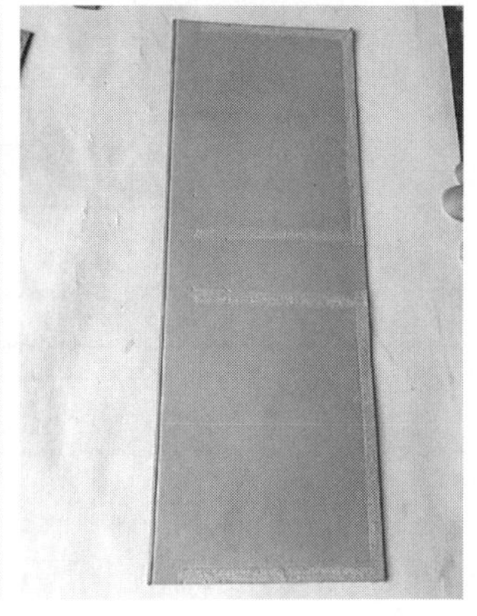

图3-108　划卡位、削边

（8）缝好后，贴最上层三边卡皮固定3~5分钟；将中间卡皮缝线固定（图3-110）。

（9）将样卡1打孔4mm菱斩距（4mm菱斩距缝至下口约10mm）；将样卡1斩孔复制到内层卡皮上，将样卡3同样斩孔并复制到短夹外皮（2mm厚）上，卡皮分别打孔（4mm斩距），同时注意边缘对齐，中间留空，形成窝势（图3-111）。

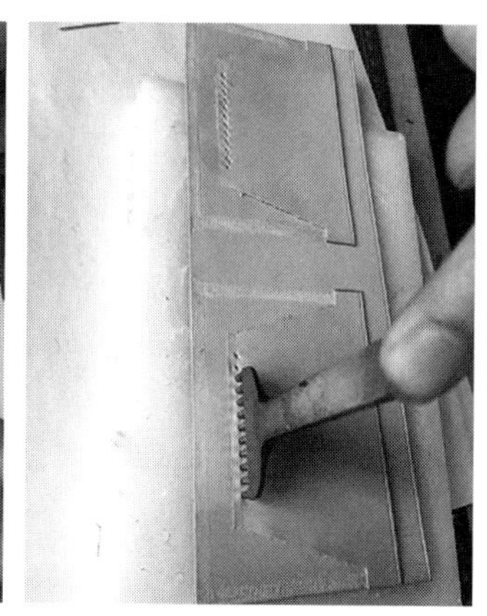

图3-109 确定卡位、打孔

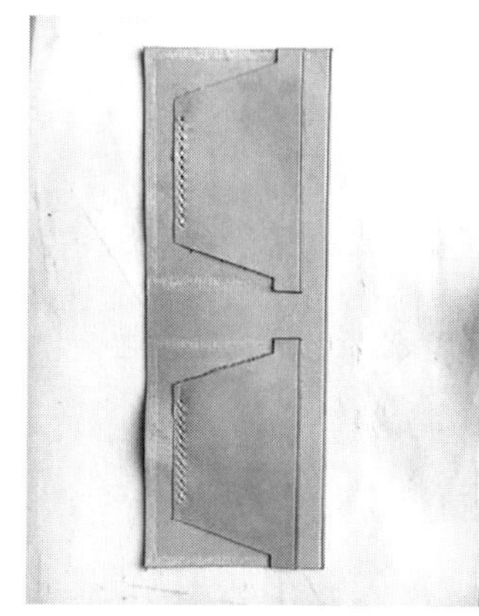
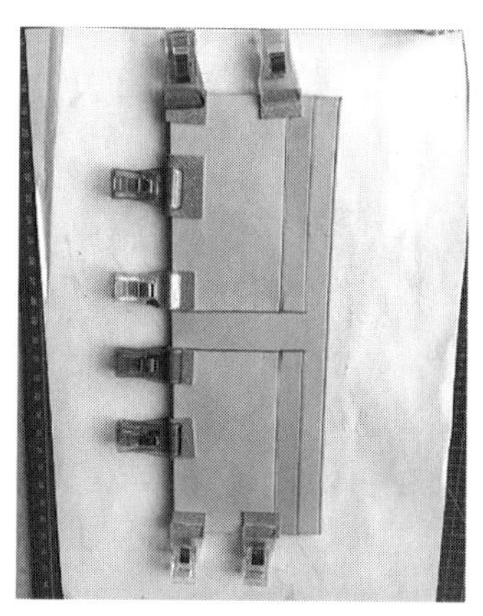
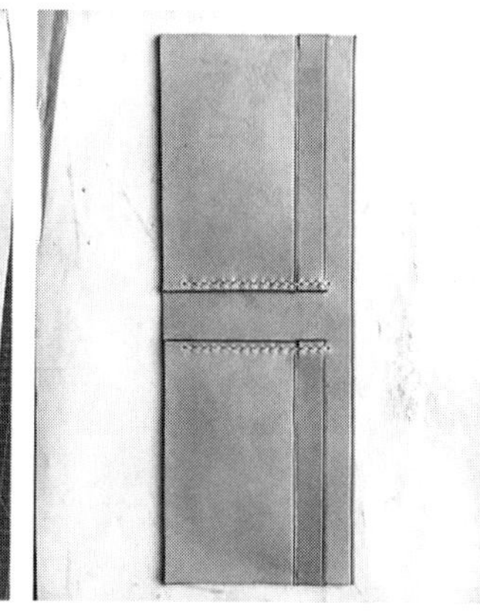

图3-110 缝线固定内卡

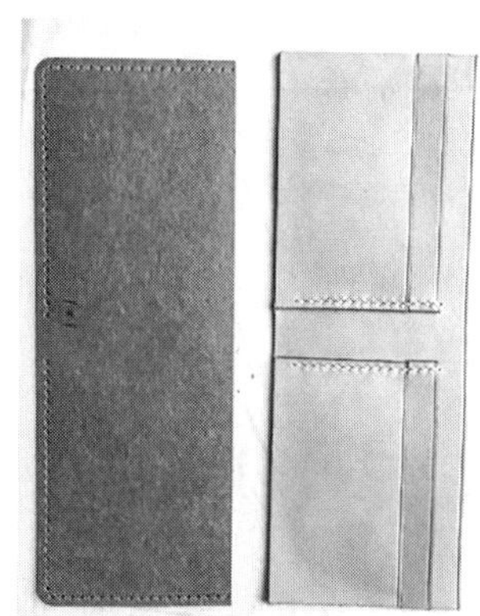
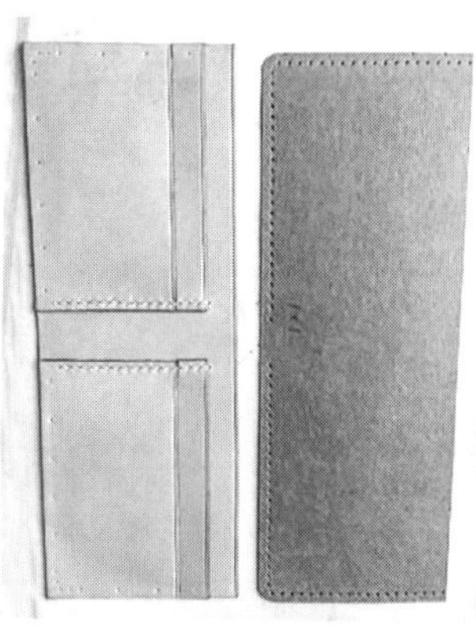

图3-111 样卡3打斩

（10）将内层卡皮①、外层短钱夹皮②和外层皮边缘皮条④合并。将裁片④，短钱夹上口贴边缘对齐粘合，④号裁片贴皮厚度为1mm植鞣革，合短夹外皮（图3-112）。

（11）黏合后效果如下图，将卡皮里和外皮下口窝势处进行磨光处理，用夹子固定3~5分钟（图3-113）。

（12）将短钱夹四个边角切成半月形，将外层皮打孔（图3-114）。

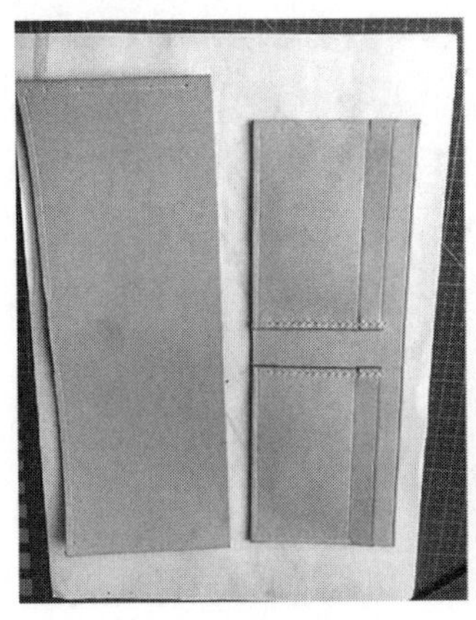
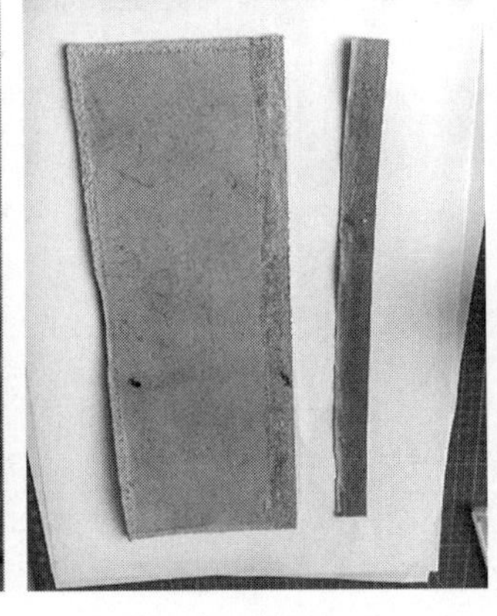

图3-112 内外层合皮

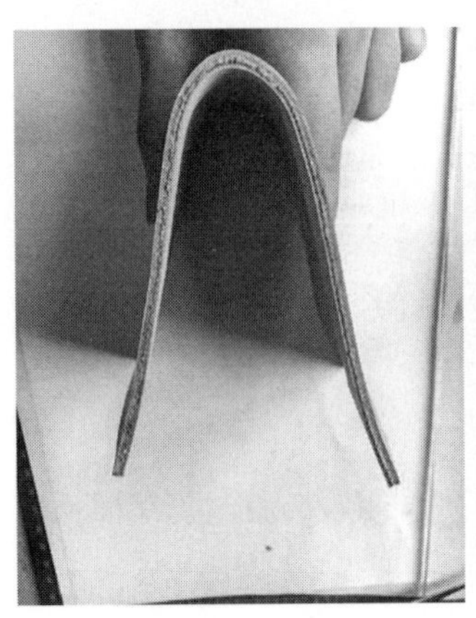

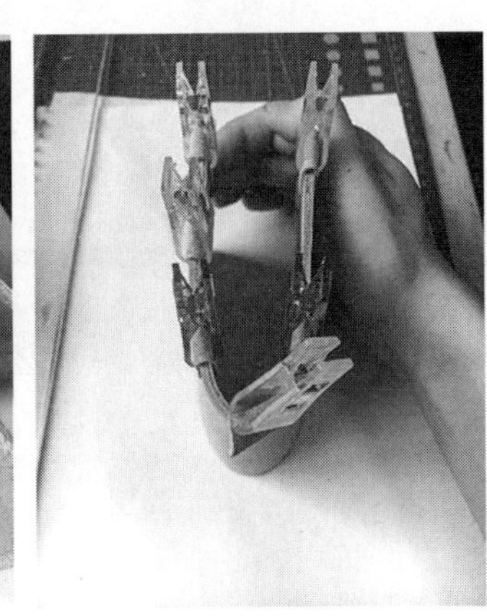

图3-113 固定里外层皮

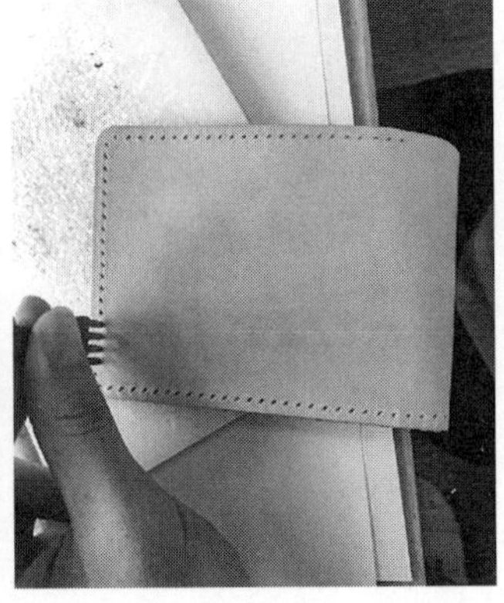
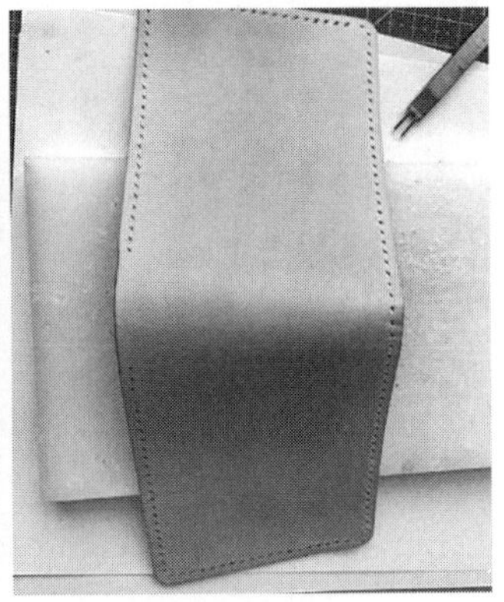

图3-114 外层皮打孔

（13）将里侧卡皮和外层皮边缘涂胶黏合，里外层对好，注意窝势，同时要对准预先打好的斩孔，将黏好的里外层夹好固定3~5分钟（图3-115）。

（14）缝线后效果如下图，缝好线后将边缘沾水打湿，用粗砂条打磨3~5遍（图3-116）。

（15）用削边器进行正、反面削边，涂封边液；用打磨棒反复打磨3~5遍，直到光滑圆润为止（图3-117）。

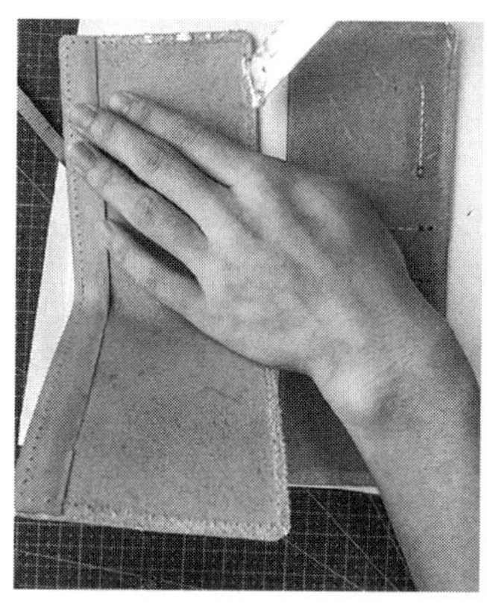
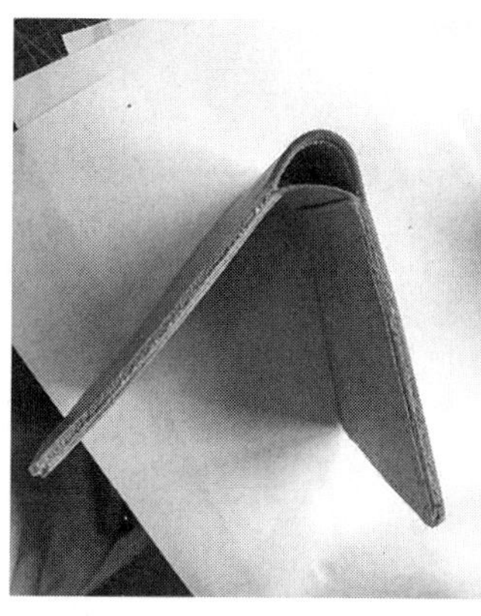
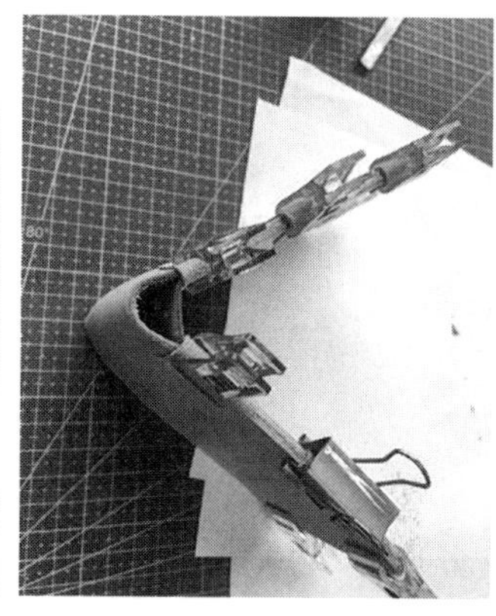

图3-115　里外层皮对孔黏合固定

图3-116　打磨边缘

图3-117　削边、封边打磨

（16）完成（图3–118）。

图3–118 钱包完成图

（四）单肩休闲包

此款休闲包可单肩、可斜挎，简单实用又耐看，适合夏季女孩子休闲出行（图3–119）。

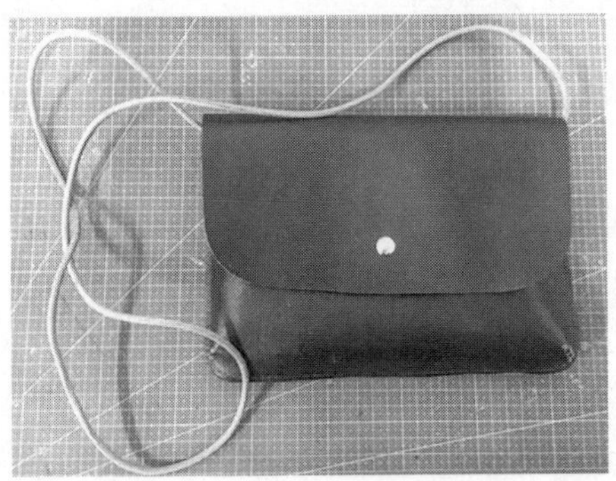

图3–119 单肩休闲包成品图

1.材料使用

单肩休闲包材料选用进口压花牛皮，皮革用蜡线。

2.结构制图（图3–120）

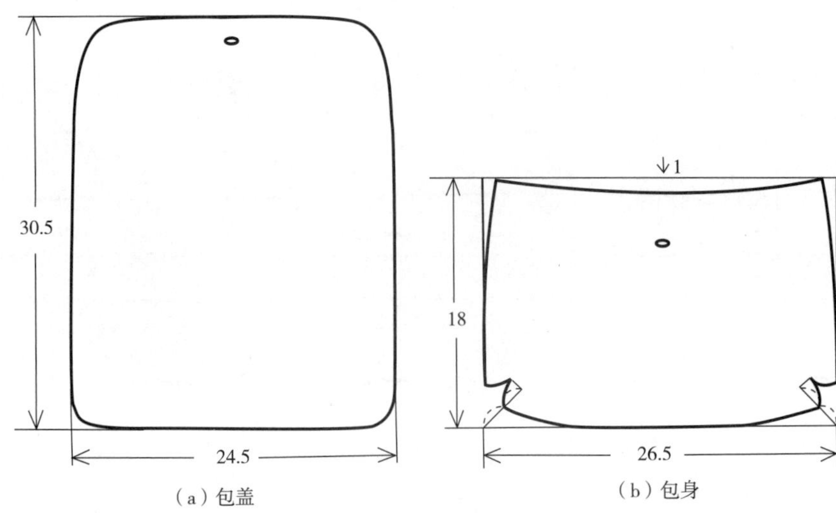

图3–120 单肩休闲包样板结构图

3.制作工艺

（1）包身、包盖按样板裁剪，将裁好的皮料打孔（图3–121）。

（2）找准包盖对应包身位置，安装合适的五金，将两侧底角用交叉针法缝好（图3–122）。

（3）借助手缝夹取4倍斩距缝包身，量取长度适合的皮绳用于肩带，完成（图3–123）。

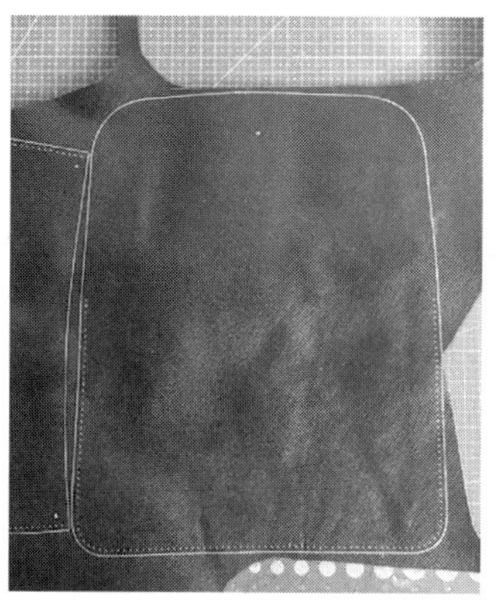
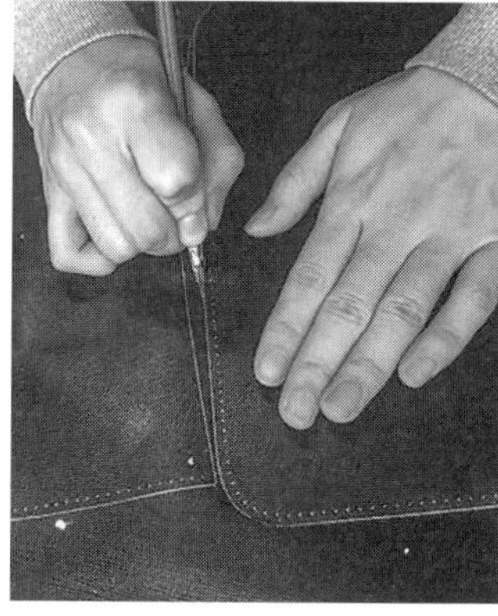

图3–121　裁剪、打孔

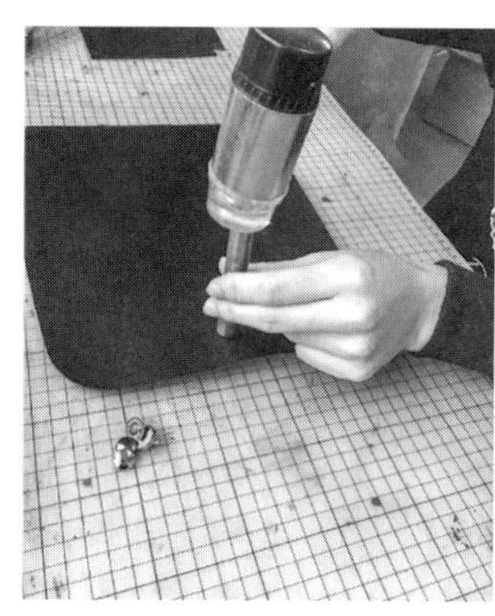
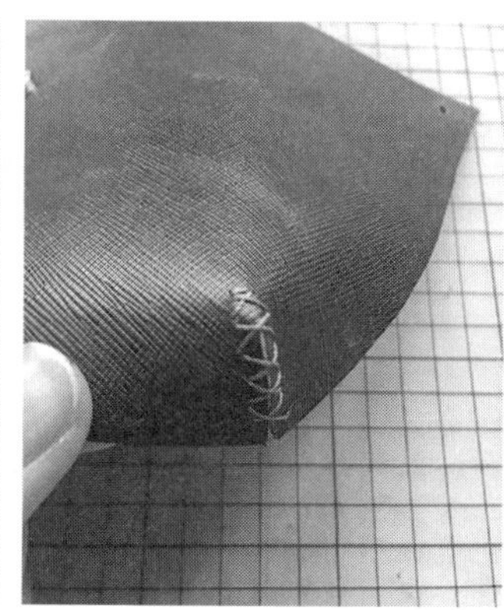
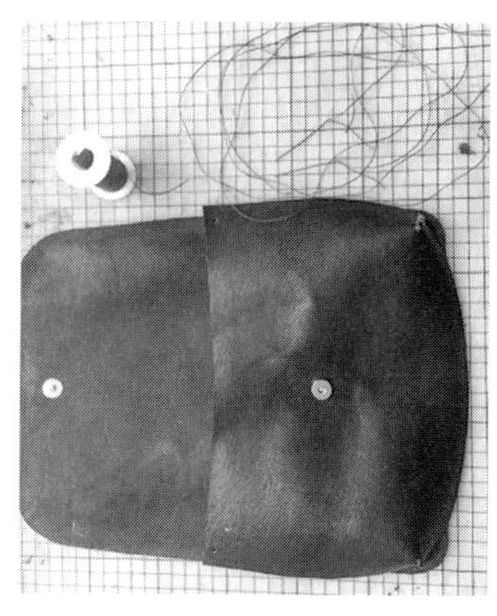

图3–122　装五金、缝底角

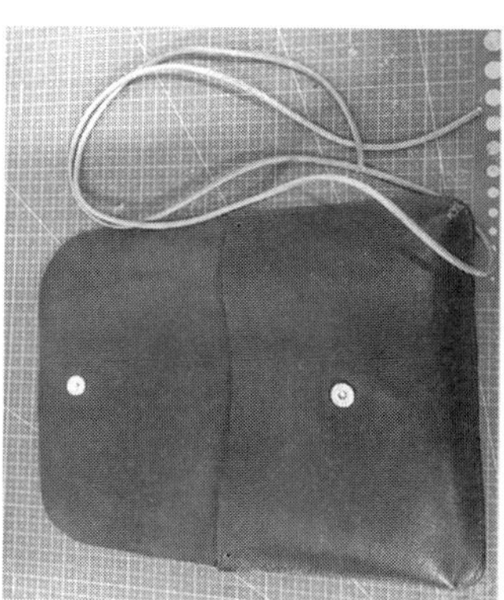
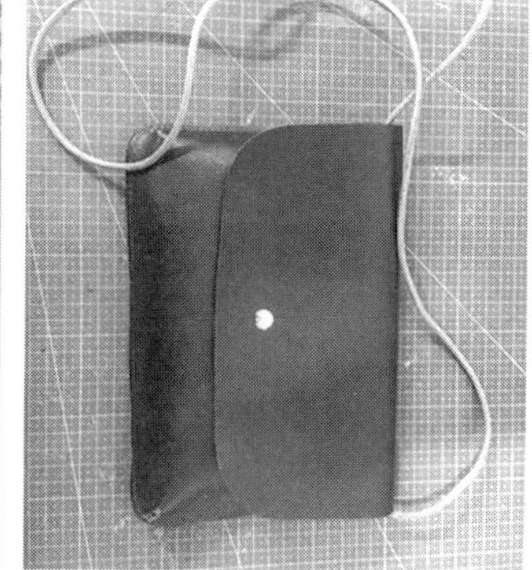

图3–123　单肩休闲包完成图

（五）免缝五金包

免缝五金包是指不需要缝线，只用到五金件就可以完成包的合成，既时尚又创意十足。

1.材料使用

五金包主体材料选用二层牛皮，里层选用猪皮里料，皮革用蜡线及金属五金件。

2.结构制图（图3-124）

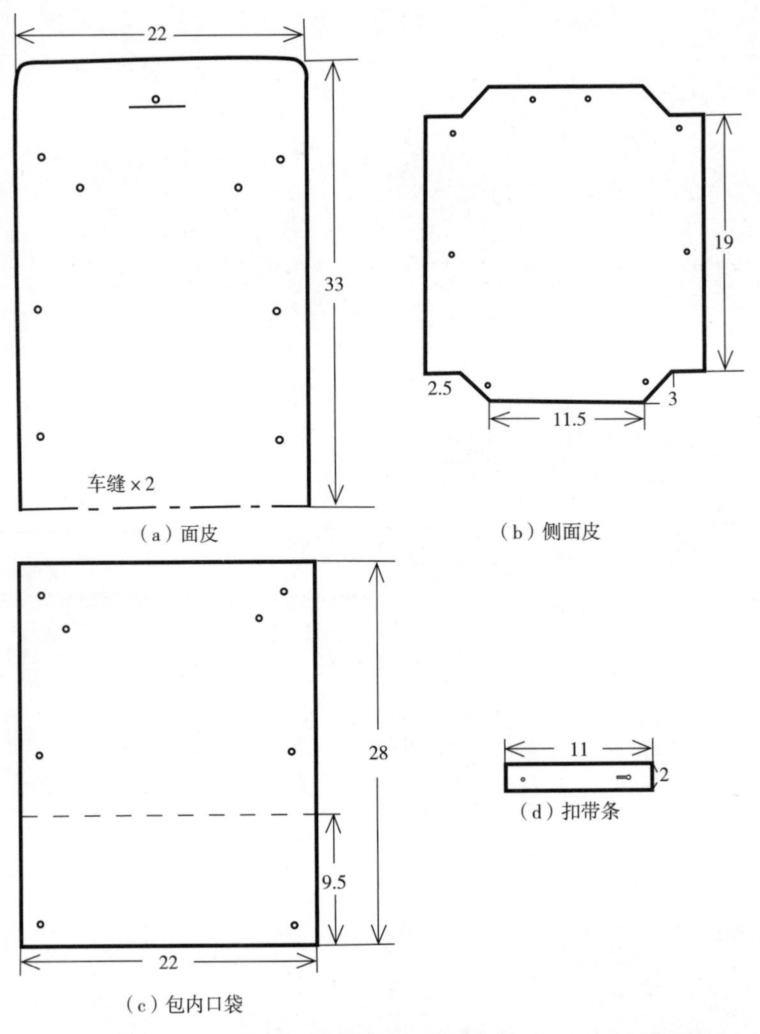

图3-124　免缝五金包样板结构图

3.制作工艺

（1）黑色二层牛皮做包的面皮a，猪皮革b用作内口袋制作，微粒肌理仿皮布料c用于侧皮制作（图3-125）。

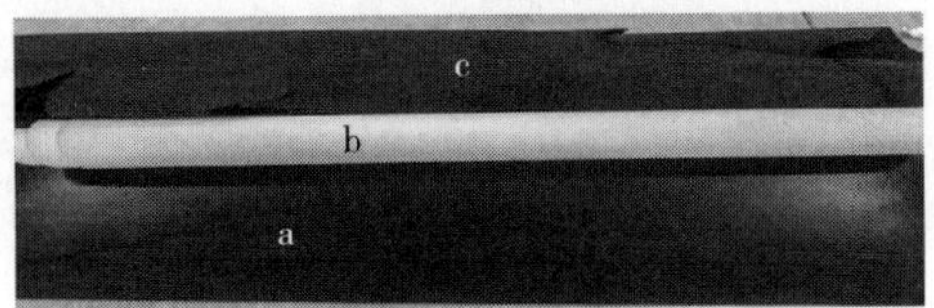

图3-125　准备皮料

（2）划样，依照纸板用裁纸刀裁剪

面皮，底边处打圆角，在面皮a反面涂床面（图3-126）。

（3）按纸板打孔，将面皮内袋皮扣带条进行推边，打磨侧边直到光滑为止（图3-127）。

（4）烫压装饰线，拼装，确定五金件摆放位置，同时安装五金件（图3-128）。

（5）安装内袋皮b（内袋皮为猪皮）、面皮侧边c，安装五金、扣带（图3--129）。

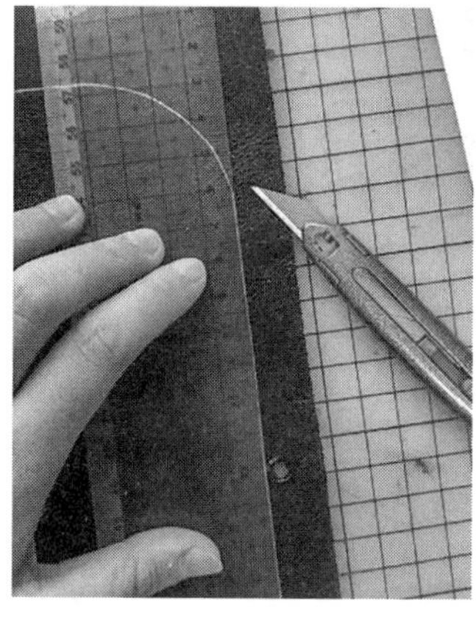
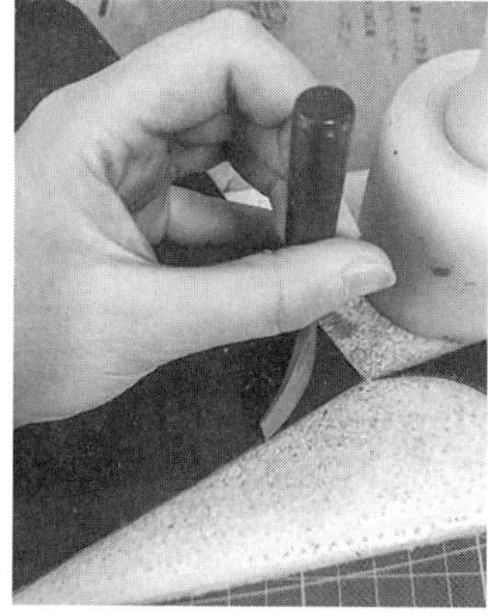
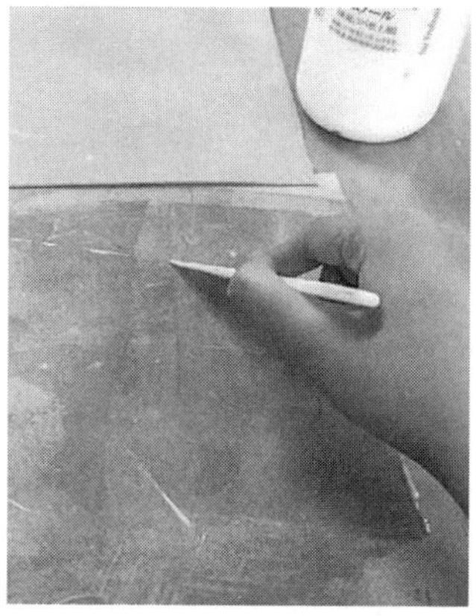

图3-126　裁皮、打圆角、涂床面

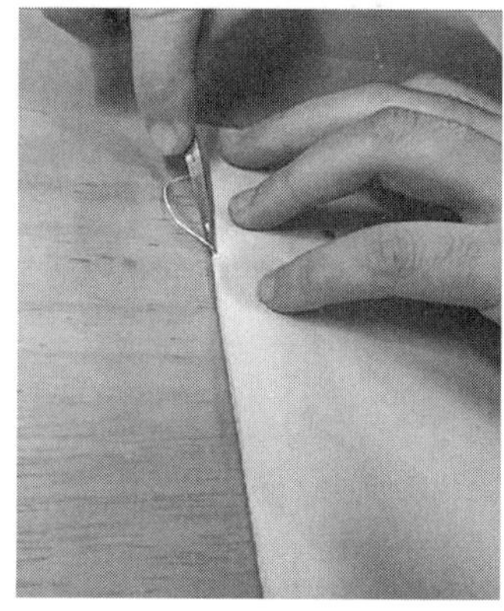
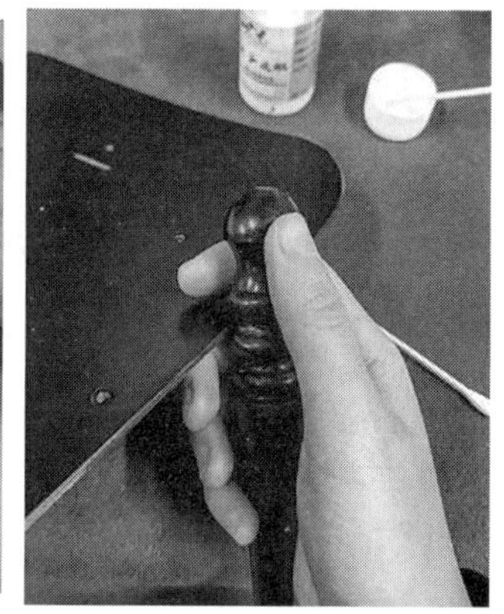

图3-127　打孔、推边、磨边

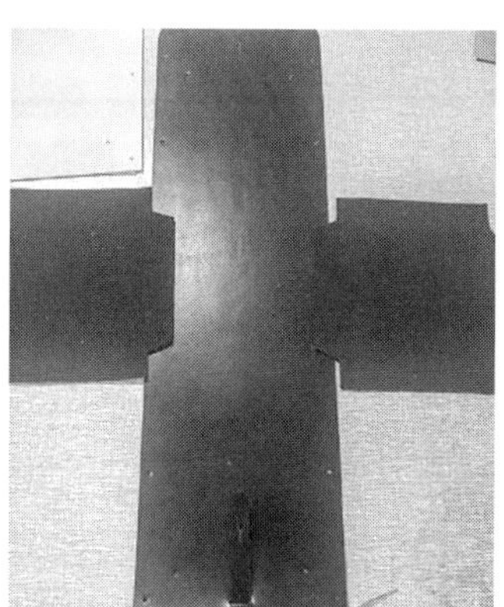
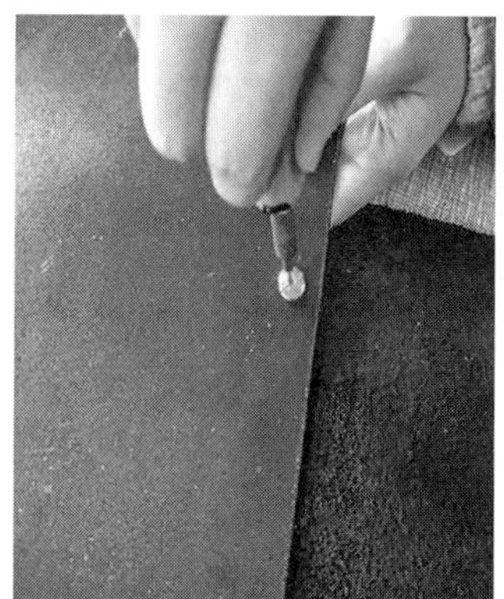

图3-128　烫压装饰线、拼装、装五金件

（6）安装手提带及挂件，完成（图3-130）。

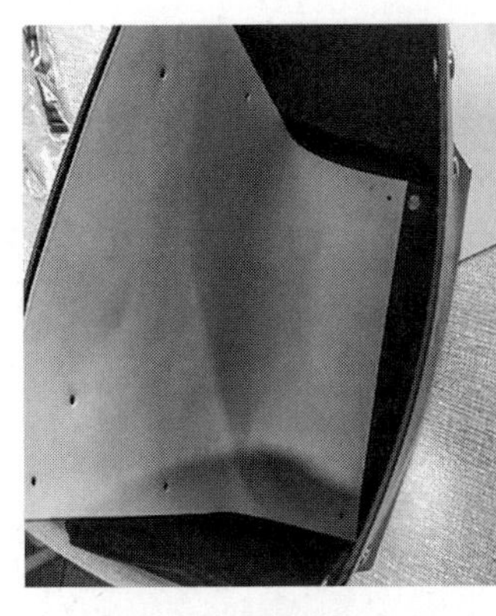

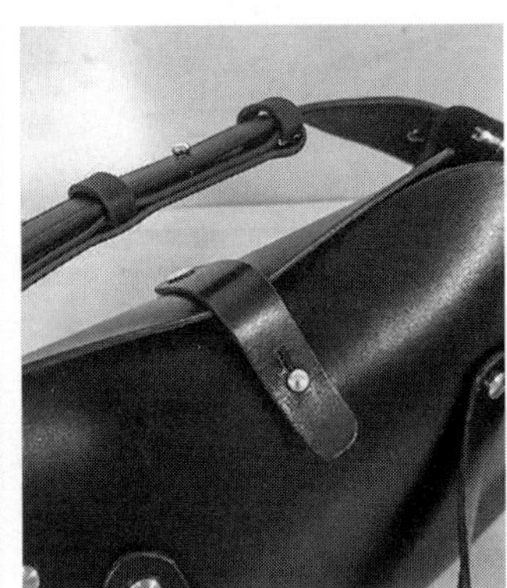

图3-129　安装内袋、五金、扣带

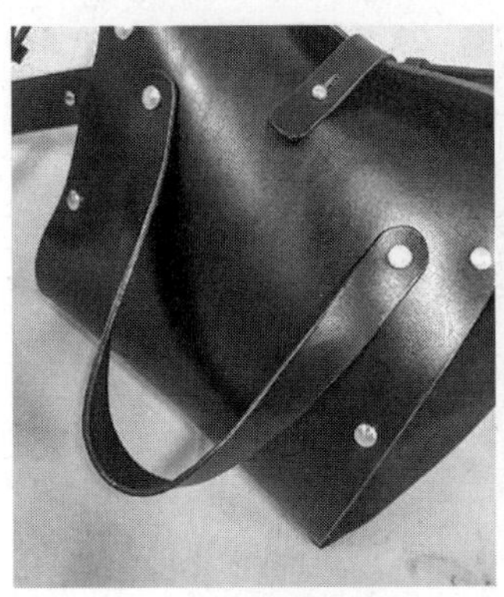

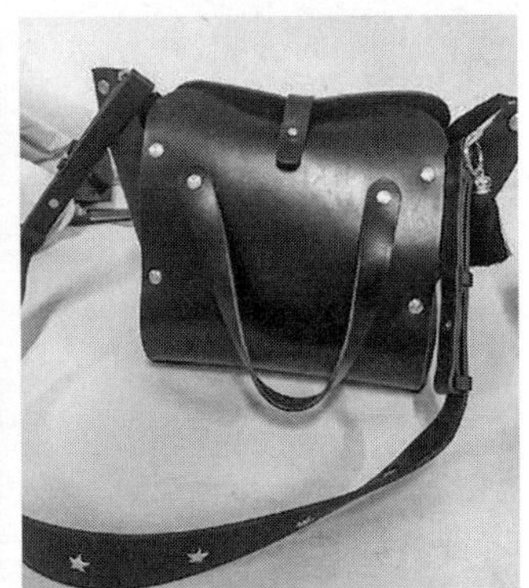

图3-130　免缝五金包完成效果

课后练习

1. 如何合理搭配包袋的面辅料？
2. 在布艺包袋制作中哪些情况下只能使用手工针？
3. 怎样更好地让硬衬与铺棉黏贴得牢固？
4. 如何合理保养布艺手袋？
5. 手工缝制皮革如何确定手工缝线预留长度？
6. 手工皮革封边时应注意哪些事项？
7. 自己制作一款拼布拎包，要求有内袋和拉链，可用布块拼接，也可用拼接图案点缀，注意选色搭配与工艺。
8. 依据自己的喜好选择皮质材料进行手包创作，采用形式不限，交成品一件。

第四章
帽子制作

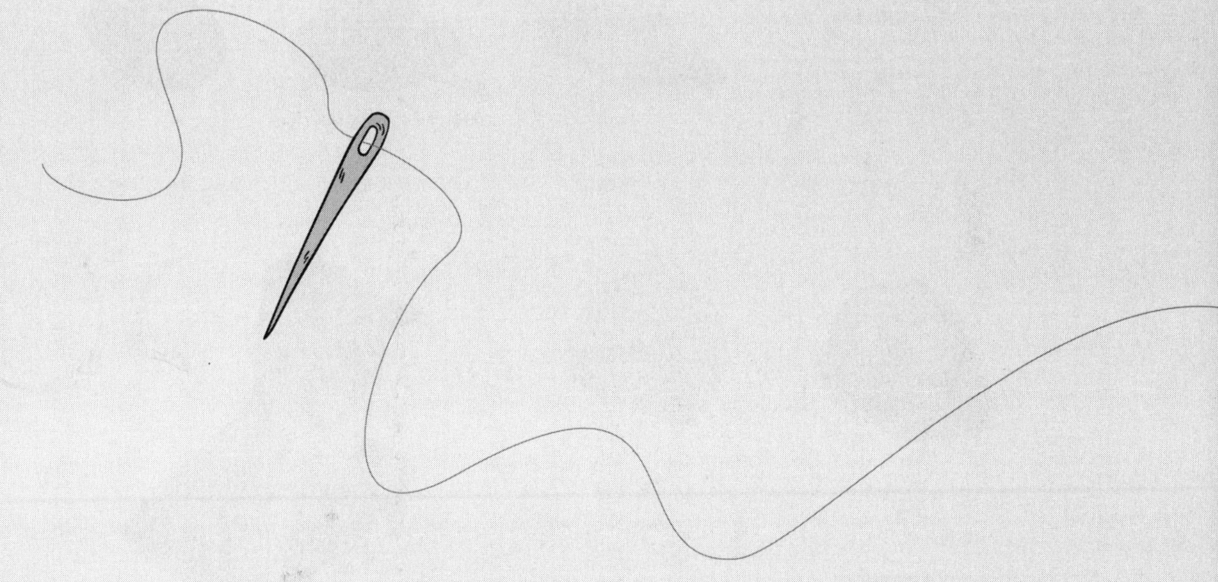

第一节　帽子制作基础知识

帽子是一种戴在头部的服饰品，多数可以覆盖头的整个顶部。帽子主要用于保护头部，部分帽子会有突出的帽檐，可以遮挡阳光。除此之外，还有装饰、增温和防护等作用，因此种类繁多，选择也有很多讲究。

一、帽子的分类及应用

帽子款式比较丰富，分类方法多种多样。

（一）帽子的分类

1.按使用目的分类

帽子按照使用目的不同有遮阳帽、棒球帽、渔夫帽、礼帽、安全帽、防尘帽、游泳帽、工作帽等（图4–1）。

（a）遮阳帽　（b）棒球帽　（c）渔夫帽　（d）礼帽　（e）安全帽　（f）游泳帽　（g）防尘帽　（h）工作帽

图4–1　按使用目的分类

2. 按使用对象和式样分类

帽子按使用对象的不同有男帽、女帽、儿童帽、少数民族帽、水手帽、特定职业帽等（图4–2）。

（a）男帽　（b）女帽　（c）儿童帽　（d）少数民族帽

（e）水手帽　（f）特定职业帽

图4–2　按使用对象和样式分类

3. 按制作材料分类

帽子按照制作材料的不同有皮帽、毡帽、呢帽、毛绒帽、钩编帽、竹斗笠等（图4–3）。

（a）皮帽　（b）毡帽　（c）呢帽　（d）毛绒帽

（e）钩编帽　（f）竹斗笠

图4–3　按制作材料分类

4. 按款式特点分类

帽子按照款式特点有钟形帽、三角尖帽、鸭舌帽、虎头帽等（图4–4）。

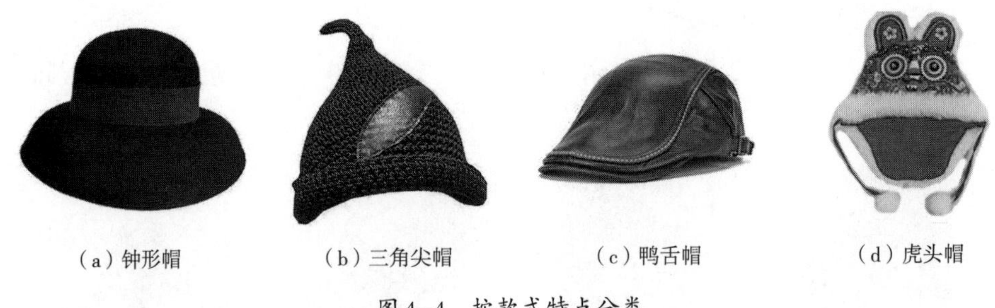

（a）钟形帽　（b）三角尖帽　（c）鸭舌帽　（d）虎头帽

图4-4　按款式特点分类

5.按外来译音分类

帽子按外来译音有贝雷帽、土耳其帽等（图4-5）。

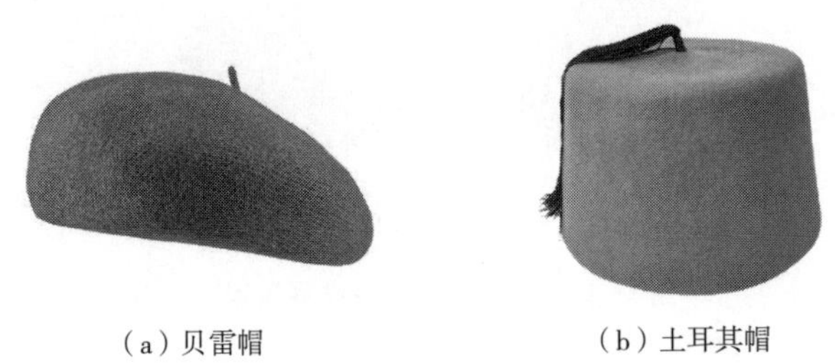

（a）贝雷帽　（b）土耳其帽

图4-5　按外来译音分类

（二）帽子的应用

服装的整体性表现由多种因素组成，如帽、包、鞋等，如果其中一个搭配不当就会直接影响整体设计的效果。帽子的种类很多，在与服装进行整体搭配时，尽量要考虑衣服的风格、款式、面料、颜色等，设计师在设计帽子时，也要从服装的整体性方面去考虑。

帽子是我们日常生活中经常使用的物品，它不仅具有防风、防晒、挡雨、遮阳等实用性，还能起到装扮美饰的作用。在选择帽子时，首先要根据自己的脸型去选择，再根据自己的肤色和衣饰选择颜色。在服装设计中，帽子在整体造型上往往能起到画龙点睛的作用。

二、帽子的设计及装饰表现形式

帽子的设计要从帽（冠）身造型、帽檐形状、帽子装饰物、帽身材质四个方面考虑。还要从实用性、色彩选择等方面入手，兼顾当下流行风格、社会风情等因素。

帽子的装饰空间非常广阔，如添加丝带、蝴蝶结、花朵、羽毛、面纱、丝网、树叶、毛皮、金属、珠片等物，使帽子显得更加风趣美丽，装饰后的帽子更为得体、完美、富有创造性（图4-6）。

（a）装饰丝带　（b）装饰蝴蝶结　（c）装饰花朵
（d）装饰羽毛　（e）装饰面纱　（f）装饰丝网
（g）装饰树叶　（h）装饰毛皮　（i）装饰金属　（j）装饰珠片

图4-6　帽子装饰表现形式

三、帽子制作基础知识

（一）帽子的造型结构

帽子的基本型可分为平顶型和圆顶型两种。

平顶帽主要由帽墙（侧）、帽顶和帽檐三个部分组成。圆顶帽主要由帽冠（身）和帽檐两部分组成（图4-7）。

帽墙（侧）是指帽顶和帽檐之间的部分，帽顶与帽墙组合成帽冠，常在后中线处接合帽墙。帽顶是指帽冠最上面的部分，通常为椭圆形或圆形。帽檐是指帽冠以下的部分，帽檐有宽有窄，形状可以是平的，也可以是向上卷或向下垂的。帽冠（身）是指帽檐以上的部分，可以设计成圆形或方形，也可以设计成一片或多片的，形式多种多样。帽口（箍）条是指缝于帽冠内口的织带，用于固定帽里并能紧箍头部。

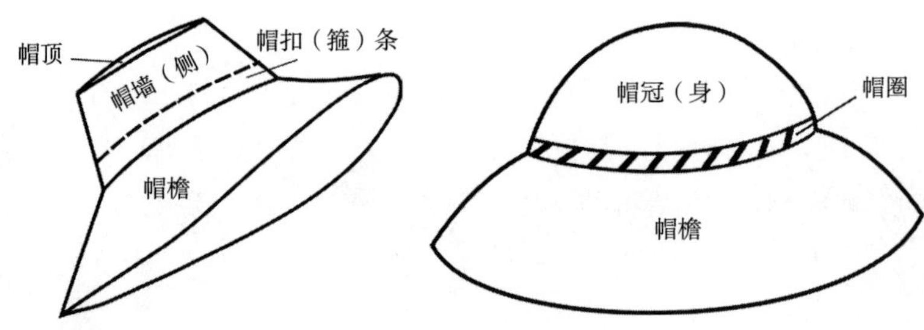

图4-7 帽子的结构

帽圈是指用于帽冠外围的装饰物，通常是沿帽檐与帽冠的交界处围绕帽冠装饰一圈。

（二）帽子的测量

帽子的大小取决于头围的尺寸、帽冠（身）的高低。因此如何测量头围和头高显得至关重要。头围的测量是从左耳根向上1cm处开始测量，绕过头顶到右耳根上1cm处为止，得到的长度即为头高。头围的测量是从发鬓先绕过后脑最突出部位一周所得到的长度（图4-8）。因为帽子的种类不同，在测量头围尺寸时，还要考虑到面料的厚度，适当增加一些宽松量。

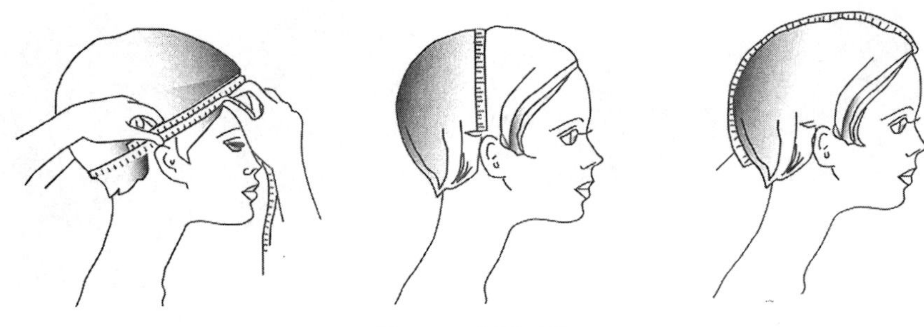

图4-8 头围测量

（三）帽子的制作设备

帽子的制作专业性很强，需要一定的设备和工具以及专门的配料和辅料。一般制作帽子的工具包括：头部木模具、金属磨具、熨烫设备、剪刀及专用的缝制设备等。另外，制作帽子还需要用到一些配料和辅料，如帽条、衬条、帽标、特制的帽檐、搭扣、松紧带、里料、装饰布、纽扣等。

（四）帽子的制作方法

帽子的制作根据设计要求，大致可分为裁剪法、编结法、塑压法和模压法四种。

1. 裁剪法

裁剪法是制作帽子方法中最常用的一种方法，是按照设计的要求，将面料裁剪成一定的形状，再配上里料和辅料缝制而成的。裁剪法必须要把握好帽子的基本型尺寸。

2. 编结法

编结法在帽子的制作中也很常见。适合编结的材料很多，有毛线、草条、麻绳、柳条、竹篾、麦秸等经过处理的纤维材料。编结的方法有：整体编结、局部编结后再加以缝合等，密集编结、镂空编结、双层或多层编结等，其造型独特、美观、实用。另外，在编结的基础上还可以加一些花边、花朵、珠片、羽毛等进行装饰，使帽子外观看起来更加美观。

3. 塑压法

塑压法是指用塑料、橡胶等材料在特制的模具上定型而成，定型后再内附衬里、支撑物等。

4. 模压法

模压法是采用毛毡作为原料，将毛毡在模具上定型，再卷边缝制而成。有的帽子需要模压后再进行缝制，并装饰花朵、丝带等物，效果会更好。贝雷帽、卷边小礼帽就是采用模压法制成的。

第二节　帽子制作范例

一、布艺帽制作范例

（一）贝雷帽制作工艺

贝雷帽是一种扁平的无檐帽子，其帽身由8片叶状拼布片组成，具有柔美、潇洒的特点。

1. 材料的选择

材料一般可选择柔软的呢绒、麂皮、毛料、毡呢等，也可选用皮革等。

2. 结构制图（图4-9）

3. 制作工艺

（1）面里料按照样板进行画样，裁剪出8片一样大小的裁片。将每片帽片的面料反面粘上无纺衬（图4-10）。

（2）用样板将净样线画在面料的反面，线条要细，画好之后将毛边全部修至1cm；再将两个帽片正面相对，上下两层对齐，按照净样线缝合，开头和结尾处倒回针加固

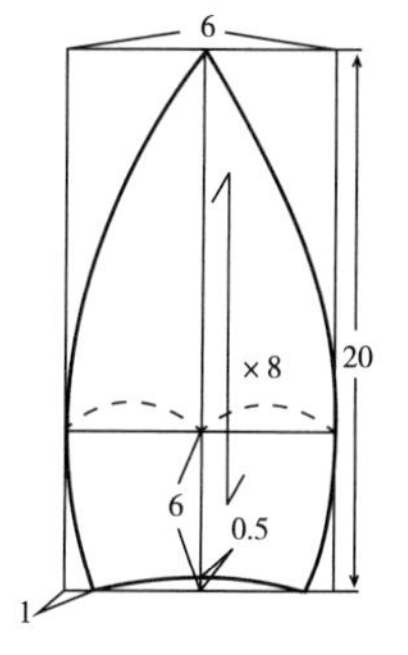

图4-9　贝雷帽结构图

（图4-11）。

（3）然后缝合第三、第四个帽片，所有缝份均为1cm；按照同样的方法再缝合另外四个帽片（图4-12）。

（4）将两个缝好后的四片半成品分缝烫平，可以适当修剪一下缝份（图4-13）。

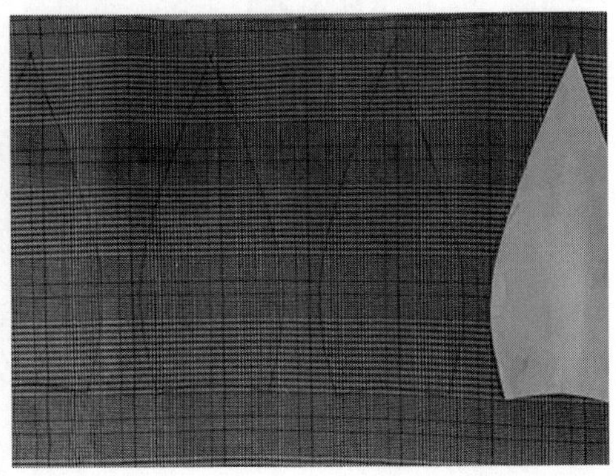

图4-10 划样、裁剪

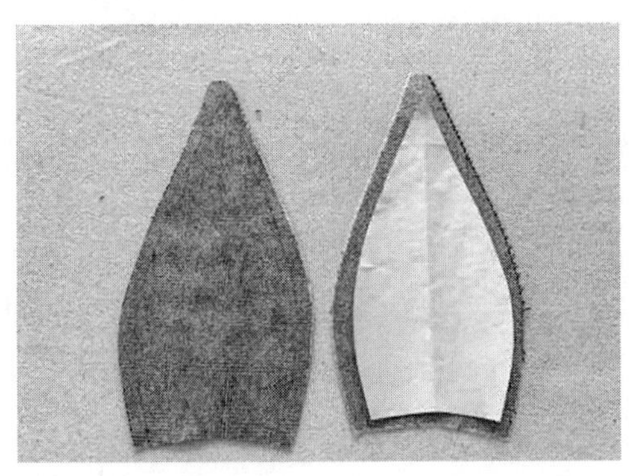
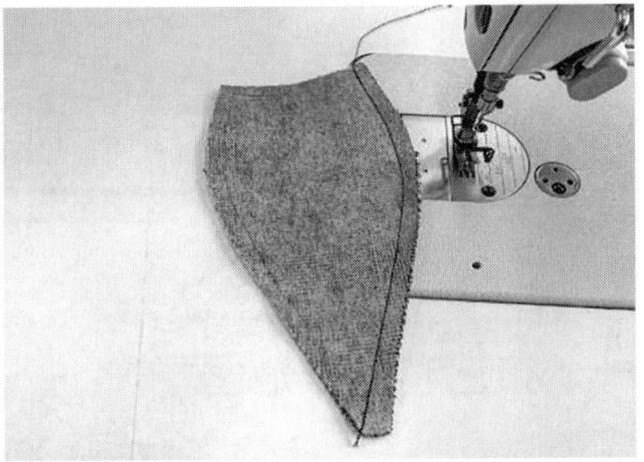

图4-11 画净缝线并缝缉

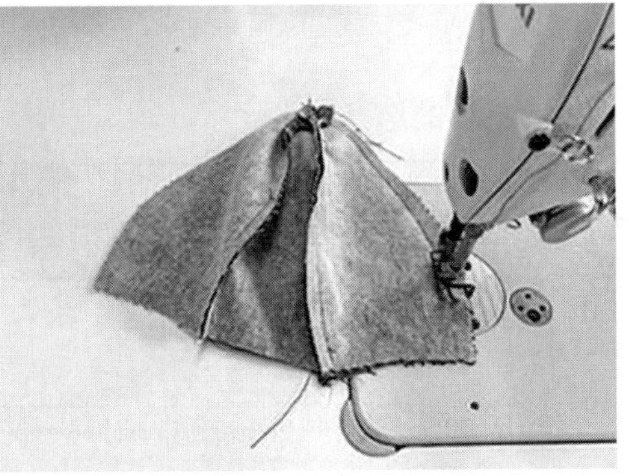

图4-12 缝合帽片

（5）将烫好两个四片半成品拼合在一起，形成一个完整八片帽的形状，注意顶部中心对齐，缝份修剪好。帽子的里布也是八片结构，缝合方法同面布。

接下来将缝合好的帽子面料和里料反面的缝份烫平，面料烫分开缝，里料烫倒缝（图4-14）。

（6）将缝好的帽子的面料和里料正面对正面套在一起，然后沿着帽口处缝合一圈，注意一定要留3~5cm的开口不要封住（图4-15）。

图4-13　烫帽片

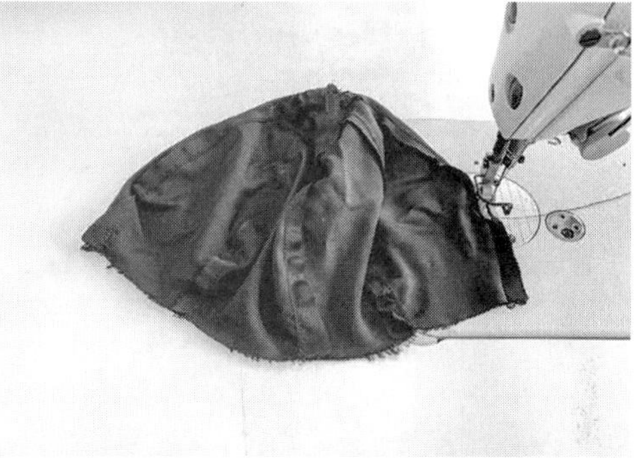

图4-14　烫缝，缝帽里

图4-15　缝合帽里

（7）将帽子里布翻出来，正面在外，用熨斗烫平后，用手针扦缝固定封口（图4-16）。

（8）整理完成（图4–17）。

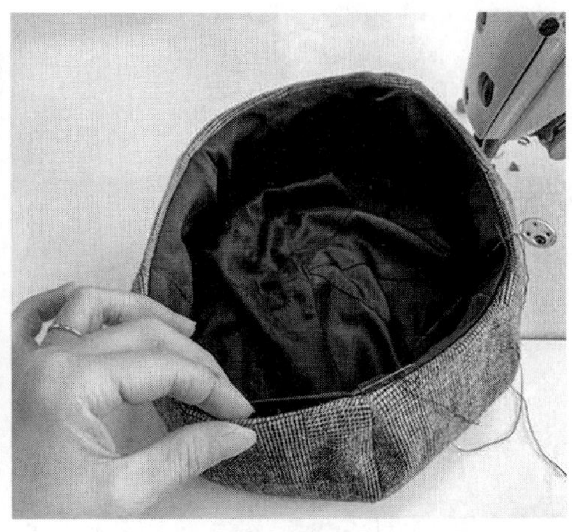

图4–16 翻好、固定

图4–17 贝雷帽完成图

（二）婴儿老鼠造型帽制作工艺

此款婴儿老鼠造型帽为软顶帽，因为婴儿的头颅比较软，皮肤娇嫩，所以选择的面料一定要柔软、舒适、透气。帽子小老鼠造型活泼可爱，符合婴幼儿天真可爱的性格，充满童趣。

1.材料选择

一般在材料的选择上，多采用纯棉的针织面料或者较软的棉布、碎花布。另外，可加一些装饰花边或做一些装饰处理，但注意儿童安全。

2. **结构制图**（图4-18）

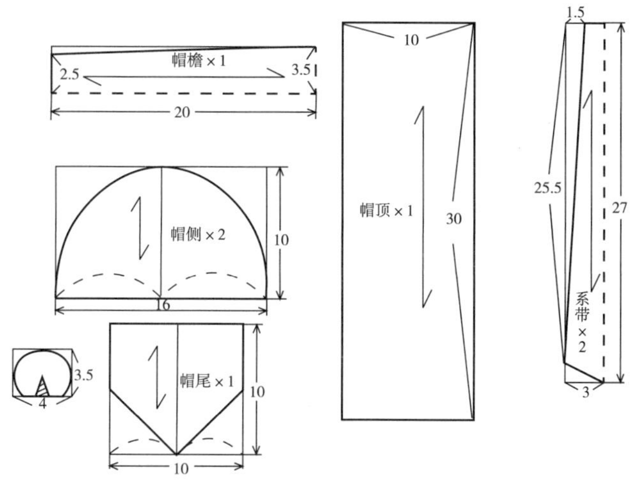

图4-18　婴儿老鼠造型帽结构图

3. **制作工艺**

（1）面、里料按照净样板进行画样，然后在画好的净样基础上进行放缝均为1cm缝份，最后按照毛样线裁剪（图4-19）。

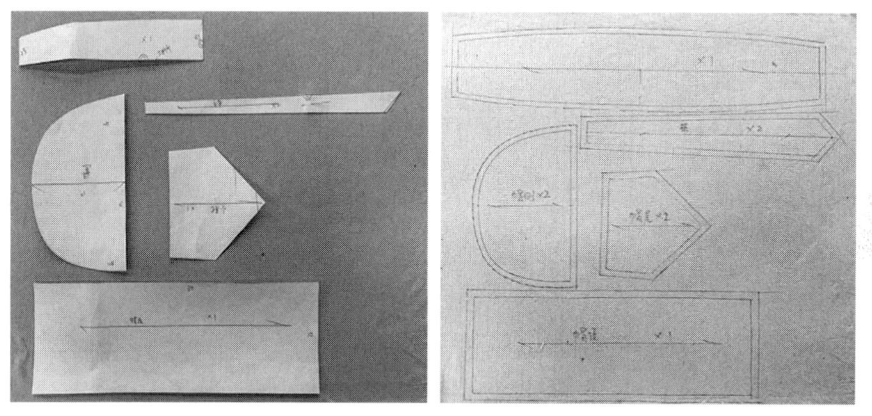

图4-19　面、里料划样

（2）缝合部件。帽子的装饰小部件，包括小耳朵、尾巴和帽檐口的装饰条等，缝好之后修剪毛边并翻至正面烫平，缉上明线；将小耳朵按照要求固定在帽子的帽顶片上，并将缝好的带子也固定在帽檐口条上（图4-20）。

（3）分别缝合帽顶和帽侧面布和里布，上下两层对齐，缝份1cm，大小均匀，缝合好之后，反面缝份向帽顶烫平（图4-21）。

（4）固定帽子帽檐口装饰条，并将帽子的面和里反面对反面进行固定，缝份0.5cm（图4-22）。

（5）制作帽口（箍）条，在裁好的贴边（斜丝）条反面烫衬，两端向里折转烫平，缉线0.2cm固定，做好的帽口（箍）条净宽3.5cm（图4-23）。

（a）烫平部件

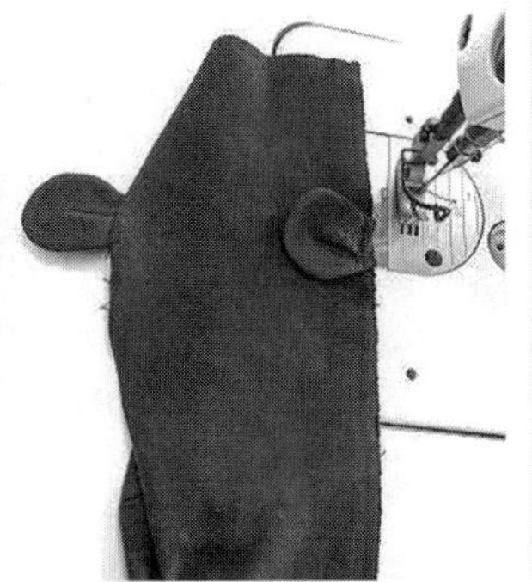

（b）缝合小部件

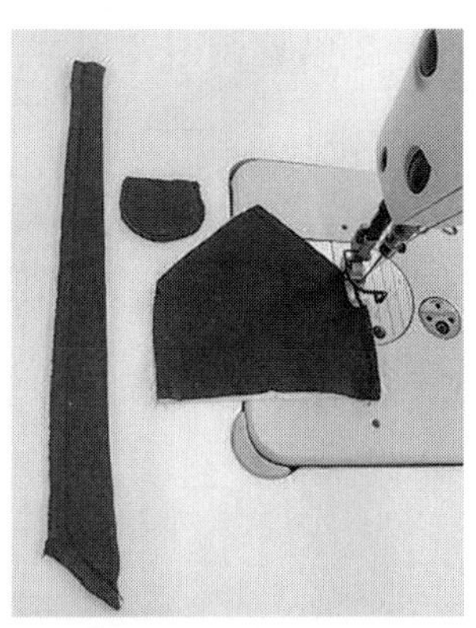

（c）缝帽尾

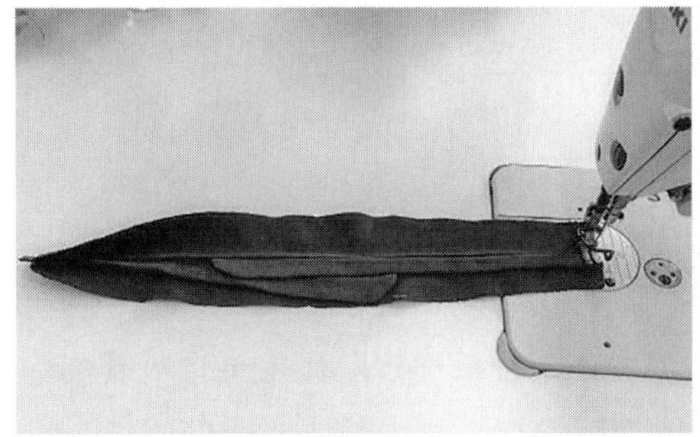

（d）缝帽带

（e）帽带完成

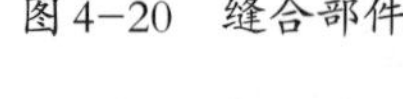

图4-20　缝合部件

（a）缝面料帽围侧片

（b）熨烫帽身

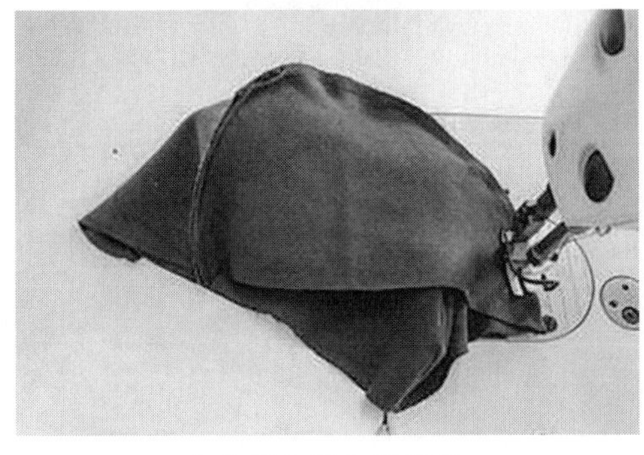

（c）缝面料和另侧片

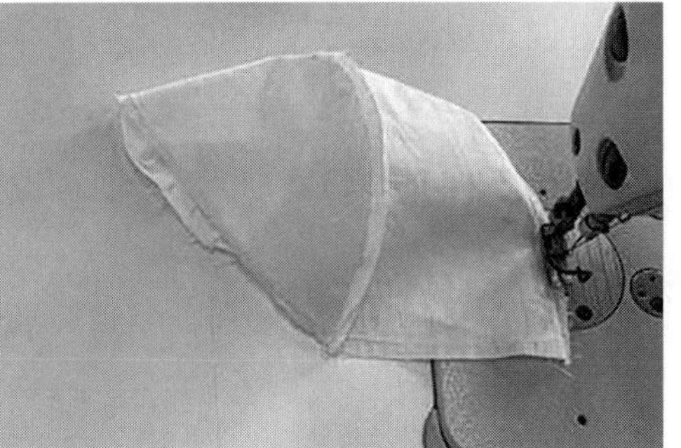

（d）缝里料帽顶侧片

图4-21　缝合帽顶和帽侧

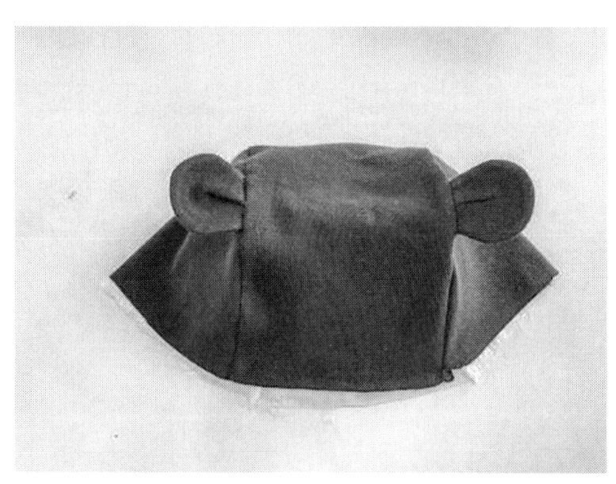

（a）固定帽耳

（b）缝帽带

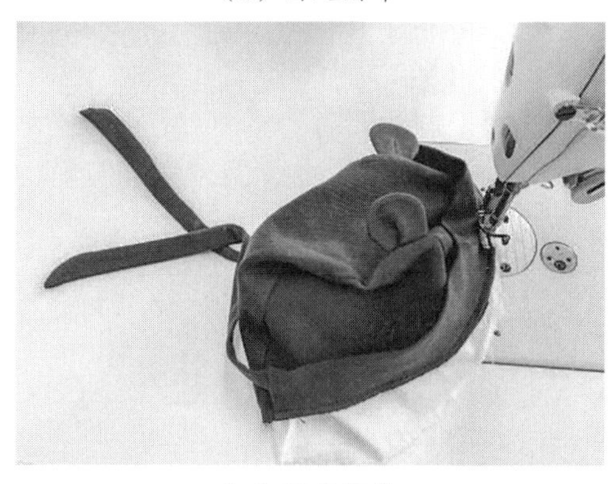

（c）固定帽带

（d）固定帽里层

图4-22　固定帽子帽檐口

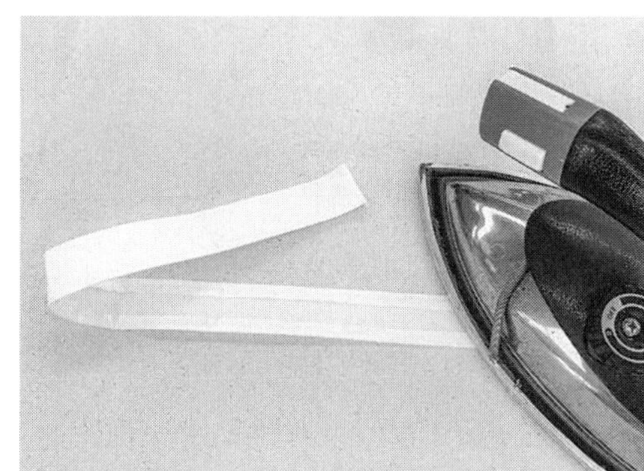

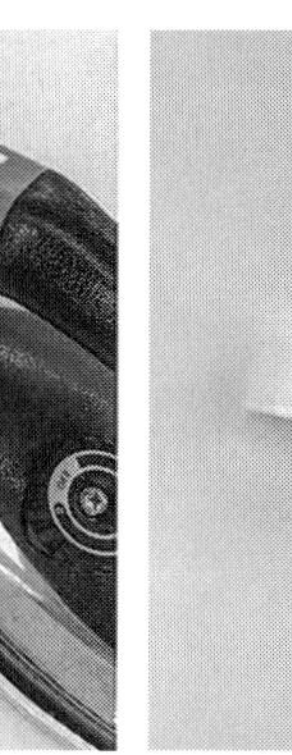

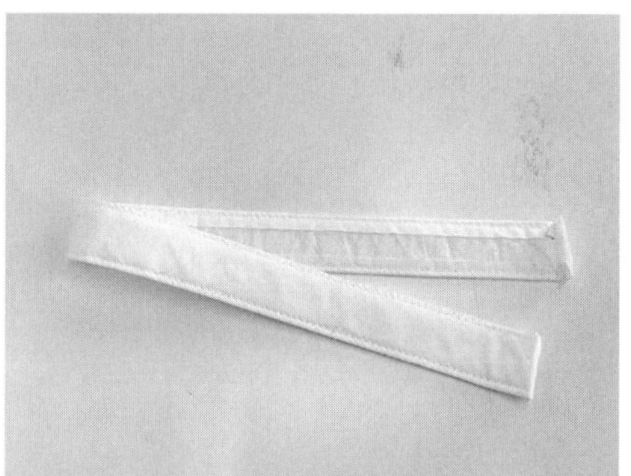

图4-23　制作帽口（箍）条

（6）固定帽子的小尾巴，将缝好的小尾巴的正面与帽身的正面相对，固定在一起（图4-24）。

（7）固定帽口（箍）条和松紧带，将松紧带的两头与帽口（箍）条的两端缝合在一起，缝成一个圈状（图4-25）。

（8）将帽口（箍）条固定在帽口处，采用搭缝的方式缝合（0.1cm）；固定帽口松紧部位，一定要在帽子的反面将松紧带拉直了固定（图4-26）。

（9）将帽子正反面熨烫平整（图4-27）。

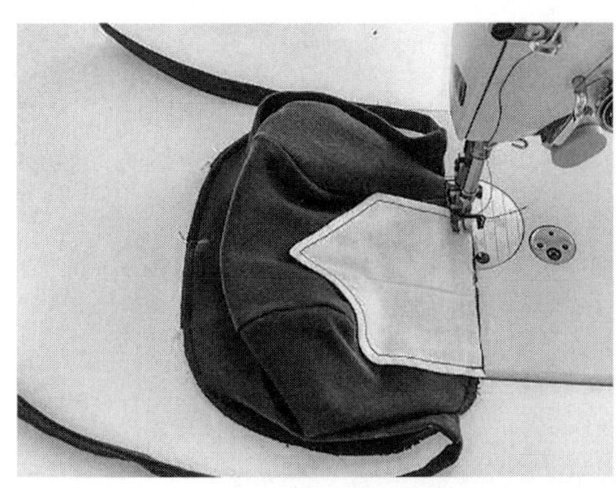
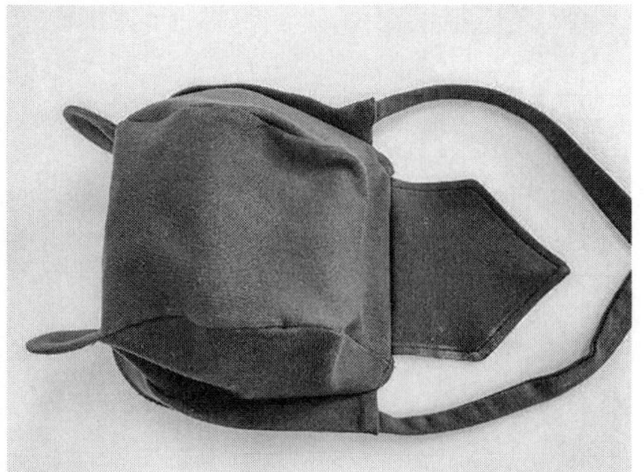

图 4-24　固定帽子的小尾巴

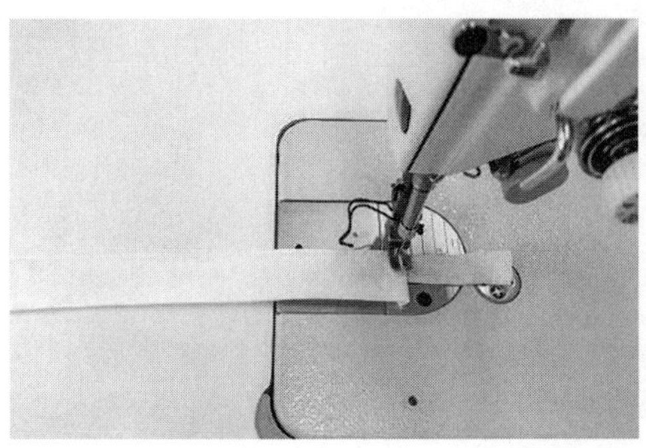
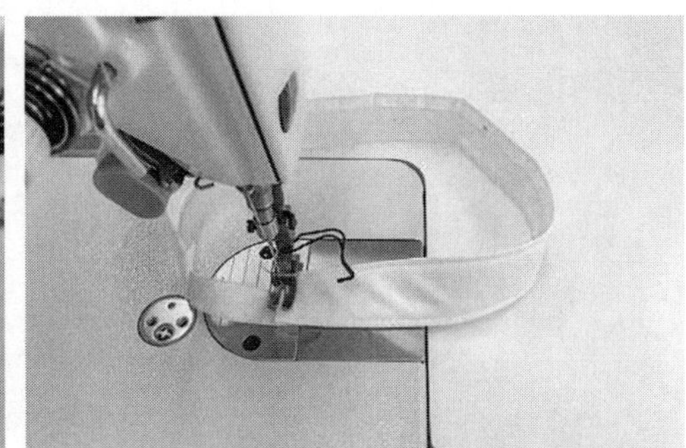

图 4-25　固定帽口（箍）条、松紧带

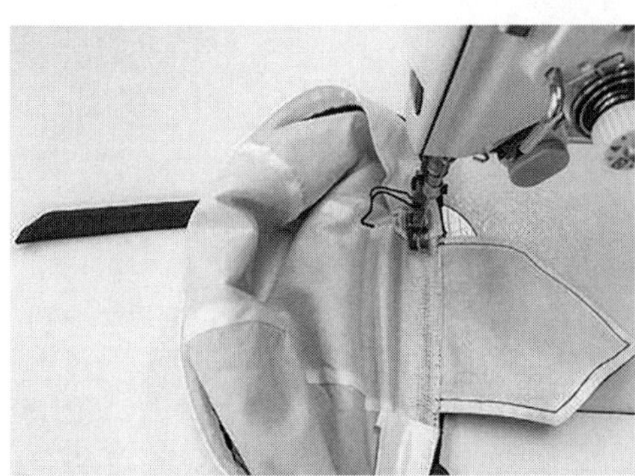
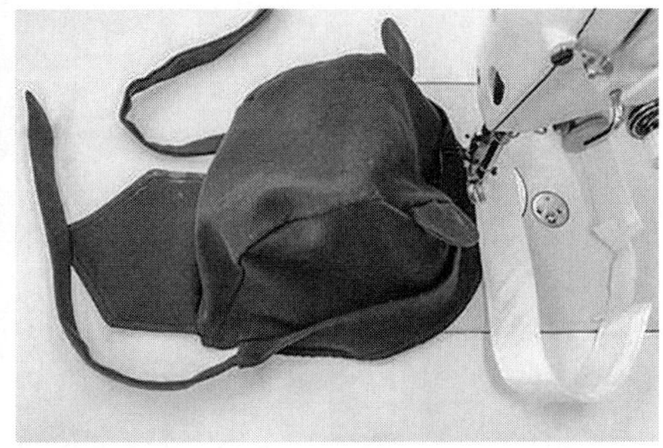

图 4-26　固定帽口（箍）条

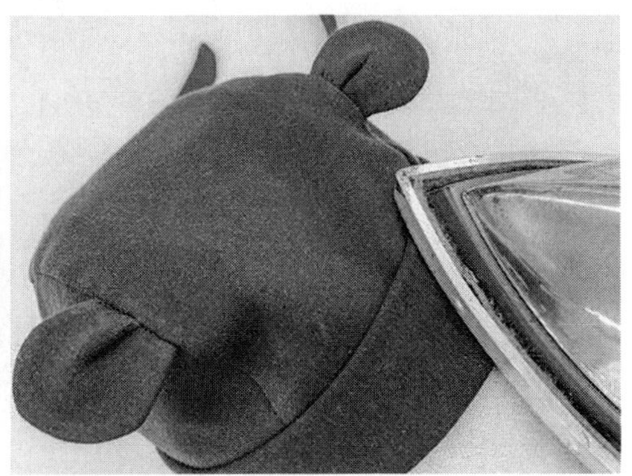

图 4-27　将帽子烫平整

（10）婴儿帽完成（图4–28）。

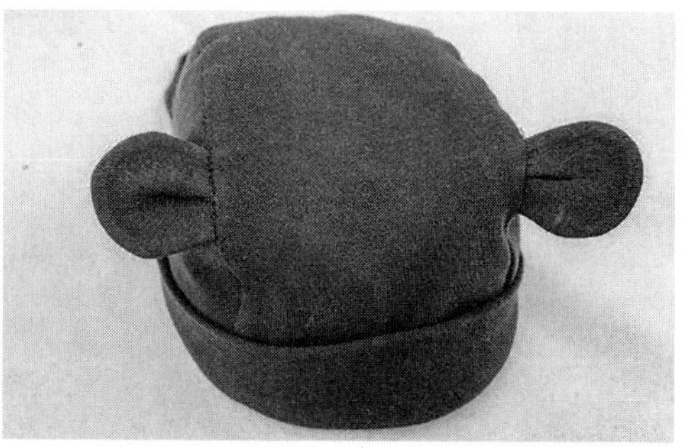

图4–28 婴儿老鼠造型帽完成图

（三）遮阳帽制作工艺

1.材料选择

此款遮阳帽在材料的选择上，多采用棉布或者水洗的牛仔面料等。

2.结构制图（图4–29）

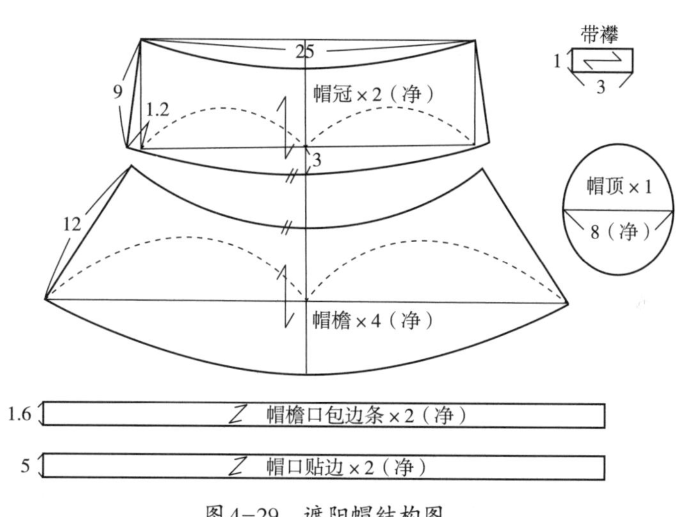

图4–29 遮阳帽结构图

3.制作工艺

（1）面、里料按照样板进行划样、裁剪，在四片帽檐面料的反面烫上有纺衬（图4–30）。

（2）将裁好的帽口贴边条布料反面烫上有纺衬，两边向里折转烫平，下面一层比上面一层多出1.5cm，然后将多出的部分毛边包住上面一层的毛边烫平，并在中间夹入3cm宽的海绵条（图4–31）。

（3）在烫好的帽口贴边条里面夹入绳带缝合固定；将缝合好的帽口贴边条烫平；缝合帽檐部分面里两层，分开缝份烫平（图4–32）。

（4）将帽冠（身）和帽顶部分缝合，面、里两层都按照同样的方法缝合好；在帽顶的反面缝份处固定衬条（宽度1cm），起到支撑帽身的作用（图4–33）。

（5）将缝合好的帽身和帽檐正面相对缝合在一起，缝份1cm（图4-34）。

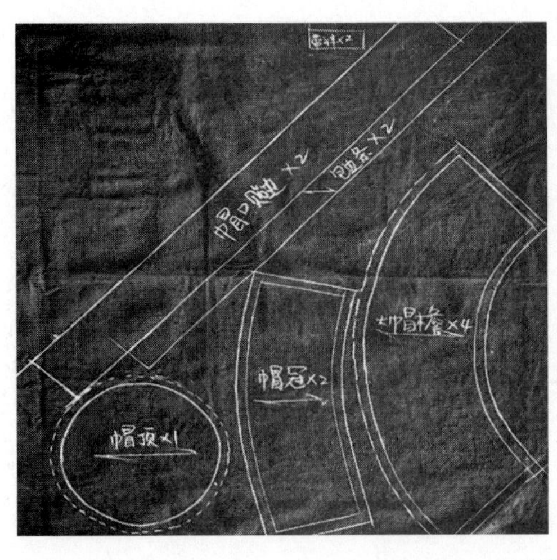

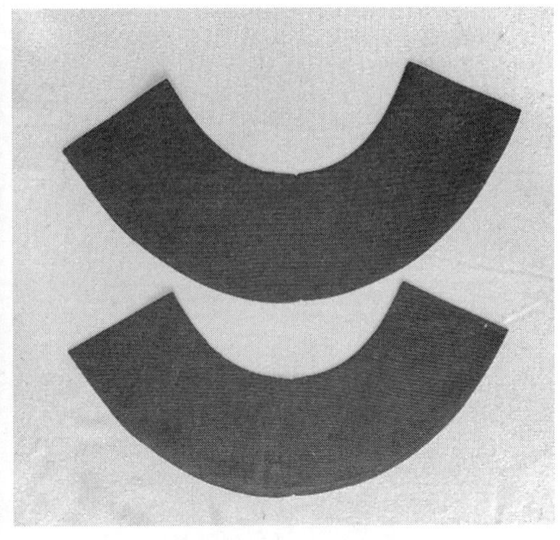

图4-30 划样、裁剪、烫衬

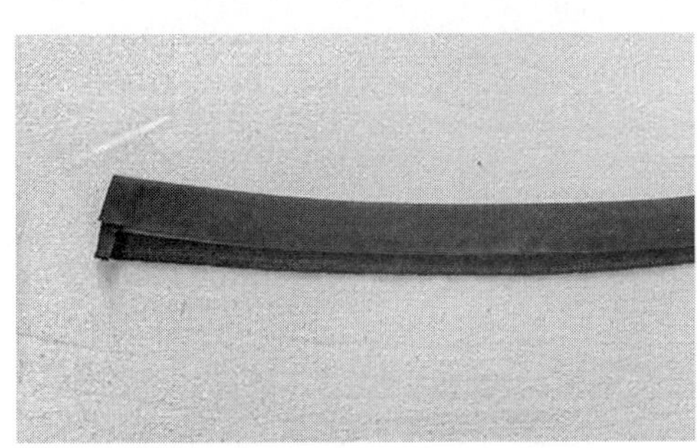
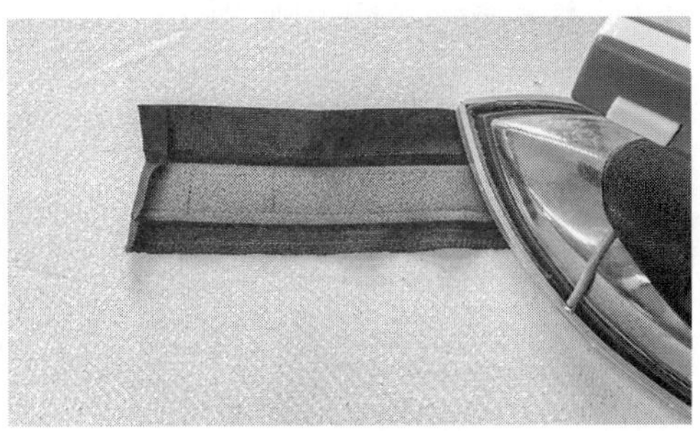

图4-31 做帽口贴边条

图4-32 缝合帽檐面和里

图 4-33　缝合帽冠和帽顶、固定衬条

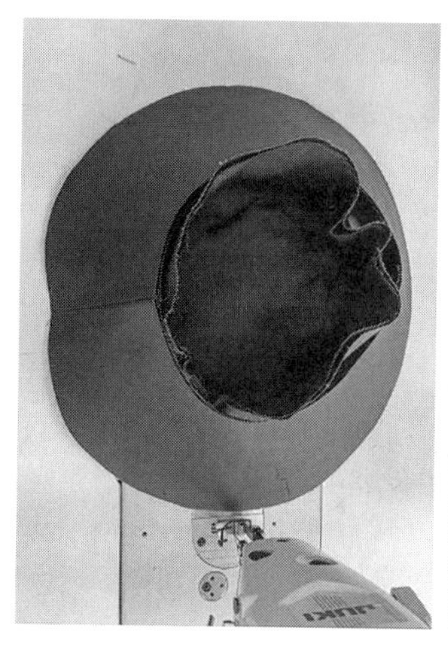
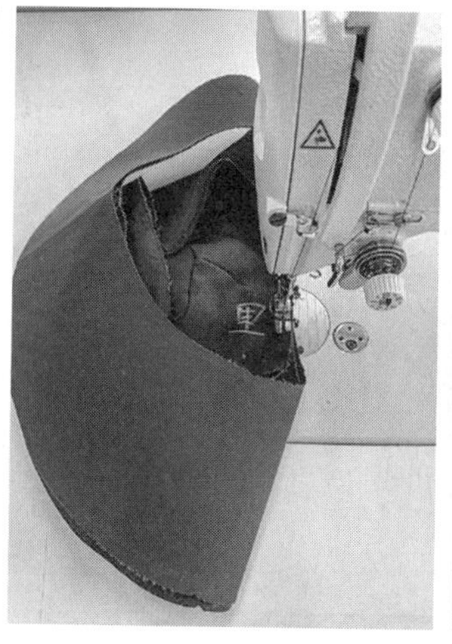

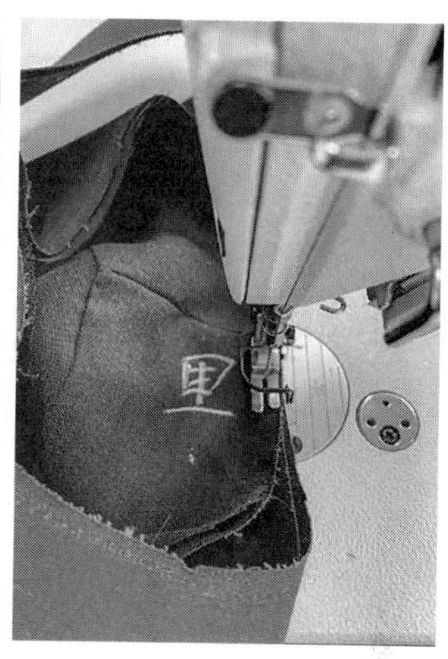

图 4-34　缝合帽身和帽檐

（6）将帽子的帽口贴边条缝合在帽子反面，采用搭缝的方法，盖住帽身与帽檐的缝份并在帽檐两端的缝份处固定穿绳的扣襻（图4-35）。

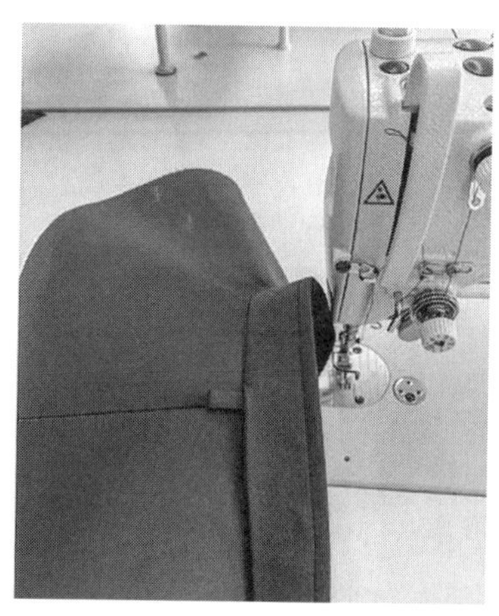
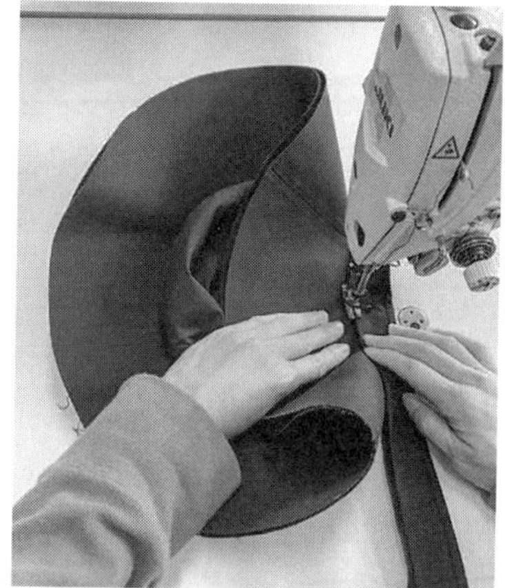

图 4-35　固定帽口贴边条和带襻

（7）帽檐口包边，将烫好的包边条沿着帽檐口一圈缝合，宽度0.5cm，接口处重合处理（图4–36）。

（8）将缝好的贴边反面烫平，然后翻转到正面包紧烫平，使正面包边的宽窄一致（图4–37）。

（9）在贴边正面缉缝0.1cm明线固定，然后烫平（图4–38）。

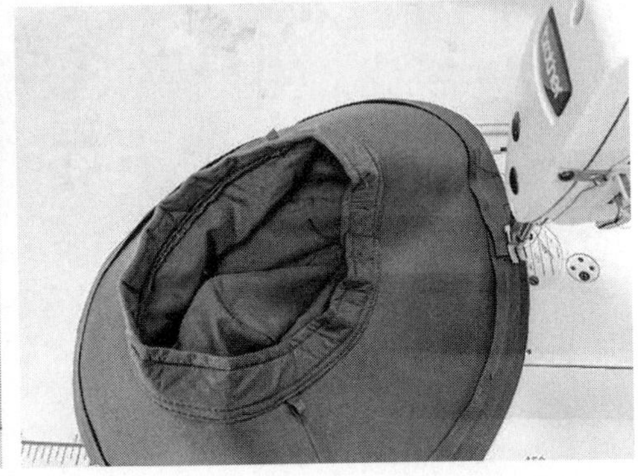

图4–36 帽檐包边

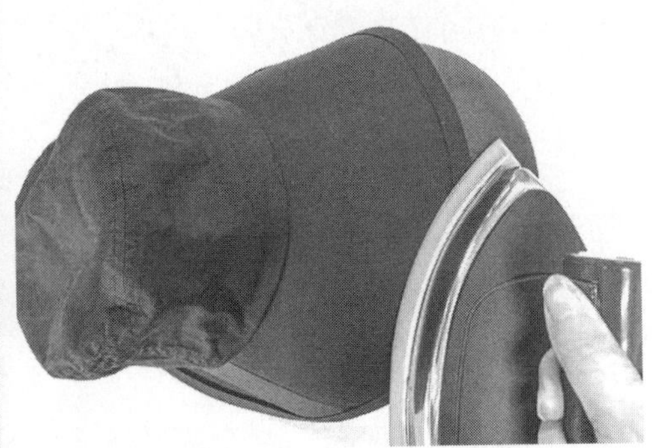

图4–37 烫平贴边

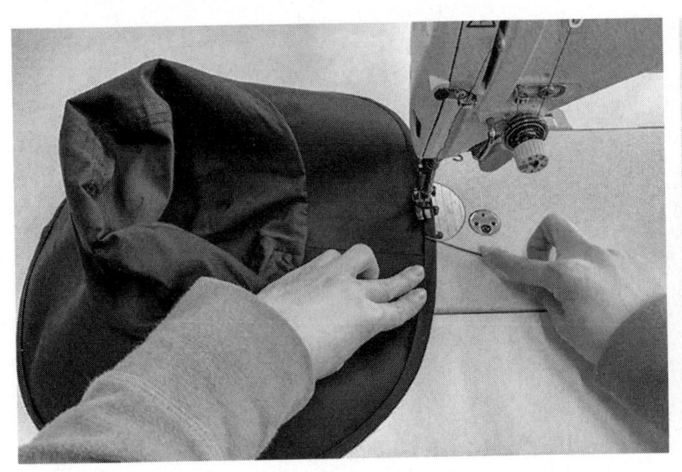

图4–38 缉贴边明线

（10）在做好的遮阳帽的帽圈部位可以进行一些装饰，如绳带、蝴蝶结、花边等（图4–39）。

图4–39　遮阳帽完成图

二、钩编帽制作范例

（一）护耳帽钩编工艺

此款帽子造型比较简单，呈椭圆形，帽身长17cm，帽身围度54cm，钩织方法简单，主要由锁针、长针、长针正拉针等针法组成，帽身钩织有规律可循。

1. 材料选择

可以选择棉线、丝线，钩针3.0mm。

2. 钩编工艺

（1）环形起针，第一圈钩织12针长针，从第二圈开始钩织长针正拉针，按照图示钩织规律完成第三、第四圈钩织；第五圈的规律是3针长针正拉针，1针长针，2针锁针为一个钩织单元（图4–40）。

图4–40　起针完成前五圈

（2）从第六圈开始的钩织规律是3针长针正拉针，1针长针，1针锁针，1针长针、1针锁针为一个循环（图4–41）。

（3）按照图示钩织规律完成从帽顶向帽身的钩织，深度17cm，围度54cm，可以根据头围和款式的变化适当加减钩织针数（图4–42）。

图4–41 第六圈循环针法

图4–42 完成帽身钩织

（4）帽边可以用同类色线材料钩织2~3行短针，完成护耳帽的钩织（图4–43）。

图4–43 护耳帽完成图

（二）薰衣草遮阳帽钩编工艺

此款遮阳帽主要分帽顶、帽身、帽檐三部分的钩织，由短针、正拉针、反拉针、中长针、长针等针法组成，帽顶部分的针数可以根据头围的大小适当调节，帽檐部分的宽度可以根据弯曲度适当加针，钩织出不同的造型曲线。

1.材料选择

可以选择棉草拉菲、丝线都可。钩针：2.5mm。

2.钩编工艺

（1）环形起针8针；第二圈16针，每一针针目加1针；第三圈间隔1针针目加1针，共24针；第四圈每间隔2针加1针，共32针；按照此规律完成帽顶的钩织，共18圈、110针。围度44cm，可根据头围的大小适当调节帽顶的针数和围度，完成帽顶部分（图4–44）。

（2）钩编帽身部分，每6行为一个花样，在上一行针目上挑交叉长针，首先立3个辫子针，隔1个针目钩1个长针，再回到跳过的针目上钩1针长针，按照此规律完成帽身第一圈的钩织（图4–45）。

（3）第二圈在上一行一组交叉长针上1针正拉针，1针反拉针，完成这一圈的钩织（图4–46）。

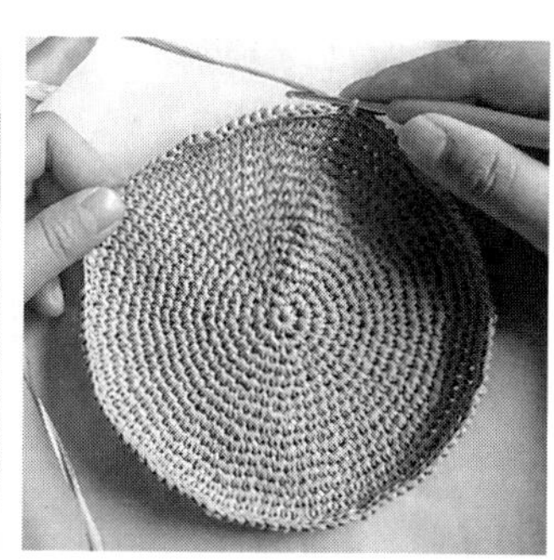

图4–44　钩编帽顶

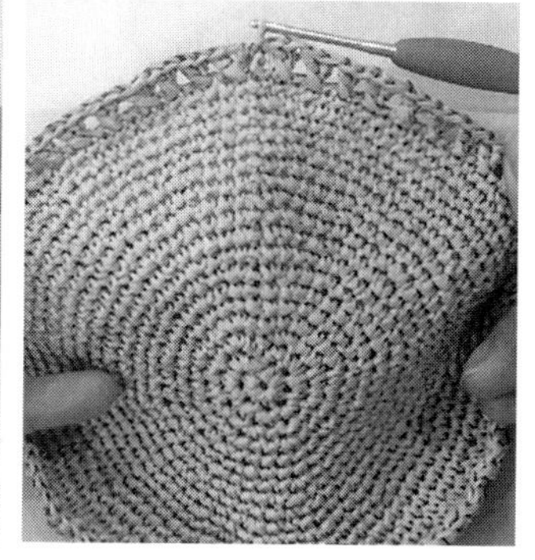

图4–45　钩编帽身第一圈

图4–46　钩编帽身第二圈

（4）帽身第三圈按照第一圈的钩编方法，第四至五圈都是短针钩编，可以适当加针，这样帽身可以形成圆台面。按照帽身前六圈的钩织规律完成后面两个花型的钩编，帽身完成，围度64cm（图4-47）。

（5）帽檐部分共12圈短针，每一行逐渐加针，最后收边用1针短针，1针中长针，3针长针，1针中长针，1针短针的规律形成花型造型。最后将帽顶、帽身、帽檐熨烫平整，并在帽身口手缝防汗条，防汗条的宽度约3cm。帽子完成（图4-48）。

图4-47　帽身完成

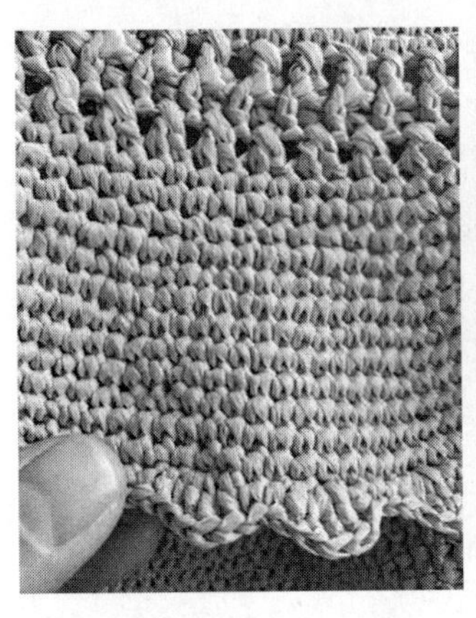
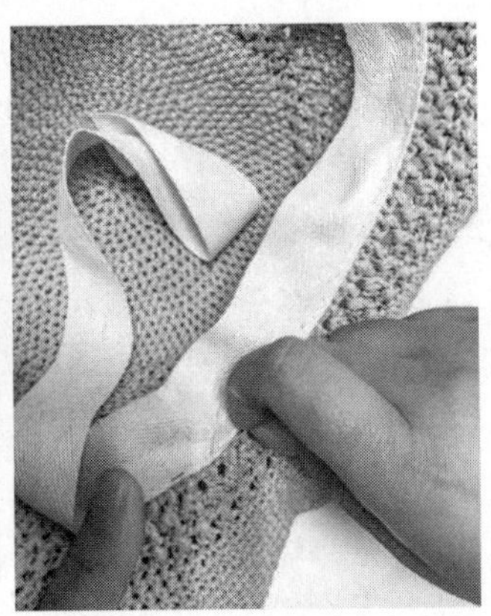

图4-48　钩编帽檐、完成

课后练习题

1. 简述帽子的分类方法。
2. 帽子的装饰手法有哪些？
3. 帽子材料的选择有什么注意事项？
4. 运用所学的帽子的制作原理与方法，设计并制作一款布艺帽。
5. 结合第二章钩编基础针法，设计并钩编一款帽子。

第五章
鞋子制作

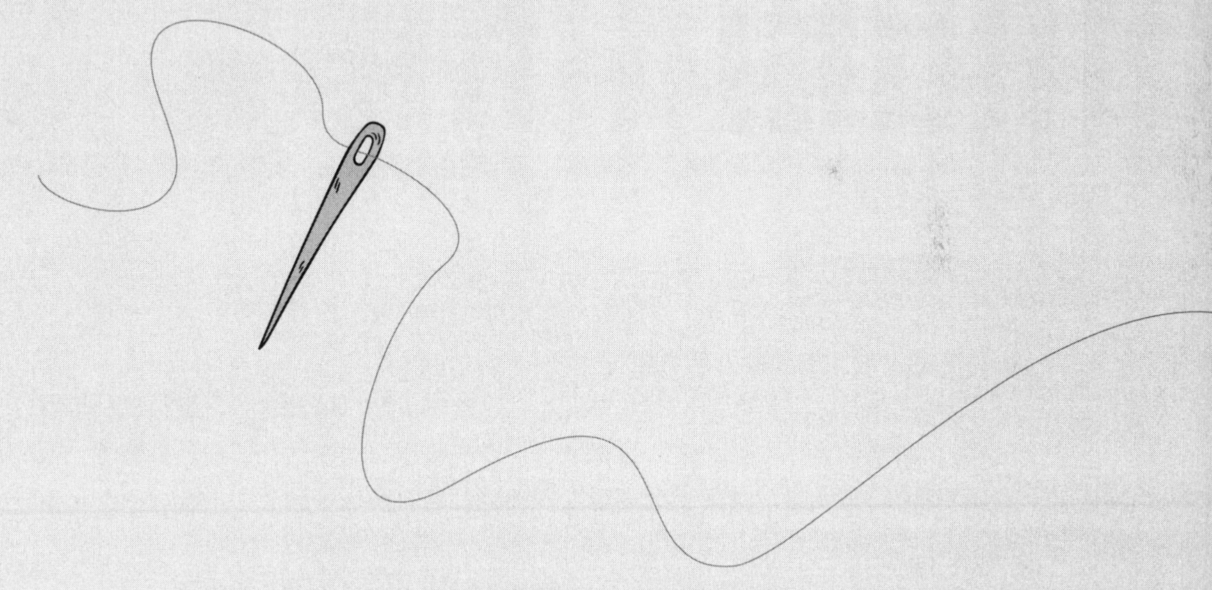

第一节　鞋子制作基础知识

一、鞋子的定义及分类

鞋最早是人们保护足部不受伤害的一种工具。穿在脚上，免于受伤或便于行走，一般由皮革、布帛、胶皮等材料制作而成。鞋子的发展历史悠久，早在仰韶文化时期就出现了兽皮缝制的鞋。生产力的不断发展，促使鞋子生产加工技术的精进，人们开始追求鞋子的款式、材质、功能、用途、品牌等。发展至今，各种样式的鞋子可谓琳琅满目。

（一）鞋子的分类

1.按材质分类

按材质分有皮鞋、布鞋、胶鞋、草鞋、塑料鞋等。

2.按穿着对象分类

按穿着对象分有男鞋、女鞋、童鞋、孕妇鞋、老人鞋、婚鞋等。

3.按加工工艺分类

按加工工艺分有缝制鞋、胶粘鞋、硫化鞋、注塑鞋、模压鞋等。

4.按穿着用途分类

按穿着用途分有休闲鞋、运动鞋、舞蹈鞋、旅游鞋、雨鞋、棉鞋、劳保鞋、增高鞋等。

5.按造型分类

按造型分类有平跟鞋、中跟鞋、高跟鞋、坡跟鞋、松糕鞋等。

（二）常见的制鞋工艺类型

我们现在经常见到的鞋有皮鞋、布鞋、胶鞋、塑料鞋等，各自鞋类的制作要经过原材料准备、下料裁断、车帮缝制、鞋帮成型、帮底结合、成品整饰等一系列的加工过程，由于不同品种的鞋类，都具有自身的加工特点，因此就出现了不同的生产工艺。

随着市场经济的发展，鞋的生产状况发生了很大的变化，许多新材料、新工艺、新设备都得到普遍使用，不同鞋类之间所使用的材料开始融合，不同的工艺界限变得模糊。但是随着现代市场目标的细分，鞋类加工形成了规范的工艺流程和成熟的工艺制作方法。生产中最为常见的有以下五大制鞋工艺类型。

1.缝制工艺

缝制工艺是一种传统的制鞋工艺，其基本特点是帮底结合由特制线缝制，缝制工艺较为复杂，技术要求比较高，充分体现人的手工技艺，多用于高档皮鞋的生产加工。

2. 胶粘成型工艺

胶粘成型工艺简称胶粘工艺，也被叫做粘合工艺、冷粘工艺，是目前制鞋工业中运用最广的一种工艺。这种工艺的优点是适用各种材料，生产效率高，适合流水线作业。以胶粘鞋为例，工艺主要流程如下：面料、里料裁断—制帮（包括片边、折边、缝帮等）—制底（包括各种底料整型、处理，绷帮等）—合底（帮底结合）—烘干定型—出楦—检验等。

3. 硫化工艺

硫化工艺又称热硫化工艺，分为热硫化粘贴工艺和热硫化模压工艺，前者应用更为广泛。热硫化制鞋工艺主要运用于休闲鞋、运动鞋等胶底鞋类生产。其工艺主要流程：鞋帮制造—胶部件制造—成型—硫化—脱楦。

4. 注塑工艺

注塑工艺是注射成型的一种制鞋方法。这种工艺多应用于休闲鞋、运动鞋等鞋类中。注塑工艺又分为整鞋注塑成型工艺（鞋帮另制）和鞋底注塑工艺。鞋底注塑工艺又可分为单色注塑工艺和多色注塑工艺。注塑工艺主要流程：在注塑成型装置中先将物料压缩，接着塑化（固体塑料转变成流体）、均化，然后通过模具的注射通道将流体塑料注入鞋的模腔中，经冷却后得到成型的产品。

5. 模压工艺

模压工艺在帮底结合强度要求高的鞋类品种中应用较多，如劳动保护鞋、军用鞋等。模压工艺分为绷帮模压和套楦模压两种。绷帮模压工艺主要流程：将绷好的鞋帮经过起毛、拔出原楦、涂上胶粘剂等处理后，套在模压机同型号铝楦上，然后在底模中放入胶料，再经过模压机加温热熔和向下施压，最后胶料热熔、压制同时与鞋帮紧密合成的操作方法。

二、鞋子的结构

鞋的基本结构一般是由鞋帮及鞋底两大部分组成（图5-1、图5-2）。

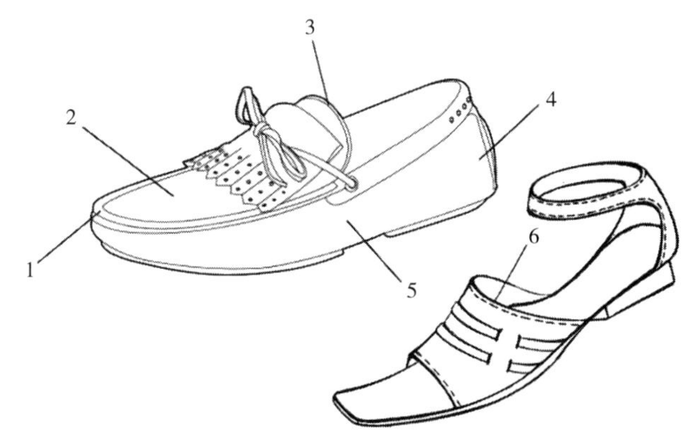

1—前尖　2—前帮　3—鞋舌　4—后帮　5—中帮　6—鞋口

图5-1　鞋帮部件

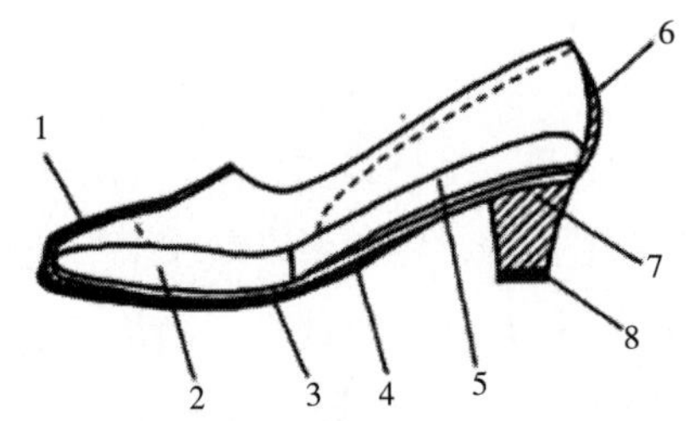

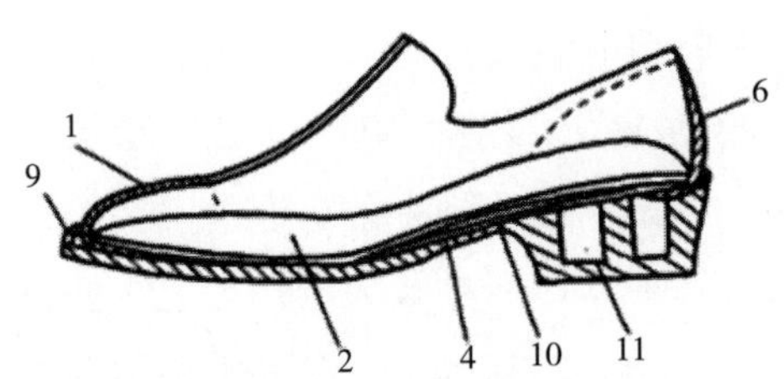

1—前包头　2—内底　3—压跟外底　4—勾心　5—上半内底　6—后主跟　7—鞋跟
8—天皮　9—假沿条　10—下半内底　11—外底

图5-2　鞋底部件

三、鞋子设计表现形式法则

鞋子作为服装穿戴的重要配件有着举足轻重的地位，它的设计与其他产品设计表现形式有共通之处，也有其差异性。鞋的设计以人脚为设计对象，以款式为主、实用功能为辅，设计师在特定脚部形态的局限性中寻求款式造型上的设计变化，在鞋帮面与跟底的形态、色彩、材质、图案、配件、工艺等元素上进行创新设计。鞋子设计表现形式法则基于人们不断的实践与总结而形成，主要有对比形式法、对称形式法、均衡形式法、呼应形式法、节奏形式法、协调形式法、夸张形式法、强调形式法、流行形式法和创新形式法。

（一）对比形式法

对比形式法是指形态、色彩、肌理、大小、明暗、虚实等形式因素在性质上存在较大差距，这种差距使得形式构成呈现一种对比强烈、鲜明、活泼的效果。它是鞋设计中常见的一种表现形式。

（二）对称形式法

对称形式法是指形态、图案、色彩等因素在物体对称轴两侧或者中心点四周，以完全对称的面貌出现。人们对对称的欣赏是因为对称在自然界中意味着圆满和完整。对称具有稳定、完整、庄严的感觉。由于人的单脚在形体上不对称，反映到脚的形体上便无法产生严格意义的对称，鞋在体量上无法做到两侧对称，但是局部部位的样板设计和制取上是对称的，如鞋舌、包头、鞋耳等。根据日常经验，虽然鞋的形体不是严格对称，但只要鞋耳等在背中线两侧相等，人们就感觉是对称的，实际上人们很少从正前方观察鞋子。因此除非在结构、图案、色彩等方面有大的变化，否则人们对鞋的对称性并不敏感（图5-3）。

（a）图案对称

（b）形态对称

图5-3　对称形式法

（三）均衡形式法

均衡形式法是指形态、图案、色彩等因素在物体对称轴两侧或中心点四周的形状、大小、数量、位置等因素有一定变化，但总体上看这些因素给人在视觉、心理上的感觉是平衡的。在鞋子设计中，均衡形式法一般是通过三个方面来体现：帮部件的形状、大小、数量构成鞋子的一种均衡，一般外侧部件大一些、多一些；装饰工艺表现的数量、位置构成鞋子的一种均衡；色彩、造型的强弱、大小构成鞋上的一种均衡。

（四）呼应形式法

呼应形式法表现在鞋造型上是某种造型要素不是一种孤立的存在，而是在同一只鞋上出现相同或相似的造型要素。这种呼应在鞋子设计中通常表现为色彩呼应、材质呼应、形态呼应、图案呼应和装饰工艺的呼应（图5-4）。

（a）色彩呼应

（b）材质呼应

图5-4　呼应形式法

（五）节奏形式法

节奏是指事物的构成因素在大与小、强与弱、轻与重、多与少、长与短、虚与实、明与暗、硬与软、曲与直等方面有规律和有秩序的变化。鞋子设计中的节奏形式法主要是通过构成要素的形态（点、线、面）和色彩在大小、强弱、多少、明暗、长短、曲直等方面有规律、有秩序的变化来形成。节奏形式法能使鞋的款式显得活泼、有动感。因此，节奏形式构成法适合于童鞋、运动鞋、休闲鞋等鞋类。

（六）协调形式法

反映在鞋造型设计上，是形态（点、线、面、体）、色彩、图案保持一种相似关系。整体与局部的协调，形态局部与局部的协调，色彩的协调。

（七）夸张形式法

夸张形式法是对鞋进行一种非同寻常的设计，以极强的视觉冲击力呈现。夸张设计可以对形态、图案和配件等要素进行设计。但夸张形式法的运用不能对鞋实用功能造成影响，要在对使用、经济、工艺等各方面因素综合考虑下进行恰当的夸张（图5–5）。

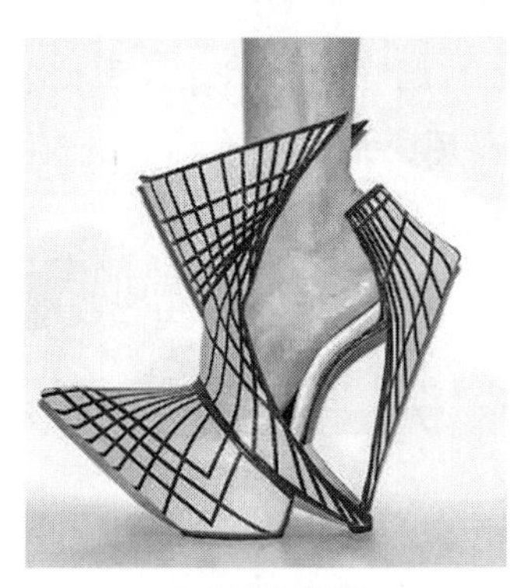
（a）形态夸张

（b）配件夸张

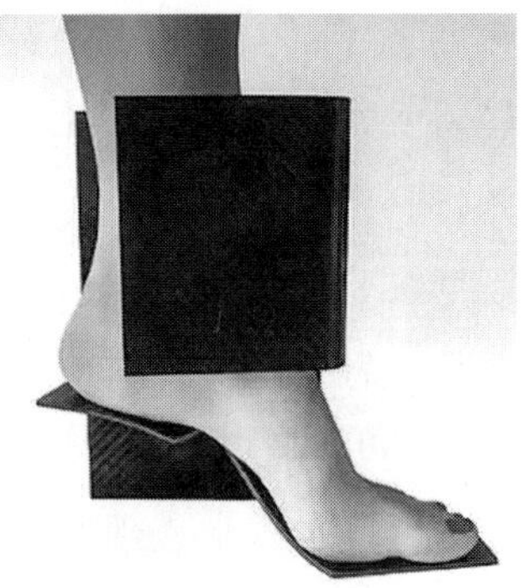
（c）结构夸张

图5–5　夸张形式法

（八）强调形式法

强调形式法是运用一定方法强化某个部位使之成为视觉中心，以达到凸显的目的。在鞋设计中强调形式构成法运用可以是点、线、面，多将“点”的形状、色相、明度、纯度、质感与周围环境拉大，使之产生对比反衬效果，从而达到使“点”鲜明、突出的效果。

（九）流行形式法

鞋作为服装配饰受到服装流行的影响较大。流行的形式内容主要有鞋头式（楦头造型）、材料（肌理、质地、纹样）、结构式样、色彩等。

（十）创新形式法

创新形式法是鞋子设计形式法中的最高法则，创新形式法离不开对其他形式法则的综合运用（图5–6）。

（a）VI创意

（b）鞋跟创意

（c）概念创意

图5-6　创新形式法

第二节　鞋子制作范例

一、布鞋制作范例

（一）幼童布鞋制作范例

1.材料选择

幼童脚部处于生长发育期，脚骨钙化的软骨居多，骨组织弹性大，容易变形或受到损伤。针对该阶段生理的发育情况，幼童鞋面料方面多选择牢固、柔软等天然性材料，鞋底部分选择棉布、软羊皮等配合富有弹性的牛筋底塑形材质，既柔韧又透气。

2.结构制图（图5-7）

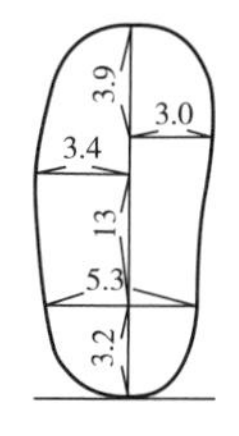

（a）鞋底、中底

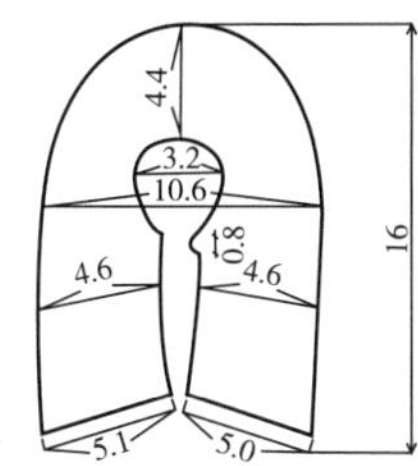

（b）鞋帮

图5-7　幼童布鞋结构图

3.制作工艺

（1）选取柔软棉布2~3层进行叠加缝制，使其鞋中底部件及帮面具有定型加厚作用，缝制完成后进行划样裁片。棉布叠加缝制，作为中底及鞋帮衬里，缝制完成后进行鞋帮划样、鞋帮衬里划样、中底划样、裁样（图5-8）。

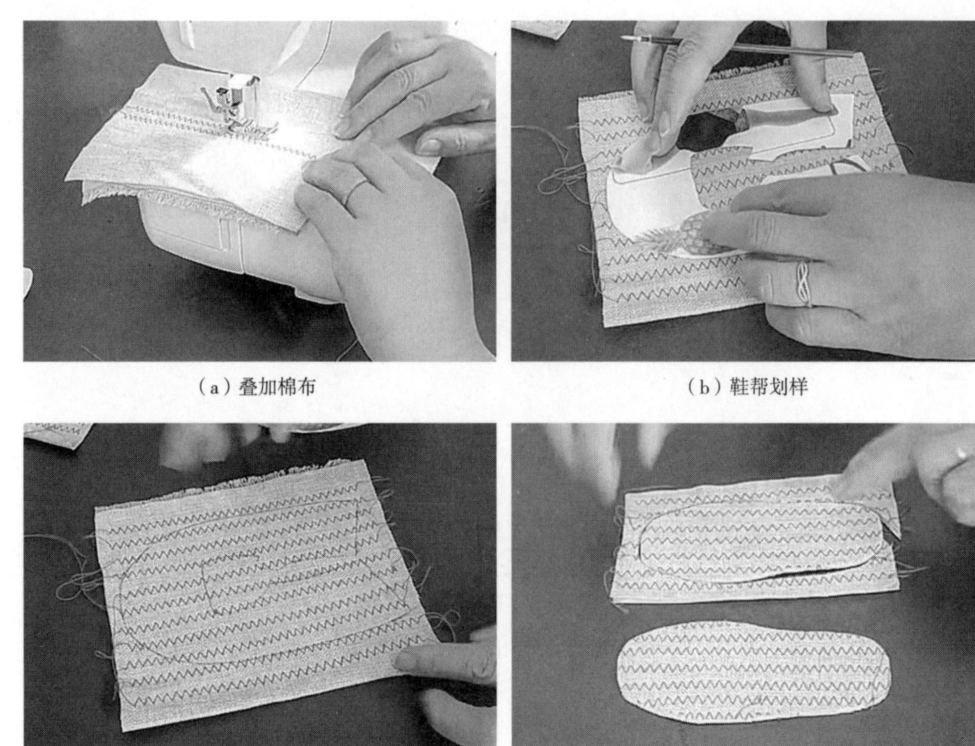

（a）叠加棉布　（b）鞋帮划样

（c）鞋帮衬里划样　（d）中底划样

图5-8　鞋帮、帮衬、中底准备

（2）贴合面料、里料包边（图5-9）。

（a）鞋帮衬里贴面料　（b）鞋帮衬里贴里料　（c）鞋中底衬里贴里料

（d）后帮面料合缝　（e）后帮面料合缝　（f）鞋中底、外底贴合包边缝制

图5-9　贴合面料、里料、包边

（3）帮底结合阶段，部件已由多层布料贴合缝制而成，材料上有一定厚度，超过机器缝制极限，改用手缝线缝合，鞋口防脱绑带、纽扣固定一并完成（图5-10）。

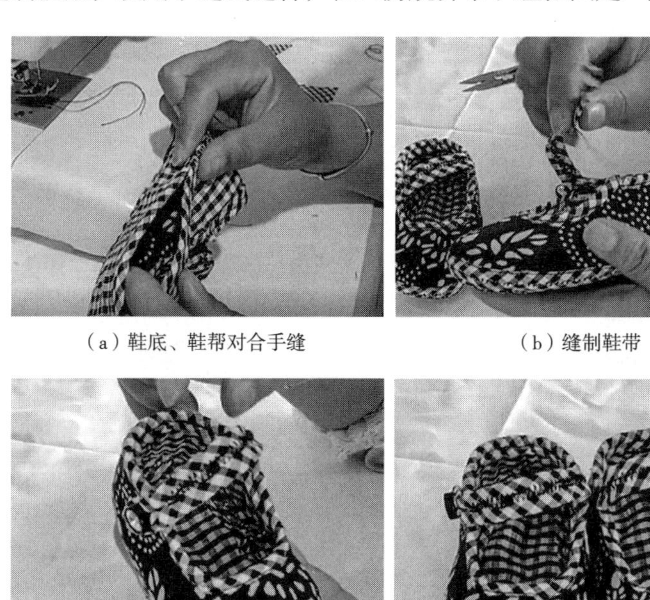

（a）鞋底、鞋帮对合手缝　　（b）缝制鞋带

（c）制作完成图

图5-10　幼童布鞋完成图

（二）居家拼布拖鞋制作范例

拖鞋，无后帮的鞋类，主要在于室内穿着。多采用橡胶、塑料或布类等材料制成，注重穿着的舒适性。制作方法主要有胶粘、注塑、模压等，需根据制作材料而定。居家拖鞋在生活中扮演着不可或缺的角色，市场上有很多款式、色彩、材质的居家拖鞋丰富我们的生活。

1. 材料选择

居家拖鞋整体结构较为简单，主要由鞋帮、鞋底两部分组成。鞋底选择成品化EVA、TPR底材，适用面广，价格实惠；鞋帮多选用棉、麻、毛、丝等天然材料，增强鞋款卫生性能。必要时也会增加一些配饰、装点材料及辅助材料，可繁可简。

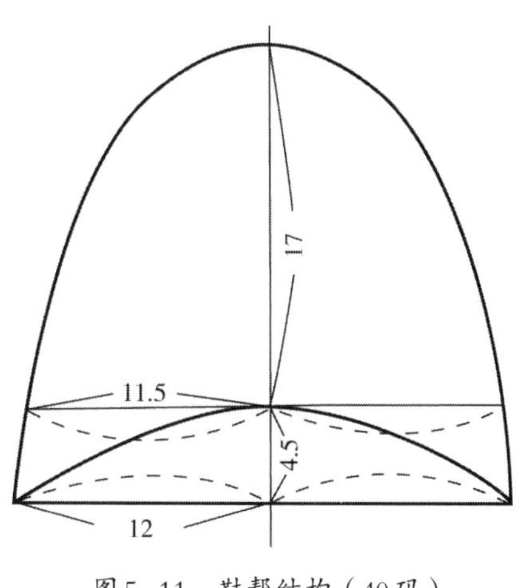

图5-11　鞋帮结构（40码）

2. 结构制图（图5-11）

3. 制作工艺

先设计鞋面图案、配色，再按照先下

层、后上层的顺序进行鞋面拼布图案缝制，缝制好后将鞋帮包边，包边条3cm斜丝；鞋帮和鞋底进行比对固定几个点；最后将鞋帮和鞋底结合缝制，注意拉线均匀，缝线牢固，拼布居家拖鞋完成品（图5-12）。

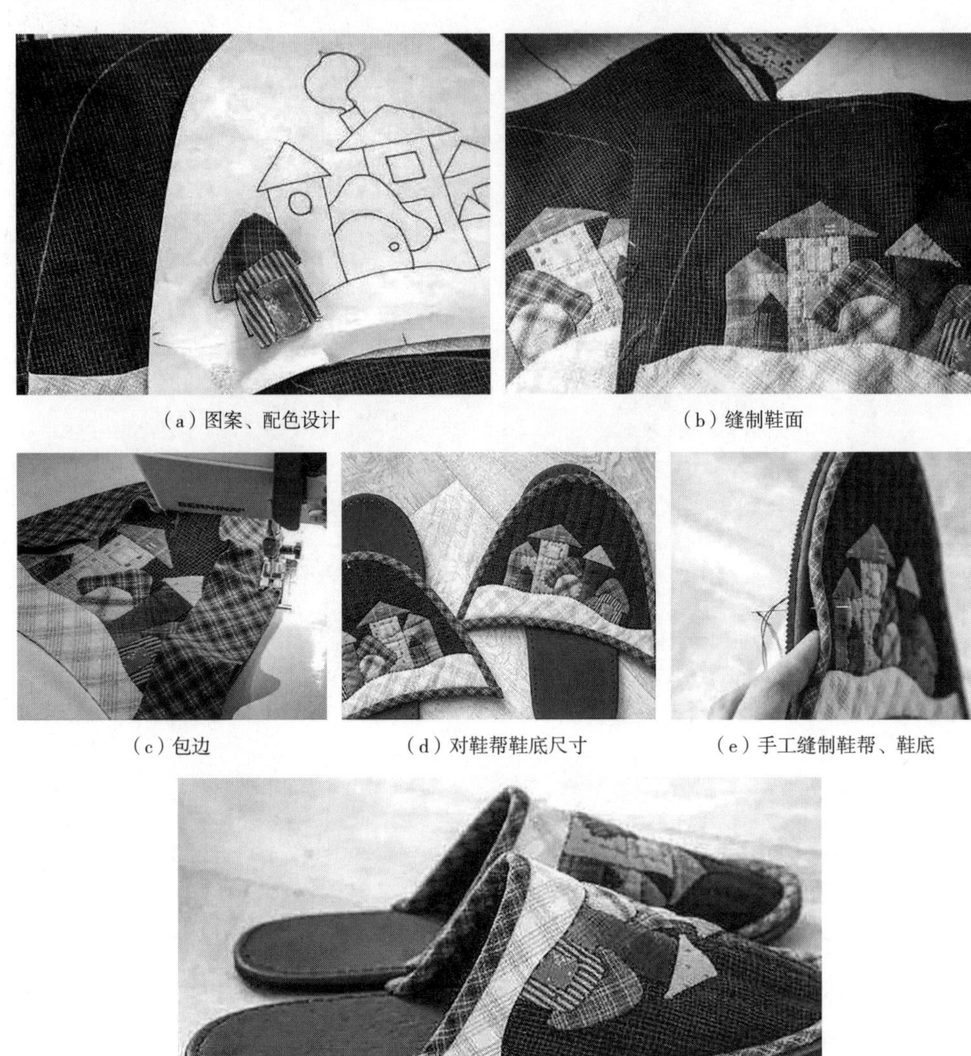

（a）图案、配色设计　（b）缝制鞋面

（c）包边　（d）对鞋帮鞋底尺寸　（e）手工缝制鞋帮、鞋底

（f）居家拼布拖鞋成品图

图5-12　拼布居家拖鞋制作

二、手工皮鞋制作范例

手工皮鞋工艺是对当下手工定制皮鞋的一种统称，其包含的工艺类型主要为五大类：固特异工艺、挪威工艺、Gazelle构造、莫卡辛缝制工艺、加利福尼亚构造。从名称上不难看出，手工皮鞋工艺大多源于西方手工业发达国家，自然资源成就了皮鞋生产的较早兴盛。至20世纪90年代，我国现代化皮鞋工艺

制造趋于成熟并占据世界市场。近些年经济飞速发展，小众手工定制皮鞋在国内开始流行。

这其中最具代表性手工皮鞋技艺是固特异工艺，又称固特异沿条工艺，是世界顶级鞋履的独特制作手法，拥有近二百多年的历史传承。因查尔斯·固特异爵士发明“固特异延条结构制鞋技术”而得名。固特异工艺最显著的特征，是鞋边缘有一条牢固而明显、针脚工整的缝线；并在鞋中底和大底之间形成一个空腔，便于潮气隔离，又铺设了一层软木，从而保证鞋子的透气性和舒适性；使用者穿着15天左右随着脚部的用力，鞋底的软木会塌陷重新塑形，变成了一副与脚型相符的个人鞋底。与现代的连接方式不同，固特异传统工艺中，鞋面与鞋底采用一针一线纯手工方式连接。其优点是坚固耐穿、不易变形，手工沿线缝制，不断底、不断帮、不开胶，长时间穿着形成个人脚型，越穿越舒适，款式丰富。其严谨甚至苛刻的工艺准则，多达三百道的手工制鞋工序，使固特异沿条手工鞋也被誉为“手工雕琢出来的艺术品”。

手工皮鞋定制不仅如此，还包括前期脚型测量、楦型设计、皮革鞣制、鞋帮染色等多道工序，在此不一一列举。

（一）材料选择

为了彰显固特异手工皮鞋良好的卫生性能，面料、里料、底料皆选用天然植鞣皮革，外观形式单一，配合皮革染色、雕花进行肌理塑造，提升艺术价值。辅料包括软木、蜡线、皮绳等。

（二）制作工艺

（1）第一步进行脚部测量，接下来进行脚型数据处理，然后定制鞋楦；鞋楦做好即可开始款式设计（图5-13）。

（a）测量脚部尺寸

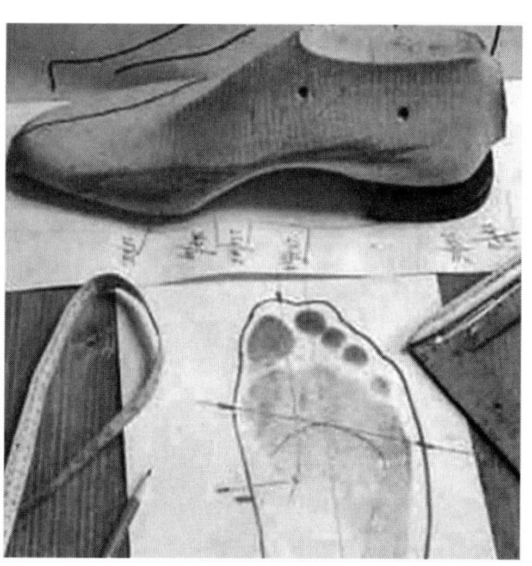

（b）脚型数据处理

图5-13

（c）定制鞋楦　　（d）款式设计

图5-13　手工制鞋基础

（2）依据设计图进行贴楦帮样设计；鞋帮依据样板图下料，给鞋样进行整体打孔装饰；将鞋帮进行拼接缝合（图5-14）。

（3）拼接好鞋帮之后进行定型，也是非常关键的步骤，鞋帮定型同时要预制中鞋底；将中鞋底边缘缝制沿条，粘贴鞋的主跟并钉结实（图5-15）。

（4）将外底打磨好，后期进行整饰，手工皮鞋完成（图5-16）。

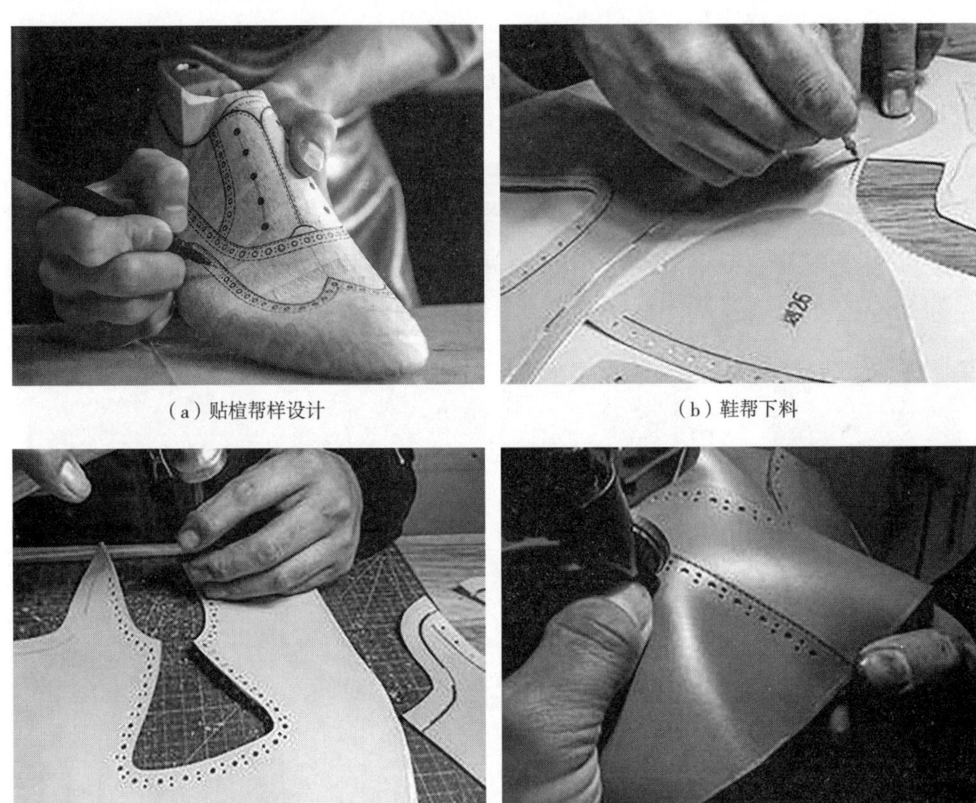

（a）贴楦帮样设计　　（b）鞋帮下料

（c）打孔装饰　　（d）鞋帮拼接缝合

图5-14　手工鞋帮处理

（a）鞋帮定型

（b）预制中鞋底

（c）中鞋底缝制沿条

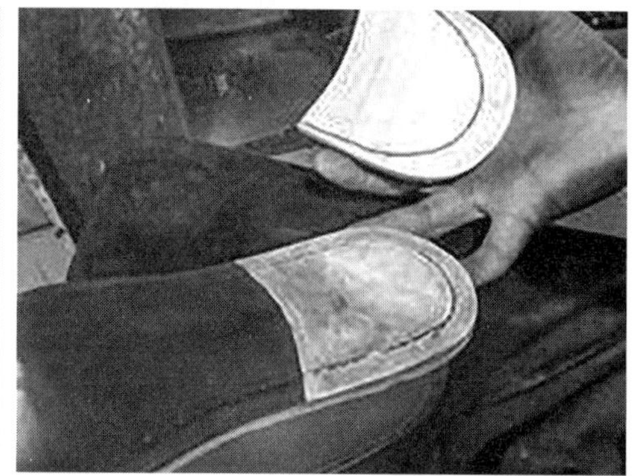

（d）粘贴鞋的主跟并钉结实

图5-15　定型、处理鞋底

（a）外底打磨

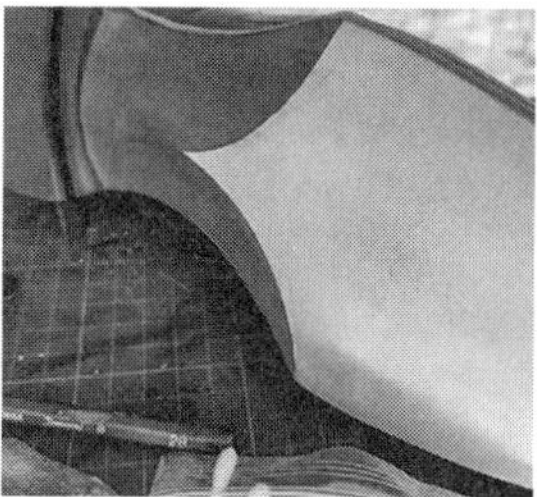

（b）整饰

（c）手工皮鞋完成图

图5-16　手工皮鞋整饰、完成

课后练习

1. 鞋的常规分类方式有哪些？

2. 现代主要制鞋工艺有哪些？

3. 设计女式居家鞋并拍摄制作过程。

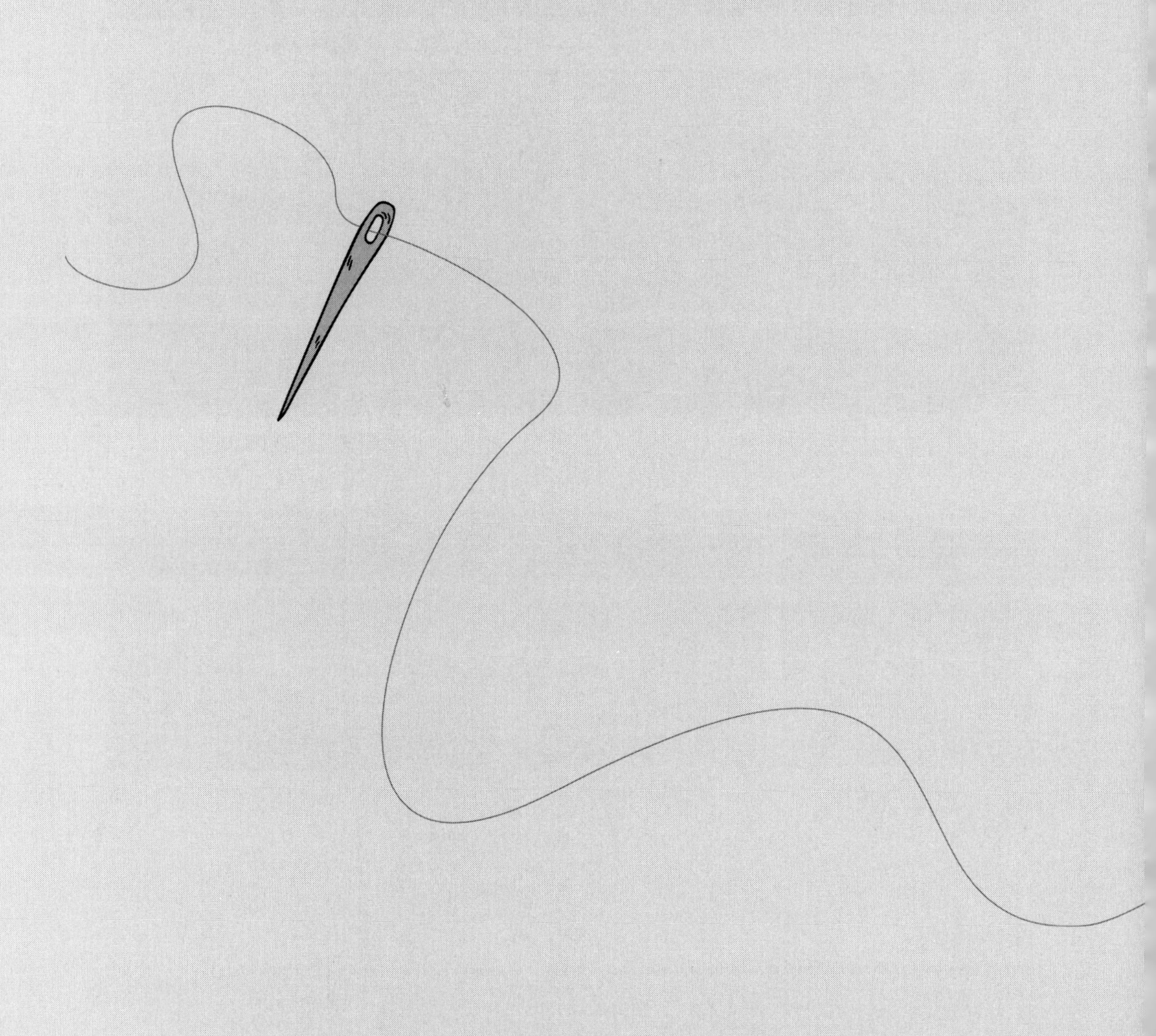

第六章
其他配饰制作

第一节　装饰领制作

一、装饰领的基础知识

装饰领是近年来非常火的一种衬衣替代品，其特点在于款式时尚、经济实惠，同比整件衬衣的价格要低三分之二以上，且领款变化丰富，可以满足人们多变的内心需求。造型上大体分为前后分体装饰领、局部装饰领和马甲式装饰领（图6-1）。

人体颈部作为连接头部和躯干的主要支撑点有着丰富的血管神经和脉络，人们由于低头看计算机、手机时间比较久，容易受到风寒，出现颈椎病，为此颈部保暖显得尤其重要。有些装饰领具有保暖效果，如图6-2所示。

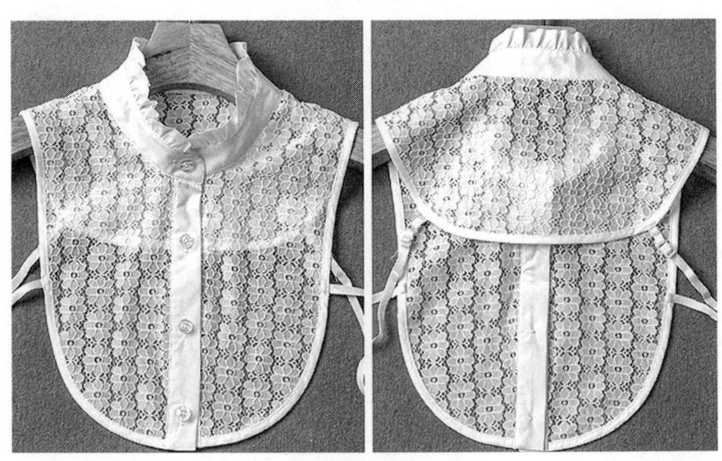

（a）前后分体装饰领

（b）局部装饰领

（c）马甲式装饰领

图6-1　装饰用领

图6-2　保暖用装饰领

二、装饰领的表现形式

领子的装饰种类很多，有飘带领、裘皮领、刺绣领、钉钻领、抽褶领、缀饰领、蕾丝领等。不同的装饰手法所体现出的风格各异，为服装的艺术性起到很好的装饰效果（图6-3）。

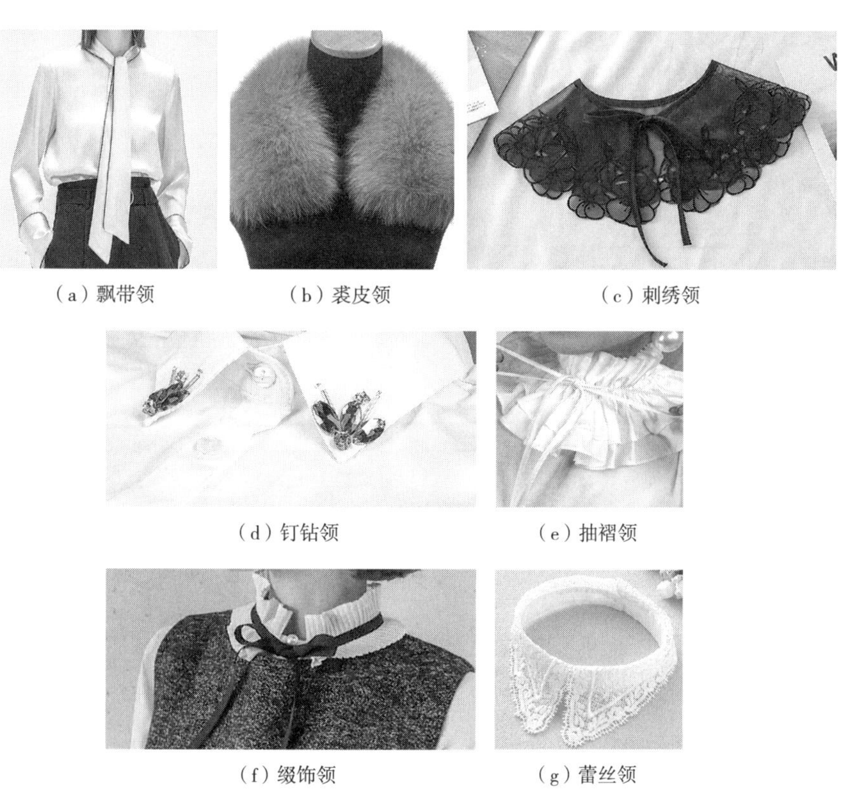

（a）飘带领　（b）裘皮领　（c）刺绣领

（d）钉钻领　（e）抽褶领

（f）缀饰领　（g）蕾丝领

图6-3　装饰领的表现形式

三、装饰领制作范例

装饰领是女性选购假领时的必备款。根据季节的不同选用的材料也不一样。夏季面料主要以轻软、薄透装饰为主，以丝绸最为多见，如真丝、纱料等。春、秋、冬三季要求具有保暖和装饰双重功能，材料选择多为棉、麻、真丝、羊绒、羊毛、裘皮等材料。

（一）工字褶裥装饰立领制作工艺

工字褶裥装饰立领具有硬挺、半透明质感，美观、时尚，适合脖颈细长、挺拔的女性朋友，作为职业装内搭既有气质又大方。

1. 材料选择

工字褶裥立领一般选用带光泽的欧根纱面料，辅料有无纺衬布、涤纶缝纫线和纽扣等。

2. 结构制图（图6–4）

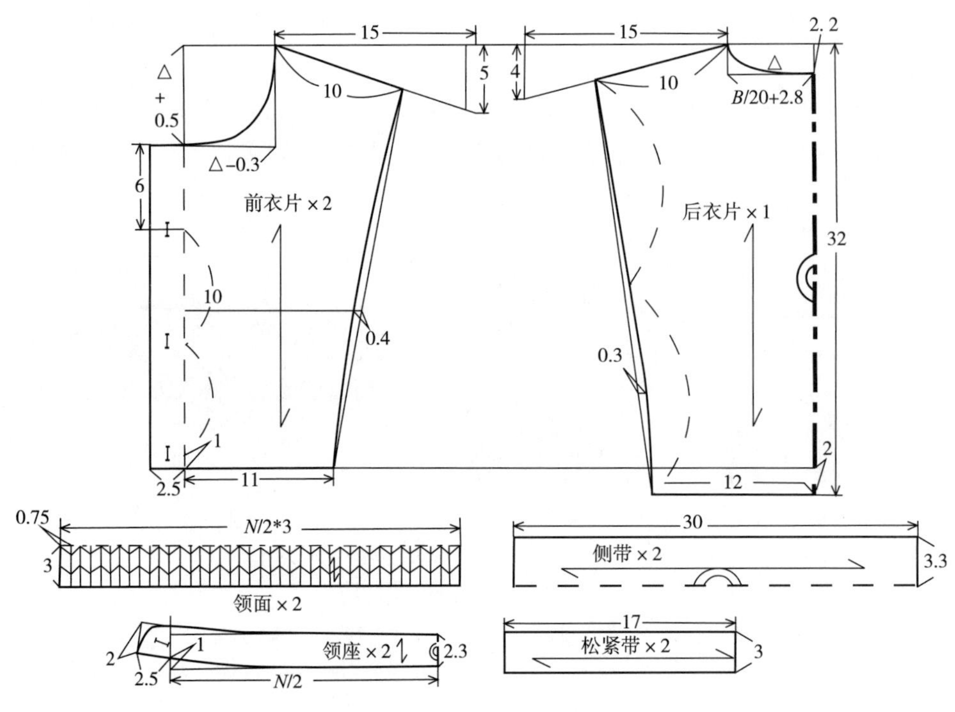

图6–4　工字褶裥立领结构图

3. 制作工艺

（1）在面料上直接划样，按照模板裁剪面料，将无纺衬按照净领样放缝裁剪（图6–5）。

（2）在门襟、里襟、领面、领里反面黏合无纺衬；在领子粘衬一侧划净样；缝合门襟和前衣片（图6–6）。

（3）修剪门襟缝份，净缝份留0.5cm；将缝好的门襟翻折，烫出里外容，要求平整无反吐现象；将门襟明线按照0.5cm压好明线（图6–7）。

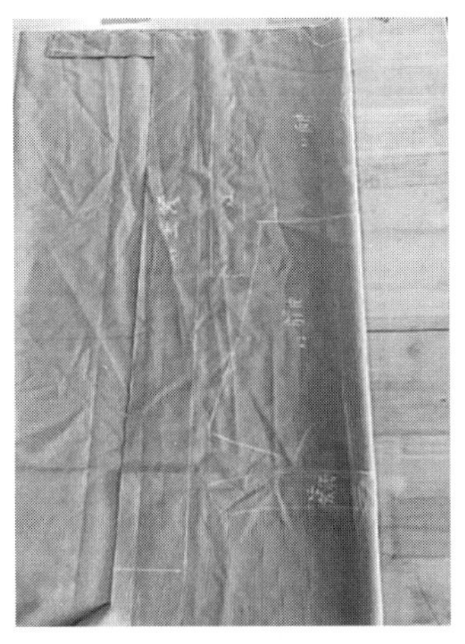
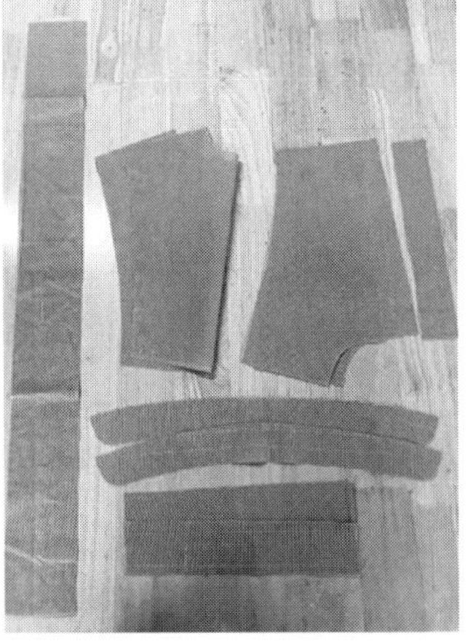

图6–5　裁剪面料和衬料

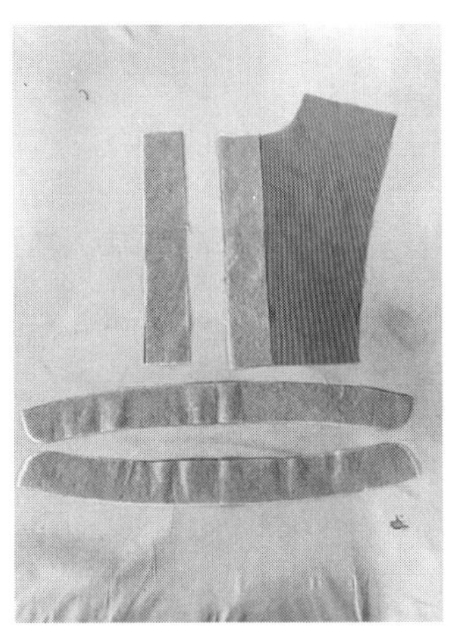
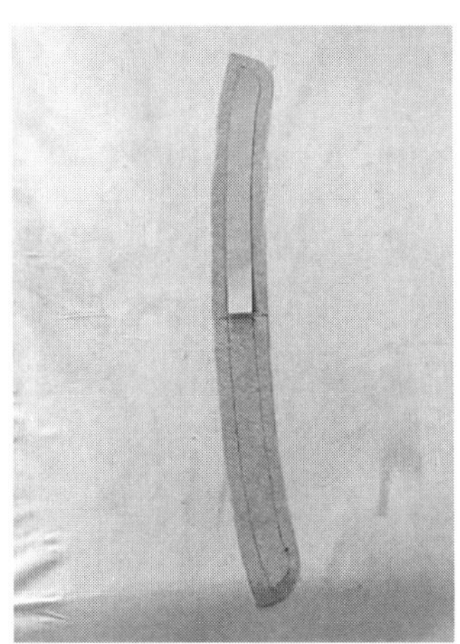
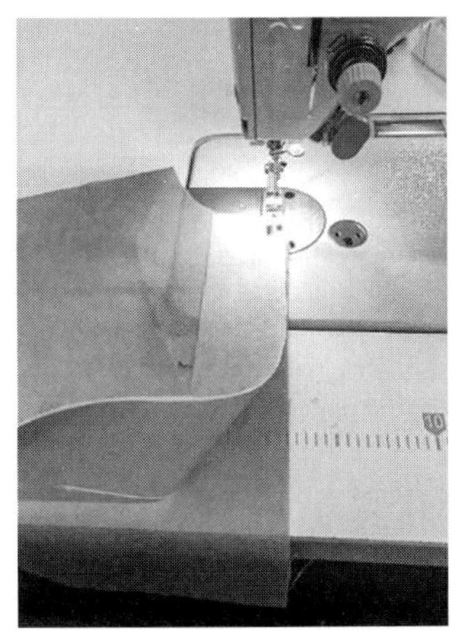

图6–6　粘衬、合门襟

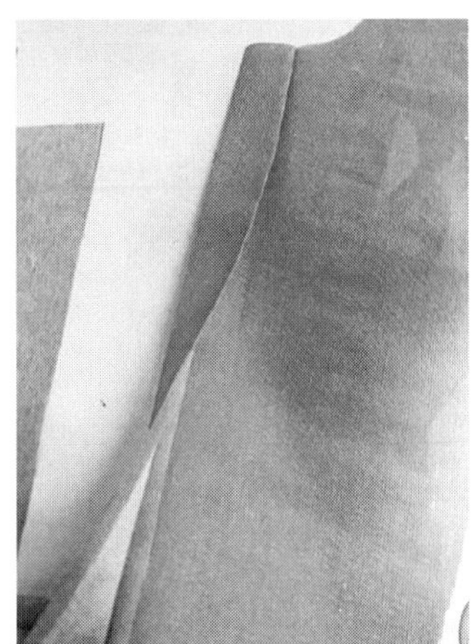

图6–7　修缝份、翻折门襟、压门襟明线

（4）里襟连折缉压明线，展示前衣身半成品，再将前后衣身侧缝处缝合（图6-8）。

（5）将前后衣片肩缝处合缝拷边；将领下口扣烫0.7cm并压0.5cm明线；将褶裥布条正面对折后缝合（图6-9）。

（6）将褶裥布条翻折后烫平，按照工字裥规格进行对折，将“工字裥”条与领面、领底上口一起缝合，距离前中止口1.5cm（图6-10）。

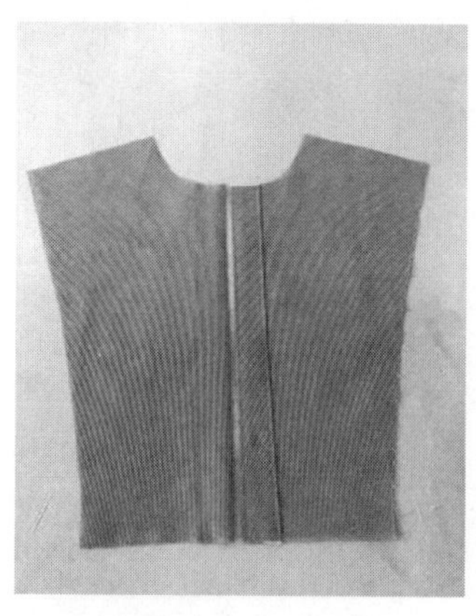
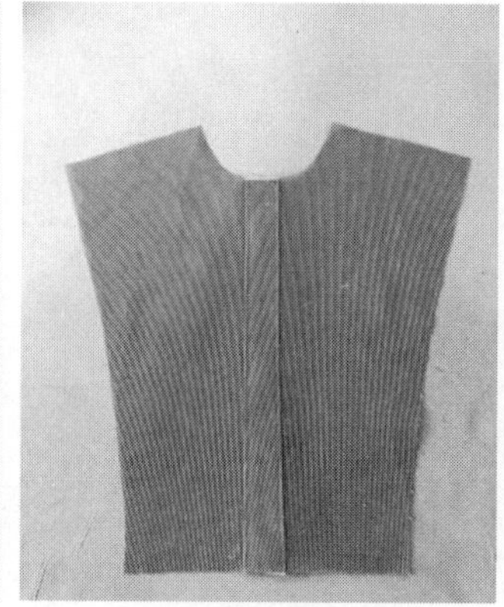
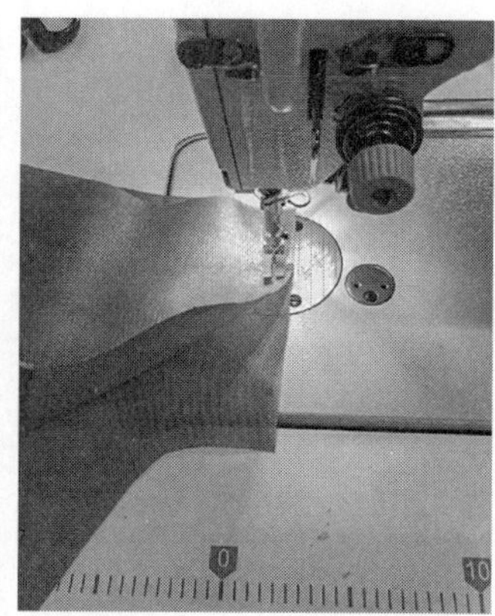

图6-8　缝合前后衣片侧缝

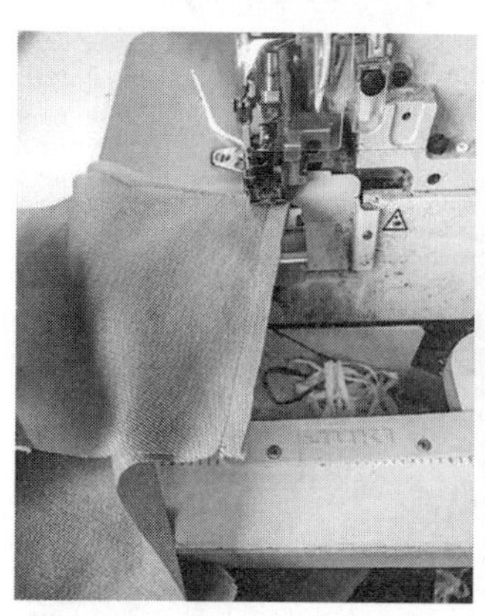

图6-9　肩缝拷边、领下口缉线、褶裥布条对折缝合

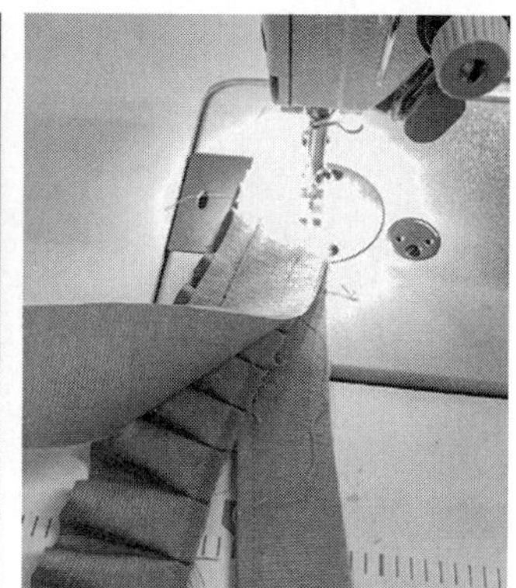

图6-10　翻褶裥条、堆工字裥、领拼工字裥

（7）缝合领面和领里上口；缝合领面下口和衣身领窝，将领里下口和衣身领窝处压0.1cm明线缉缝（图6-11）。

（8）将领面上口压0.1cm明线，将衣身缝份进行拷边；将侧缝处连接带（16cm）反面缝合，松紧带长度为实际连接长度的二分之一（图6-12）。

（9）将松紧带穿入连接带，将松紧带两侧和连接带固定；将两个侧带固定在衣身上，同时将衣身边缘折叠压明线（图6-13）。

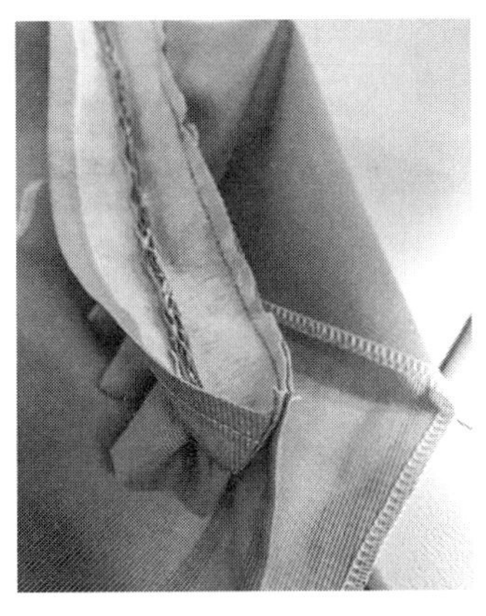
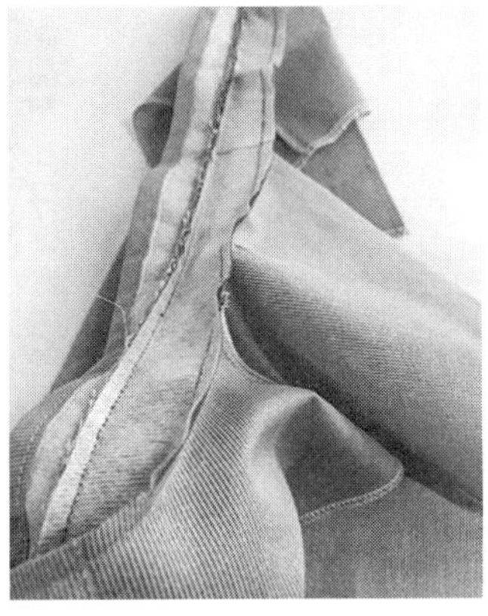
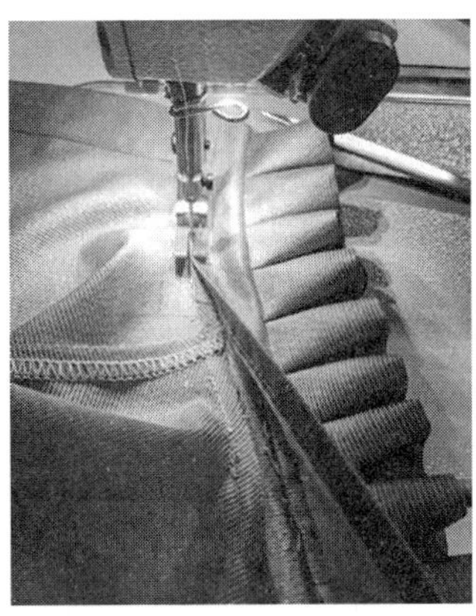

图6-11 缝合上领口、绱领子、压领下口明线

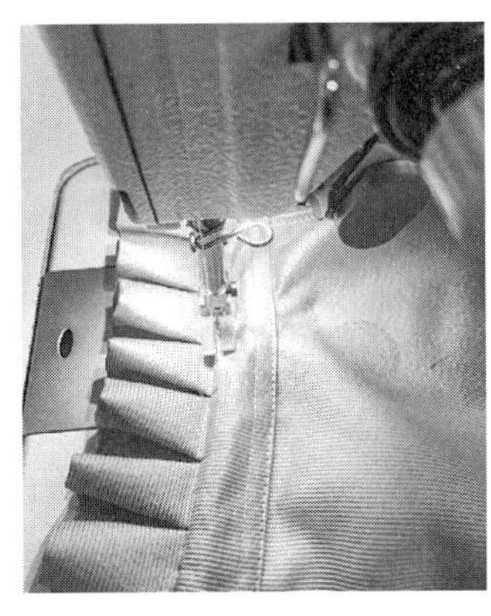

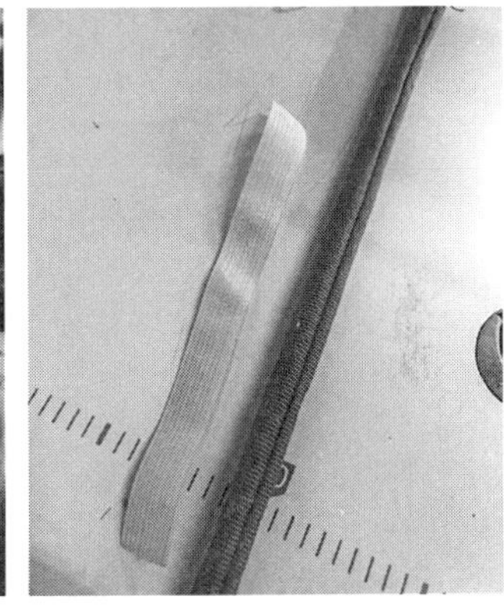

图6-12 压领上口明线、衣身拷边

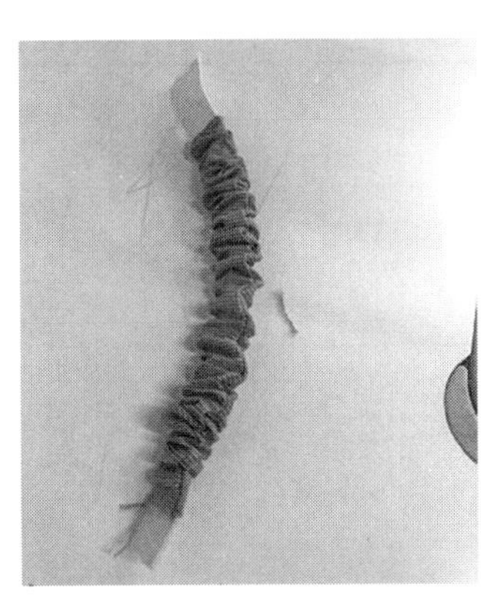

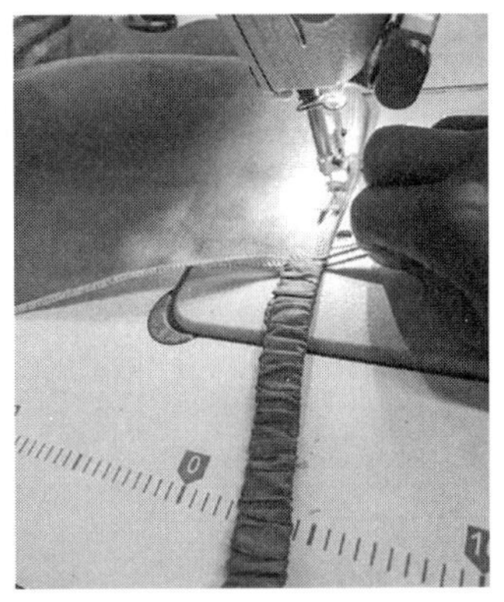

图6-13 穿松紧带并固定、固定侧带压明线

（10）完成（图6–14）。

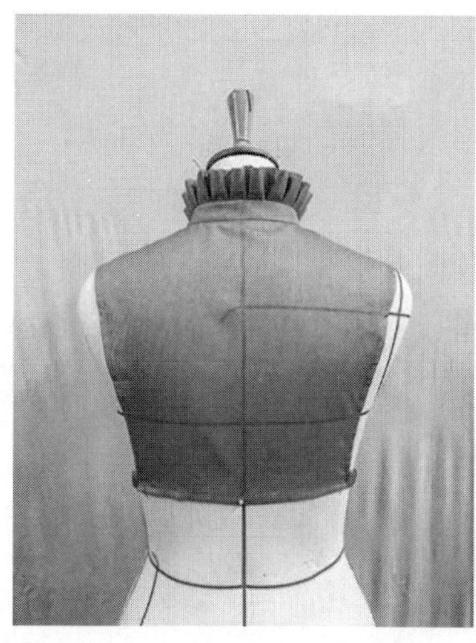
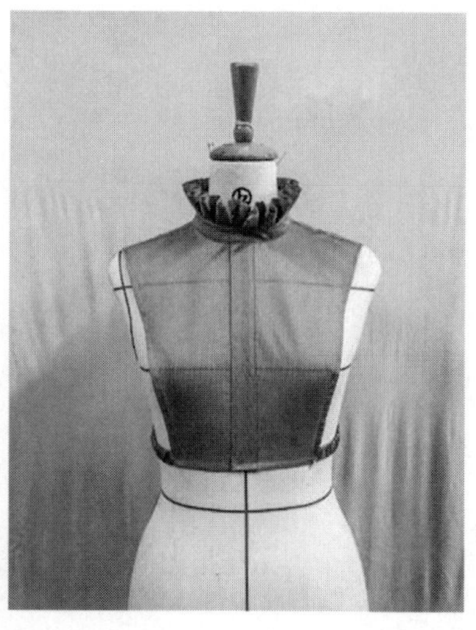

图6–14　工字褶裥装饰领成品图

（二）飘带装饰领制作工艺

飘带装饰领选用夏季棉麻混纺面料，具有柔软、透气、飘逸之感，该领型偏低，适合纠正脖颈短粗的女性，可拉长颈部，有修长感。

1. 材料选择

面料可选择中薄棉麻布料，辅料有无纺衬、涤纶棉线。

2. 结构制图（图6–15）

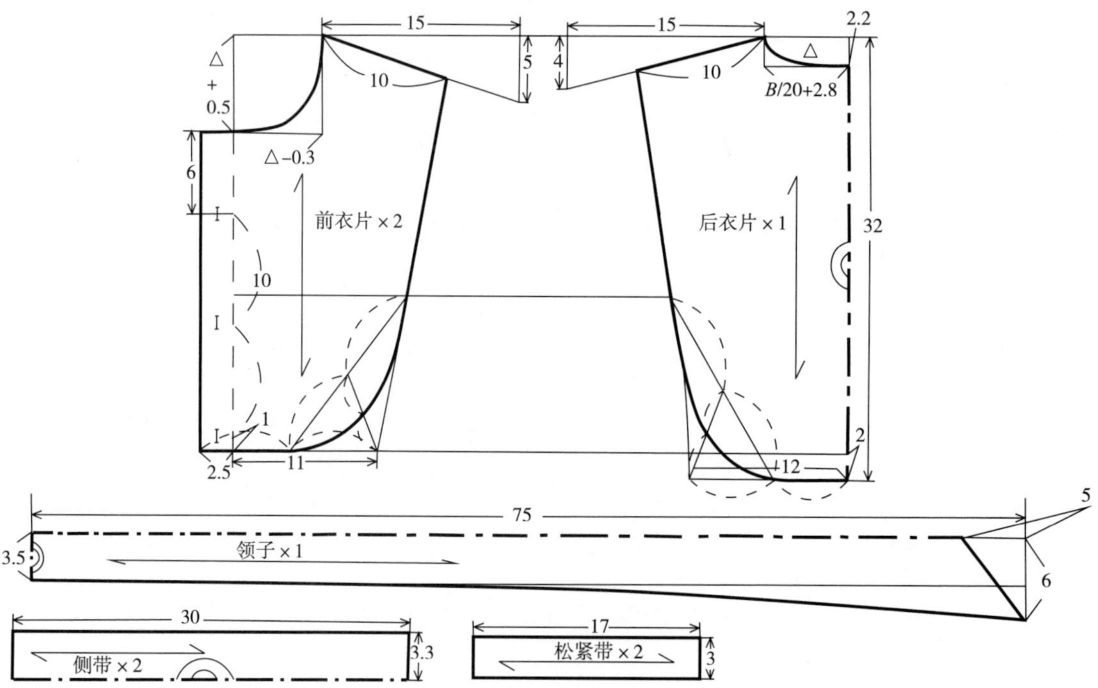

图6–15　飘带装饰领结构图

3.制作工艺

（1）按照毛样板在面料上划样、裁片（图6–16）。

（2）将门、里襟处黏合无纺衬布，然后折烫平整，在门襟正面压缉0.5cm明线两条，里襟压缉距离止口2cm（图6–17）。

（3）按照1cm缝份拼合前后肩缝并拷边，正面缉线0.5cm（图6–18）。

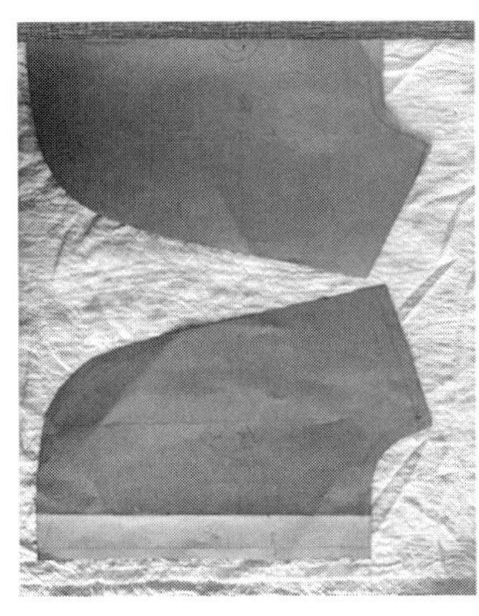
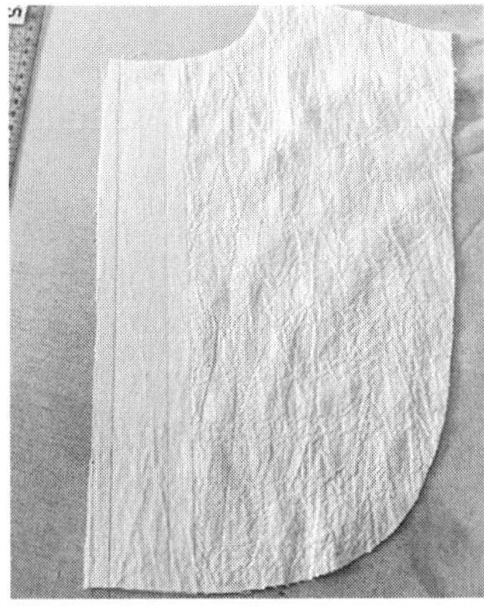
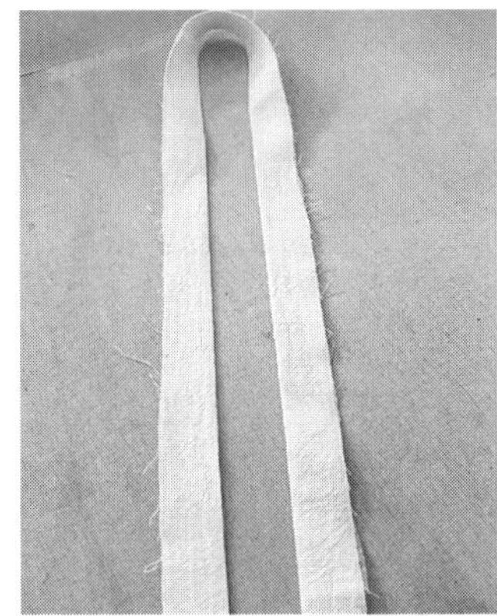

图6–16　划样、裁片

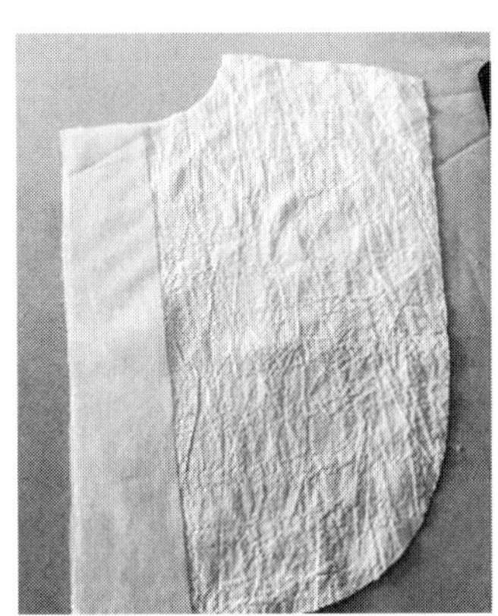

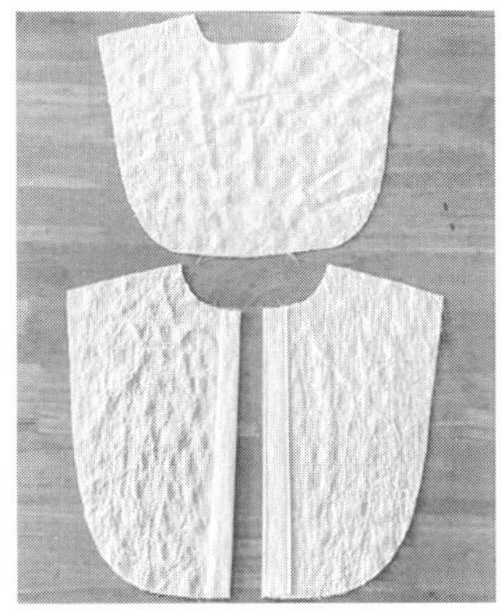

图6–17　门、里襟粘衬、缉线

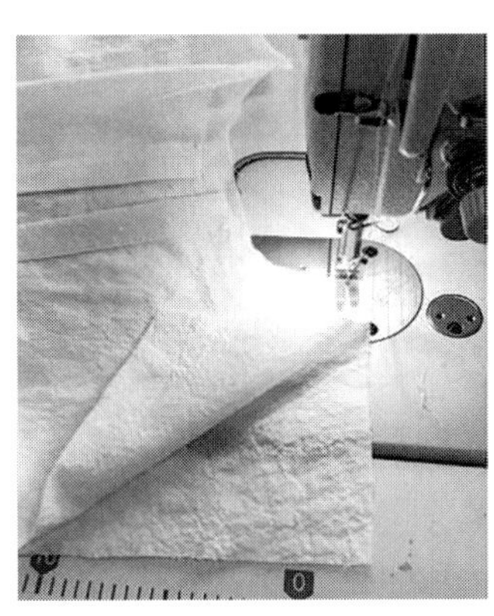
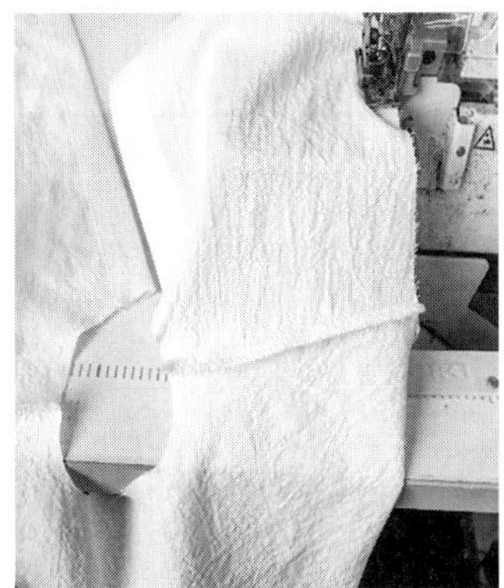
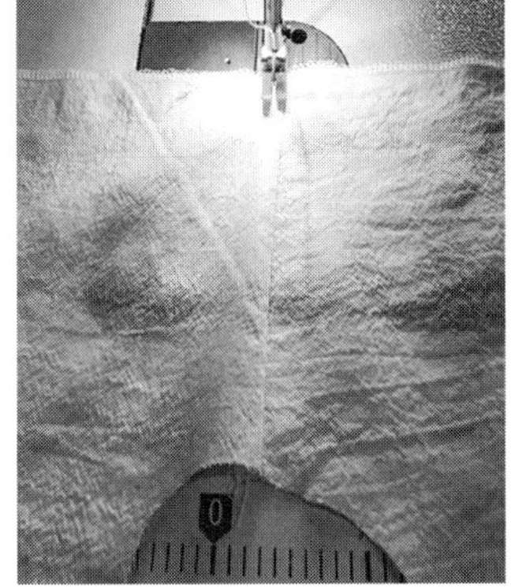

图6–18　拼合肩缝、拷边、缉线

（4）拼接好前后衣片，黏合飘带无纺衬，烫好绲边，缉缝飘带条（图6–19）。

（5）将飘带两头反面缝好后进行绲边缝制，将领窝勾缝贴边，贴边为45°斜丝，宽2cm（图6–20）。

（6）固定领窝贴条另一侧，在领窝压缉0.5cm明线，将飘带条固定于领窝处，缉0.1cm明线（图6–21）。

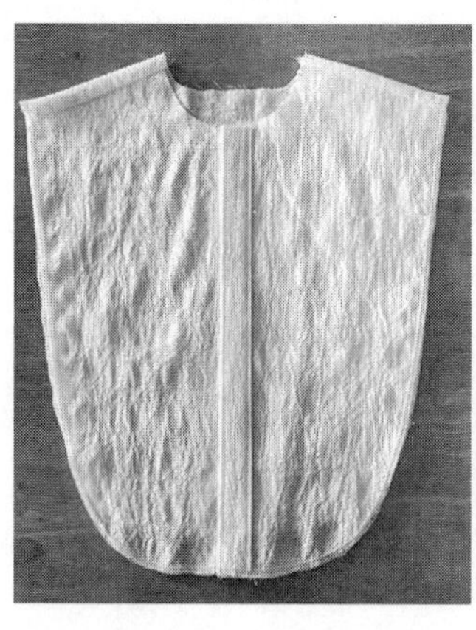

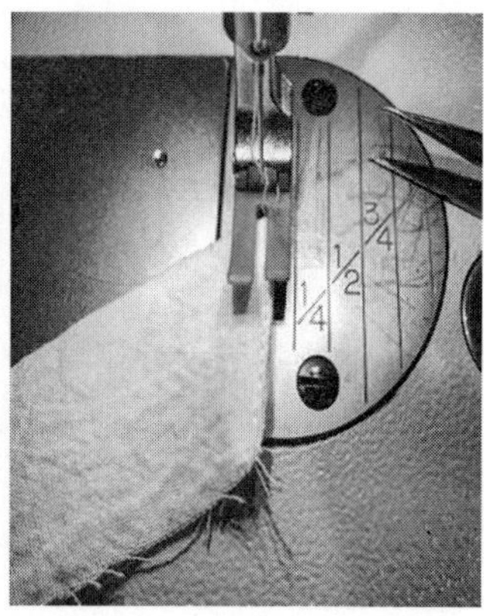

图6–19　拼接前后片、烫好绲边、缉缝飘带

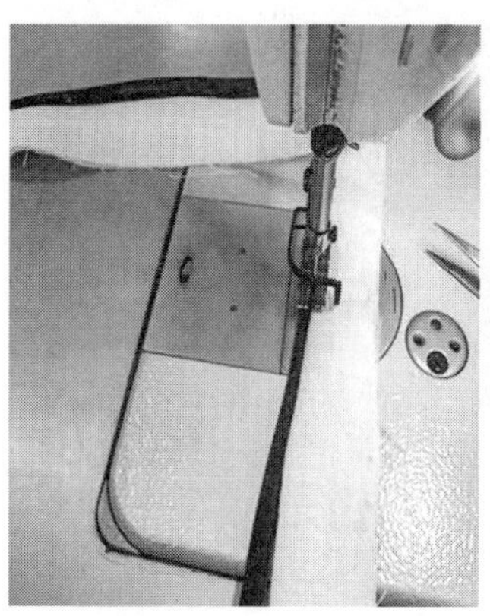
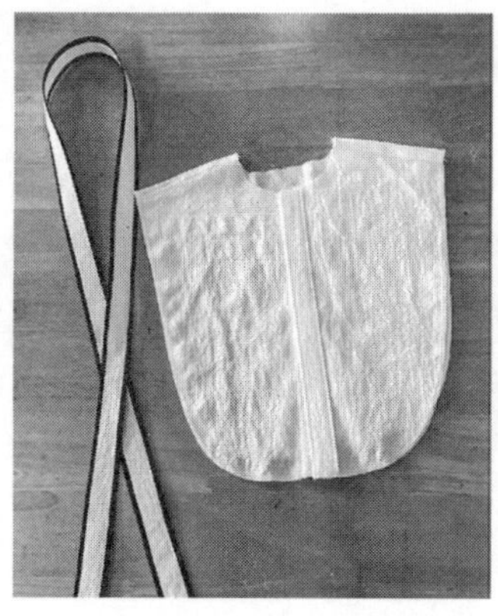
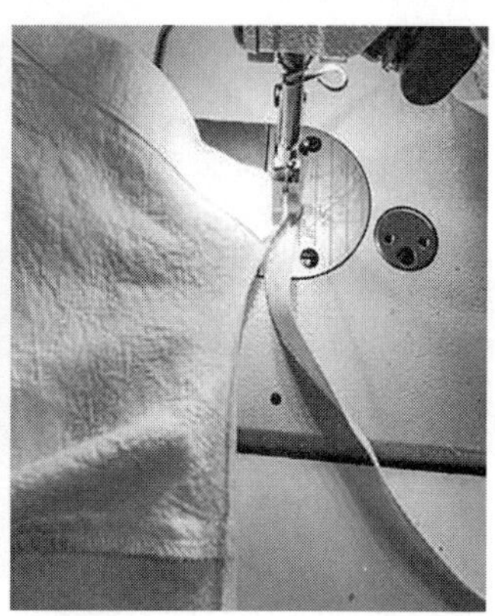

图6–20　缝好飘带、缝领窝贴条

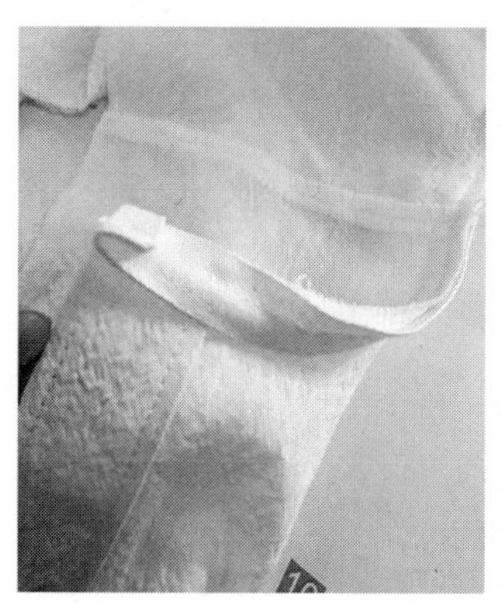
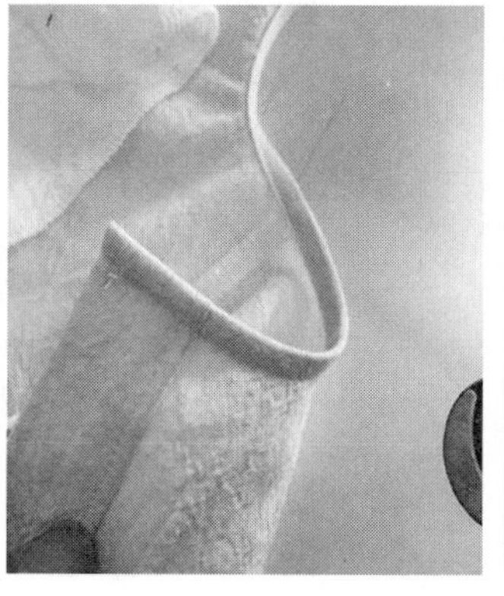
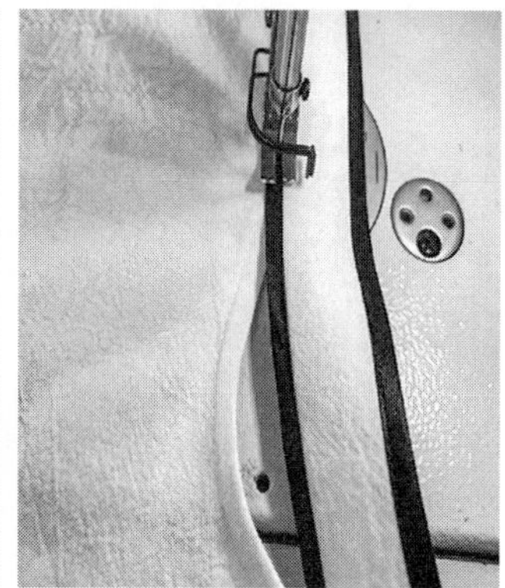

图6–21　固定贴条

（7）飘带缝好后，将拷好边的衣身边缘折压0.5cm明线，将侧边用2cm宽、8cm长松紧带连接并固定（图6–22）。

（8）完成（图6–23）。

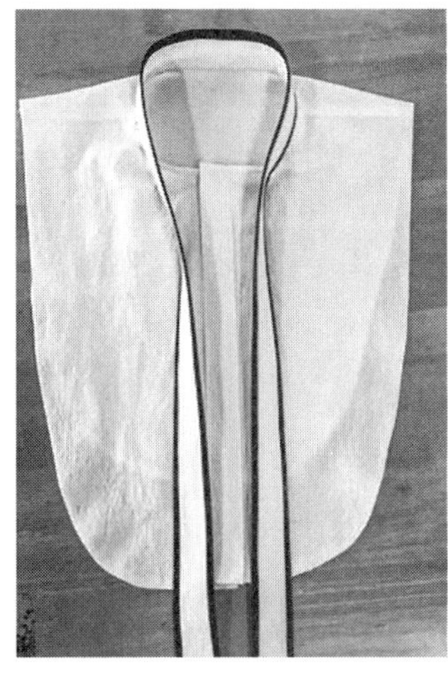
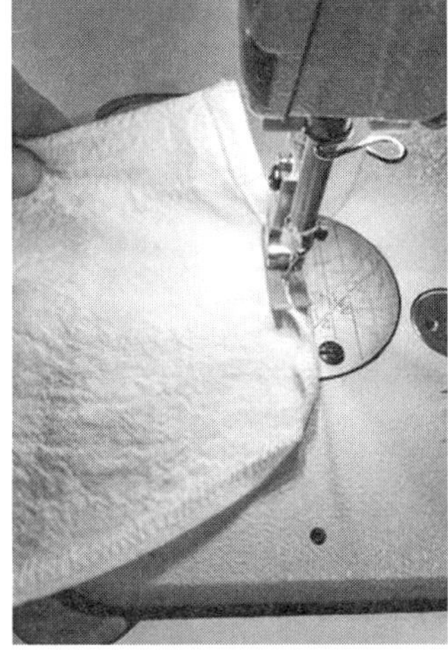
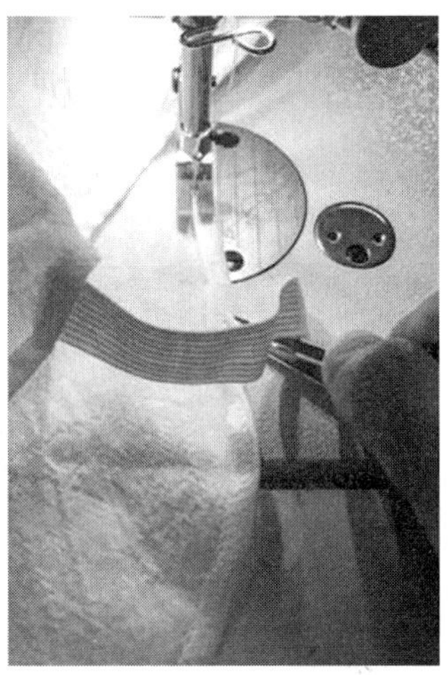

图6–22　固定飘带、勾缝底边、绱松紧带

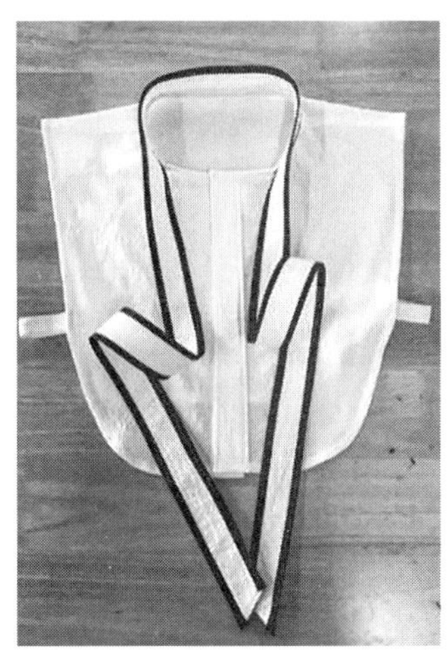
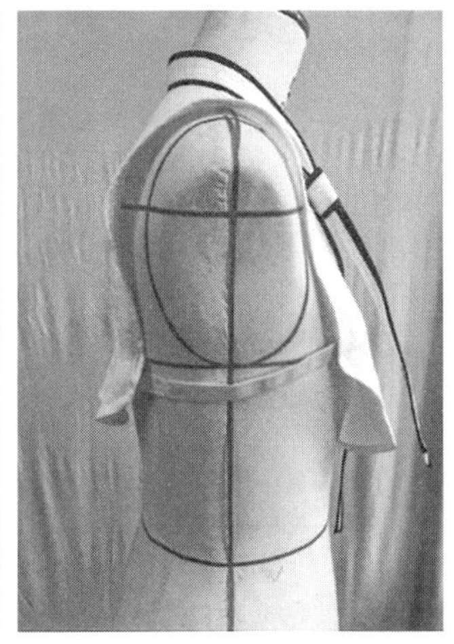

图6–23　飘带装饰领完成图

（三）翻立装饰领制作工艺

此款翻立装饰领柔软、透气，该领型可作为装饰用，适合搭配职业装，既有干练的效果又不乏女性的柔美气质。

1.材料选择

面料选择中薄纯棉镂空白色布料，辅料包括松紧带、无纺衬、纽扣、涤纶棉线。

2. 结构制图（图6–24）

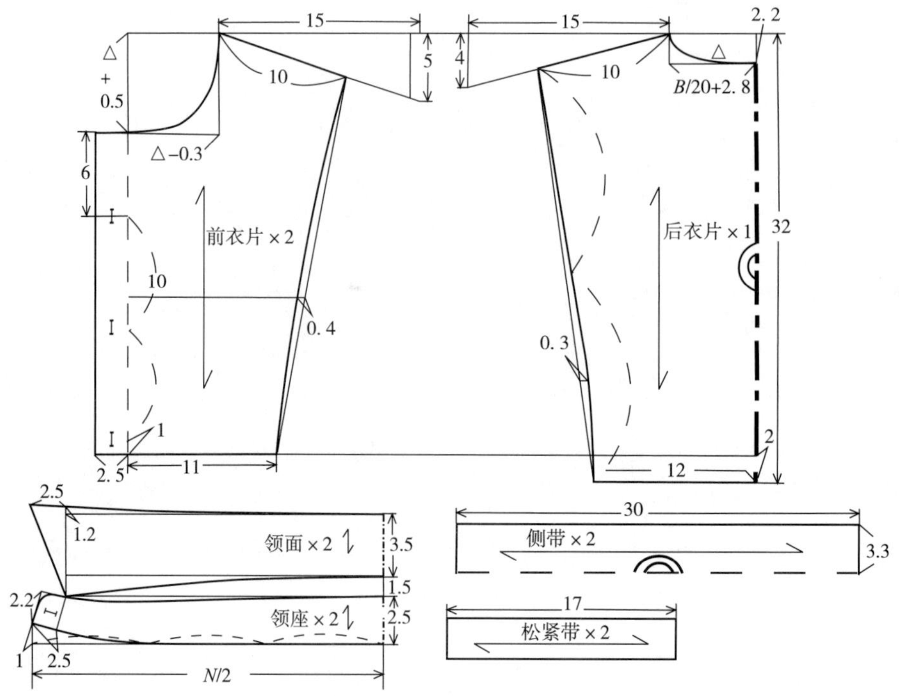

图6–24　翻立装饰领结构图

3. 制作工艺

（1）在面料上划样、裁剪面料（图6–25）。

（2）将门、里襟处黏合无纺衬布，然后折烫平整，在门襟正面压缉两条0.5cm明线，里襟压缉距离止口2cm，合肩缝（图6–26）。

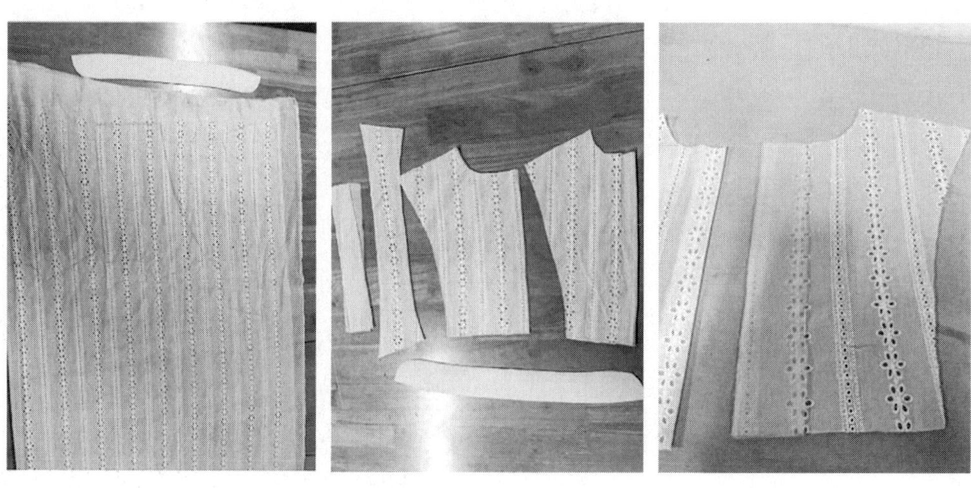

图6–25　划样、裁片

（3）肩缝拷边，将领座面下口折叠压缉0.6cm明线，勾缝翻领，压0.5cm明线（图6–27）。

（4）勾翻领面，领面压明线0.5cm，将领面下口和领座上口缝合（图6-28）。

（5）将做好的领子和衣身绱缝。领座里下口压缉明线0.1cm，领座上口压缉0.1cm明线，衣身四周用包边布绲边（图6-29）。

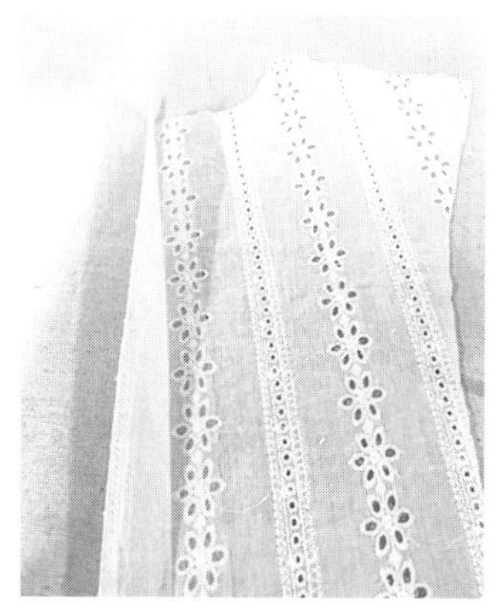
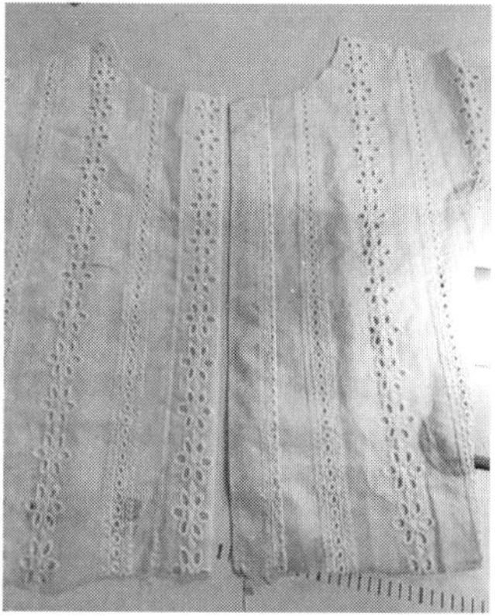

图6-26 烫折门里襟、粘衬压缉线、合肩缝

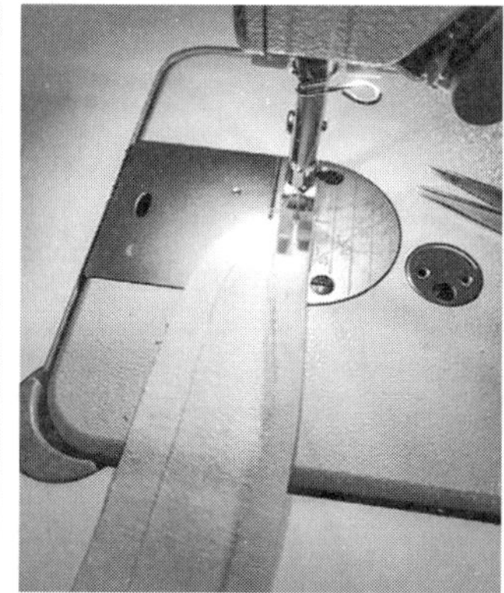

图6-27 肩缝拷边、压领座、勾缝翻领

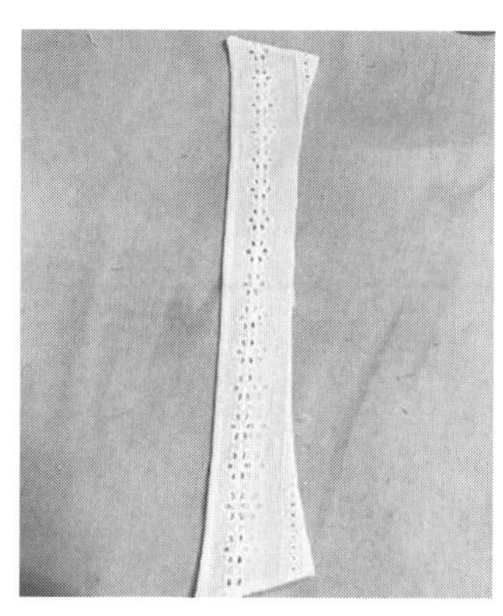

图6-28 做翻领、夹绱领座

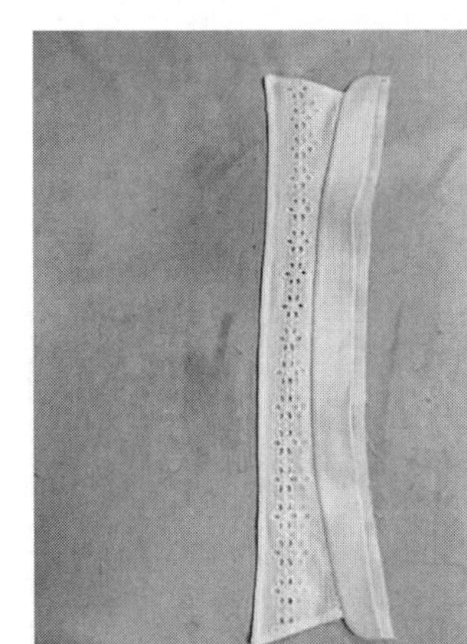
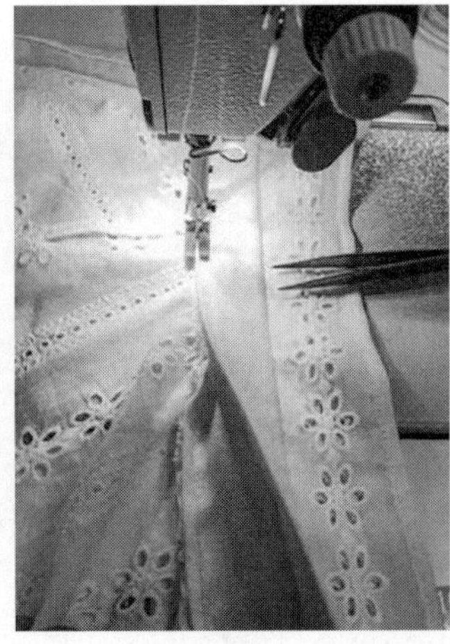

图6-29　将领座里下口、领座上口压明线

（6）将衣身四周用包布绲边，用本布将松紧带包好缝在衣身前后连接处（图6-30）。

（7）将领子钉装饰珠，锁眼、钉纽扣（图6-31）。

（8）完成（图6-32）。

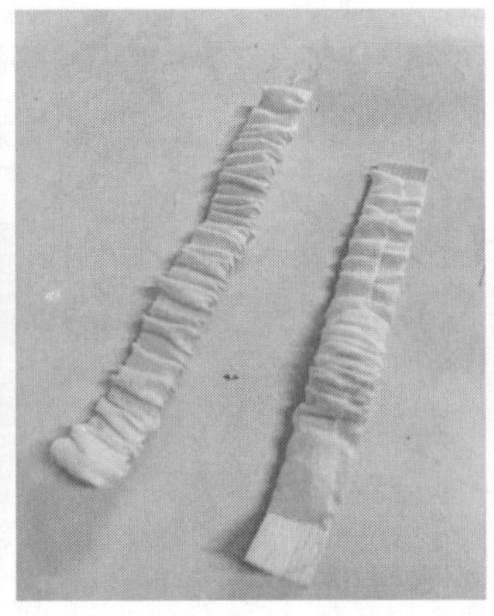
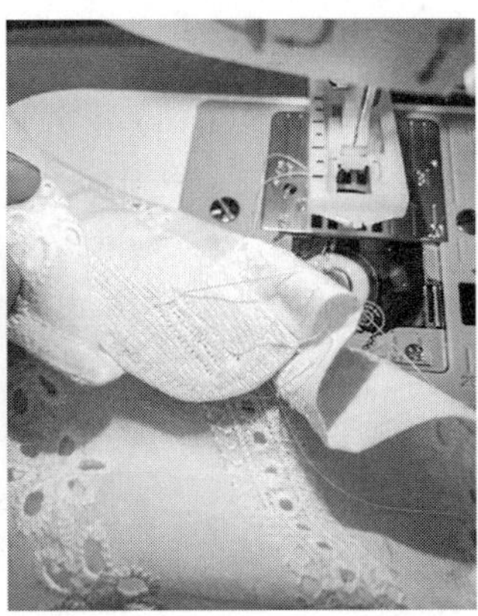

图6-30　衣身四周绲边、固定松紧带

图6-31　钉珠子、锁眼、钉扣

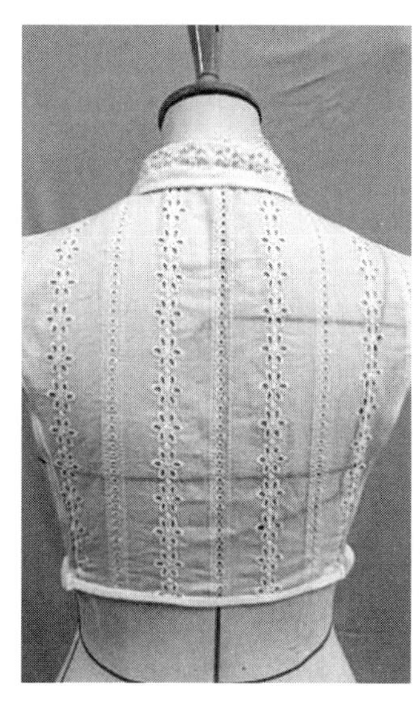
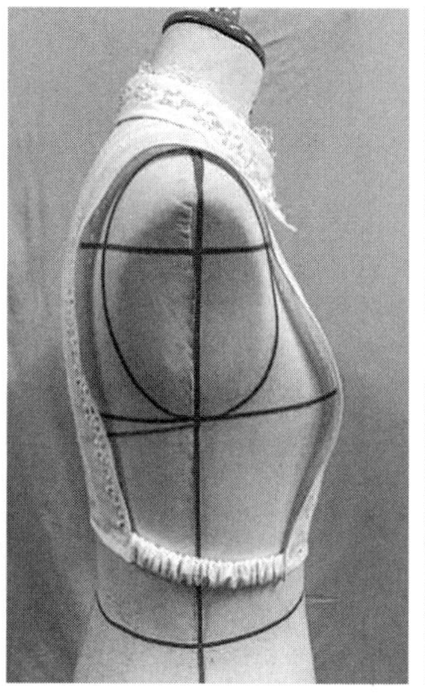
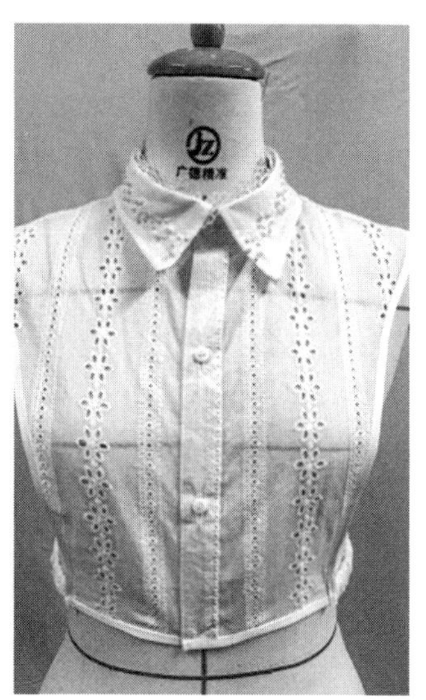

图6-32　翻立装饰领成品

第二节　围巾、披肩制作

一、围巾、披肩的基础知识

围巾具有装饰性，规格变化多样，系结方法繁多，可以通过色彩、图案、造型与服装进行整体搭配，画龙点睛。小一些、细一些的围巾还可以用来束发、裹头、打领结等。

由于气候变化，围巾在保暖性方面起到了至关重要的作用，从古至今无论男女都喜欢戴围巾保暖。围巾可以围在颈部，也可以披到肩上，甚至可以当成上衣、裙子来穿戴。

围巾的材质很多。丝绸具有柔软、舒适、亲肤的特性，在围巾上应用较多，属于档次较高的服饰品。针织围巾、披肩是冬季和春秋季常备款，其质地具有轻柔、保暖性强、手感和垂度好等优点。毛皮围巾、披肩是冬天常用防寒配饰，装饰性极强，舒适保暖（图6-33）。

（a）丝绸

（b）针织

（c）毛皮

图 6–33　不同材料的围巾

二、围巾、披肩的装饰表现形式

围巾、披肩的装饰手法很多，有手绘、扎染、刺绣、剪贴、镂空、折叠抽褶、缀饰、流苏、抽纱、拼接、手编等。不同的装饰手法所体现出的风格各异，为服装的搭配艺术提供必要补充（图6–34）。

（a）手绘

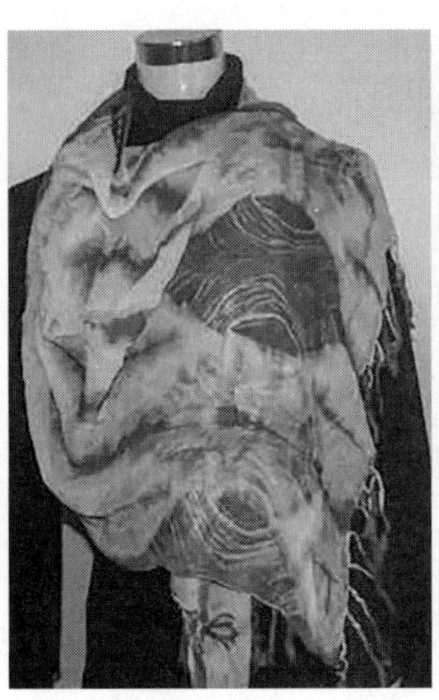

（b）扎染

（c）刺绣

（d）剪贴 （e）镂空 （f）折叠抽褶

（g）缀饰 （h）流苏 （i）抽纱

（j）拼接 （k）手编

图6-34 围巾、披肩的装饰表现形式

三、围巾、披肩制作范例

（一）双色围巾制作范例

围巾可依据形状划分成长方形、三角形、正方形、半圆形等几类。长方形围巾既可以围，又可以披，是应用最多的款式；三角形围巾根据规格不同分为短小款和大三角巾两种，短小款适合做领巾，是专职人员着装的常用款；大三角巾多为秋冬季月份备用，可作为披肩；正方形围巾同于三角形围巾的使用；半圆形围巾多为裘皮类居多，适用搭配冬季旗袍、礼服等御寒装饰用。此款围巾为长方形，双色拼接。

1.材料选择

此款围巾选用羊绒羊毛混纺针织面料，柔软亲肤，色彩可选用柔和的咖色、米灰色系。

2.结构制图（图6-35）

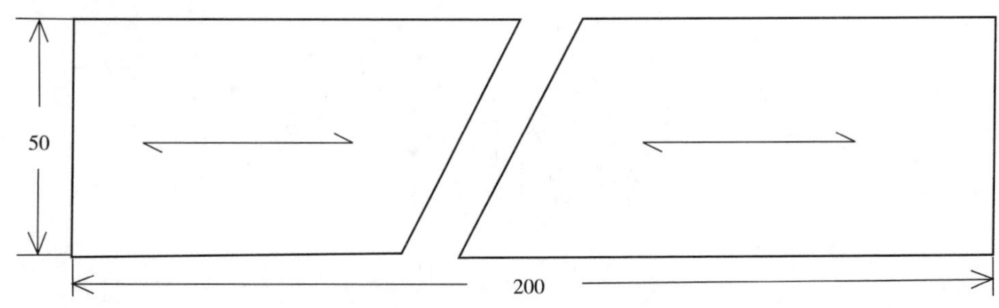

图6-35　双色围巾结构图

3.制作工艺

（1）用尺子直接在面料上划线，裁出长200cm、宽50cm的长方形两色各一条（图6-36）。

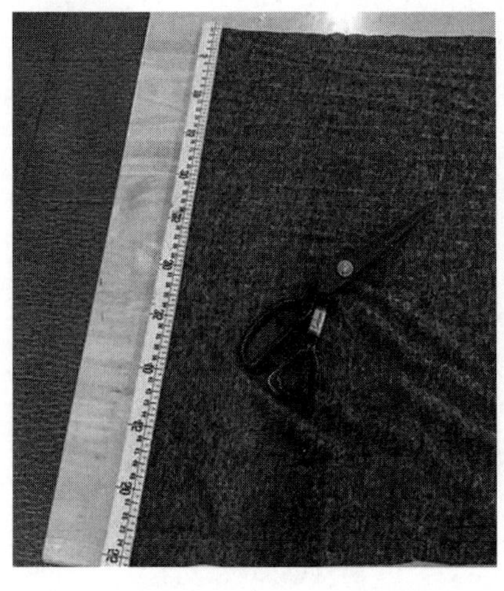

图6-36　面料裁剪

（2）将裁好的面料四周卷边，明线宽0.5cm，注意折角处平直无毛漏，完成（图6-37）。

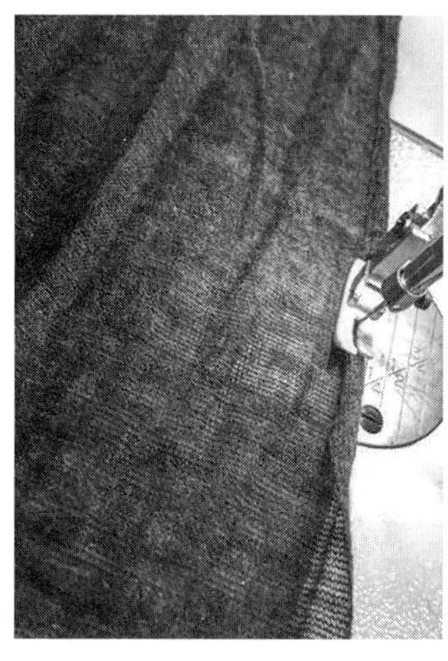
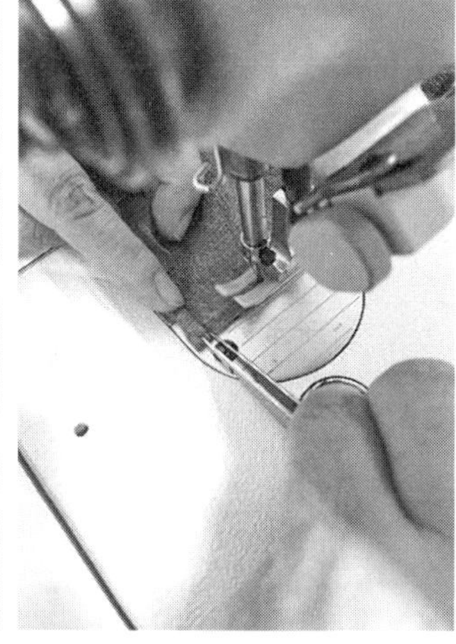

图6-37 双色围巾成品图

（二）时尚羊剪绒小围巾制作范例

冬季围巾除满足保暖需求外，还具有装饰和点缀的作用。近两年冬季流行的女士围巾材质有羊毛、羊绒系列，也有混纺纤维等。伴随时装新面料不断问世，羊剪绒材料制成的围巾以其短小精美、实用美观等特点深受女士和儿童青睐。此款时尚羊剪绒小围巾主要以长方条形造型为主，在一侧开出洞口可以让另一侧穿入，长度不宜太长，围系好到胸前即可。

1.材料选择

选用米白色羊剪绒面料，同色缝纫线。

2.结构制图（图6-38）

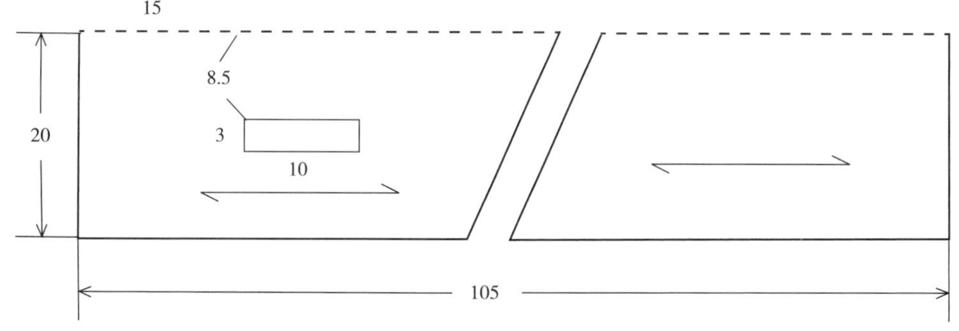

图6-38 时尚羊剪绒小围巾结构图

3. 制作工艺

（1）在面料上依照结构图划样，并将需要开剪的洞口留出来（图6-39）。

（2）用裁纸刀在羊剪绒反面裁切，距离净缝1cm，四个角45°入刀切洞口，避免正面毛面损伤（图6-40）。

（3）正面相对，反面留1cm缉缝，一侧留翻转开口，修剪缝份（图6-41）。

（4）将围巾从预留的一侧开口正面翻出，用手缝针将开口封住。并将围巾上开口的小洞四周缝份扣净，用手缝针封住开口毛边，完成（图6-42）。

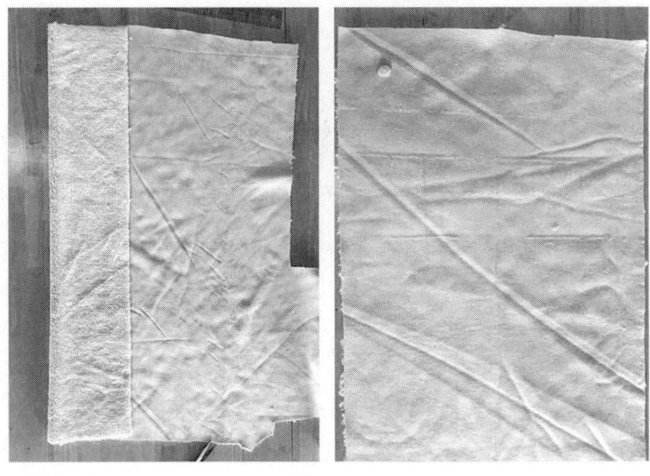

图6-39　划样

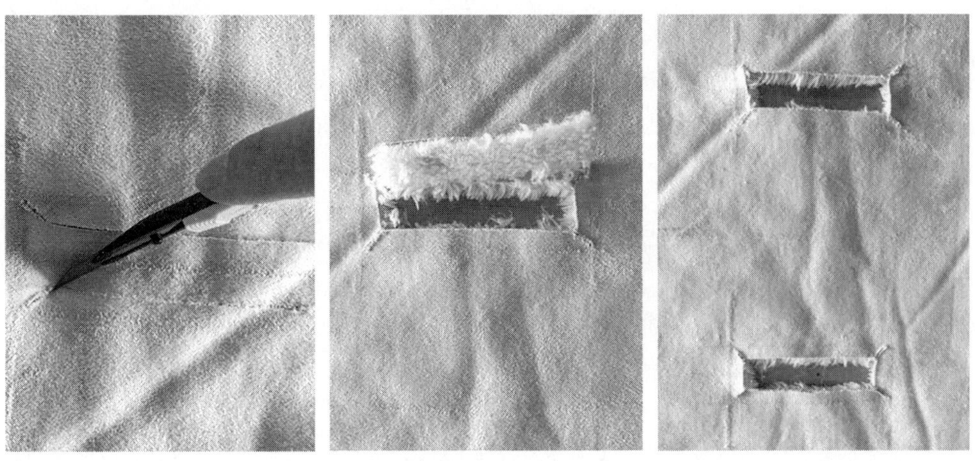

图6-40　切洞口

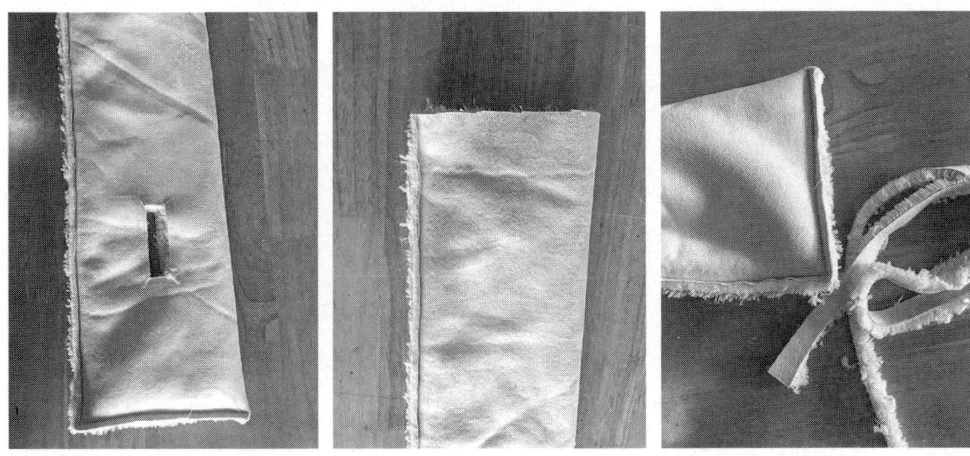

图6-41　反面缉缝

（5）完成（图6–43）。

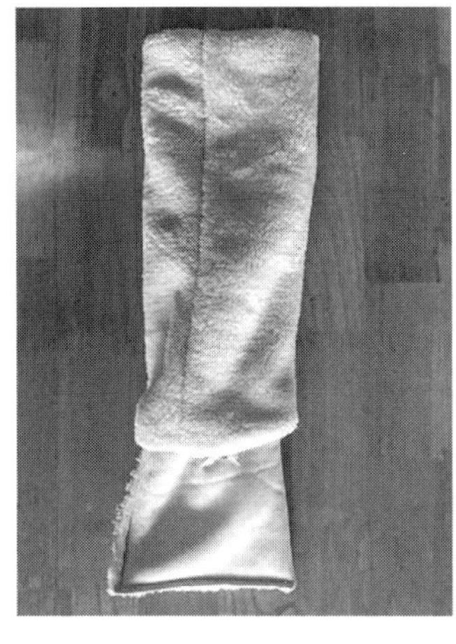
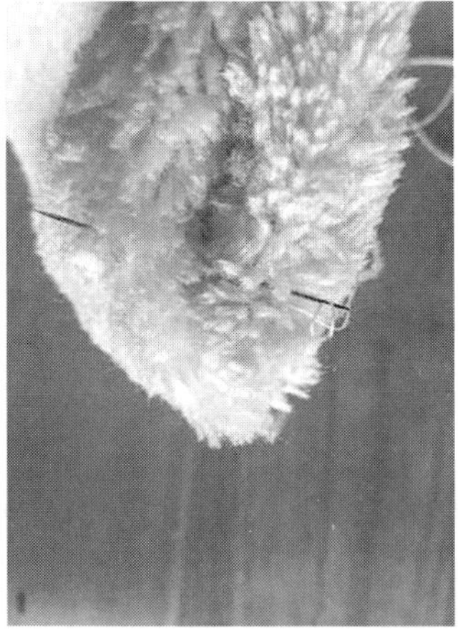
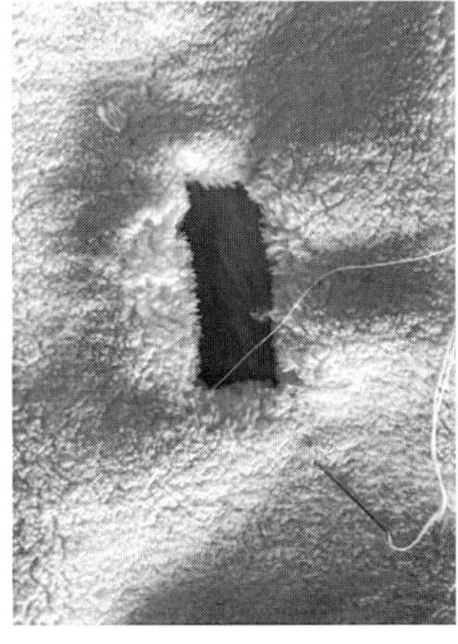

图6–42　翻出正面、预留小洞封住毛边

图6–43　时尚羊剪绒小围巾成品图

（三）扎染披肩制作范例

此款扎染披肩为长方形结构，在披肩上接近袖窿的位置开洞，这样既可以当披肩也可以当围巾，功能性强，深受女性喜爱。扎染披肩主要满足爱美女性对真丝产品色彩图案的个性化而设计，采用真丝材质，以浅色或白色为首选，这样在扎染过程中色泽更为纯正。扎染披肩在制作过程中要用到的材料和工具有染料、纯净水、适量精盐、不锈钢盆以及捆扎用的棉绳、长筷子等。扎染过程中染料浓度和水温很重要，所以要格外注意配比和煮的时间，取出来后要背阴晾干，尤其丝绸产品不可以在阳光下晾晒。

1.材料选择

选用白色真丝双绉面料，相关染料及工具以及同色缝纫线。

2. **结构制图**（图6-44）

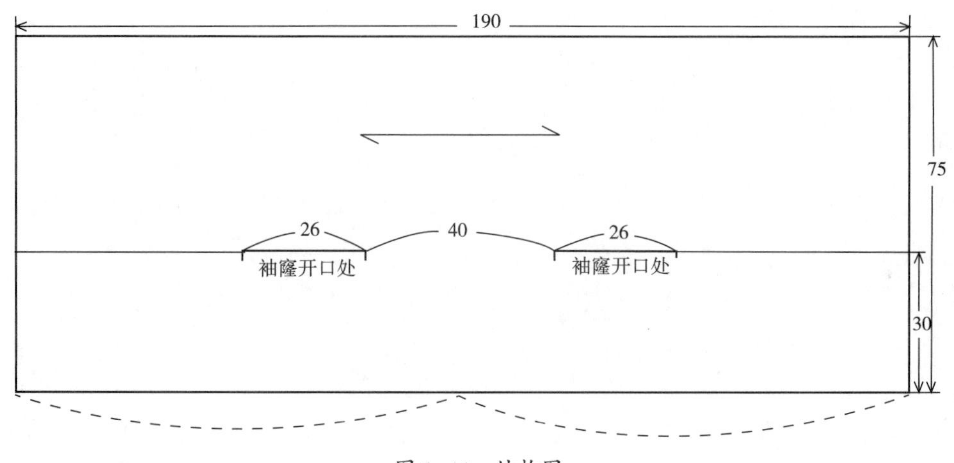

图6-44 结构图

3. **制作工艺**

（1）在面料上直接划样，划出等距5cm标识线，沿布边四周卷边缉缝，明线宽0.2cm（图6-45）。

（2）按照画好的印记用最大针迹进行绗缝，绕后抽紧（图6-46）。

（3）用棉绳沿抽紧线再次抽紧，摆好，准备浸泡（图6-47）。

（4）将染色剂、盐和水按比例勾兑倒入染缸加热15分钟（图6-48）。

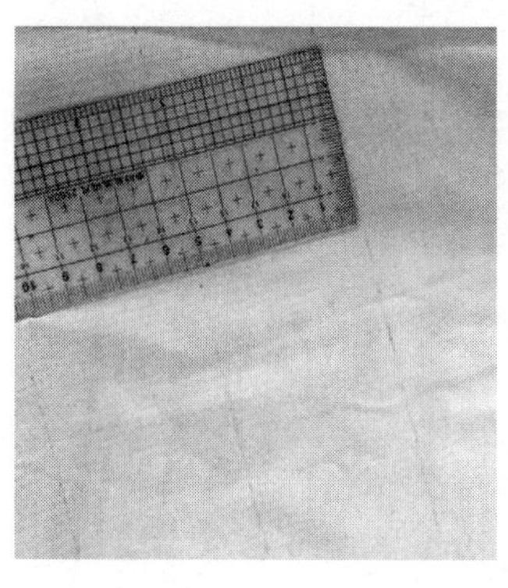
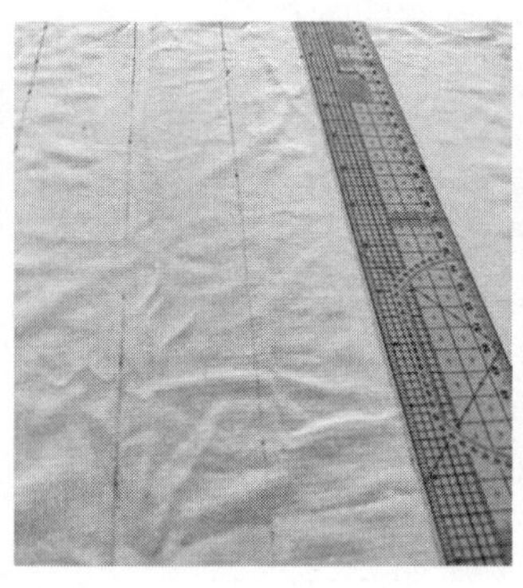
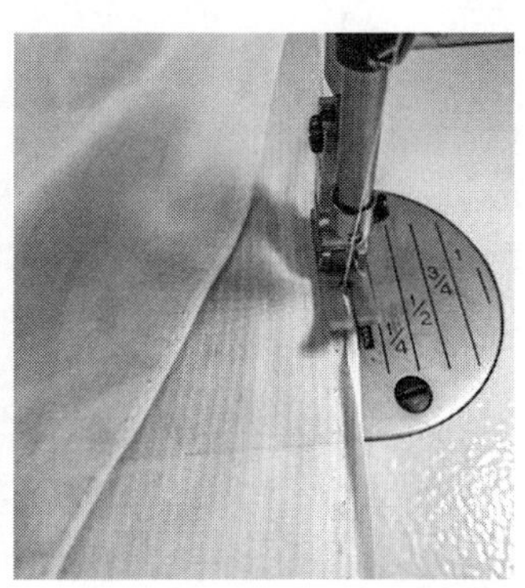

图6-45 划样、四周卷边缝缉

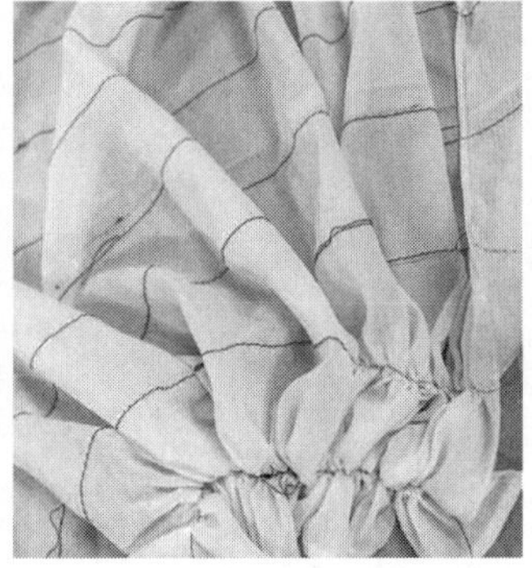

图6-46 缉线、抽紧

（5）将染好的布料取出拆线，自然阴干后，在袖窿开口处开剪，缝最小折边，袖窿开口长30cm（图6-49）。

图6-47 扎绳

图6-48 浸染加热

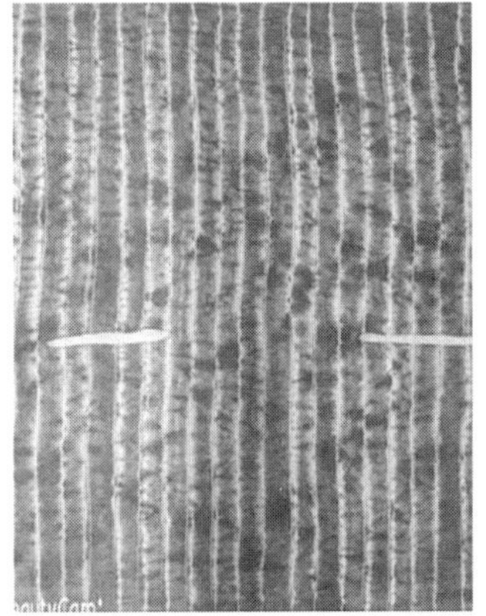

图6-49 阴干拆线、袖窿处开口

（6）开好袖窿后成品完成（图6–50）。

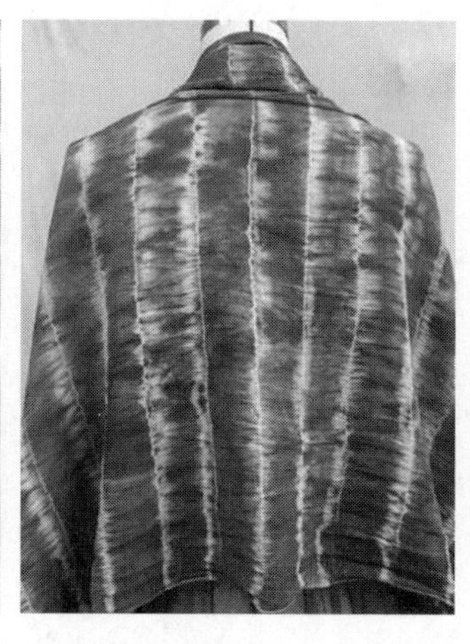

图6–50　扎染披肩成品图

（四）真丝褶裥丝巾制作范例

真丝褶裥丝巾主要是为喜欢真丝产品的女性朋友设计。此款褶裥丝巾是以长方形为结构，面料主要采用真丝，以浅色或白色为首选。丝巾在制作过程中要用到机缝塔克褶裥进行均等缝制。缝制出的塔克依据个人爱好而定，可多可少。丝绸产品保养要求较高，要避免高温水洗和在阳光下晾晒。此款丝巾精美、简洁大方。

1. 材料选择

选用米白色真丝双绉面料、同色缝纫线。

2. 结构制图（图6–51）

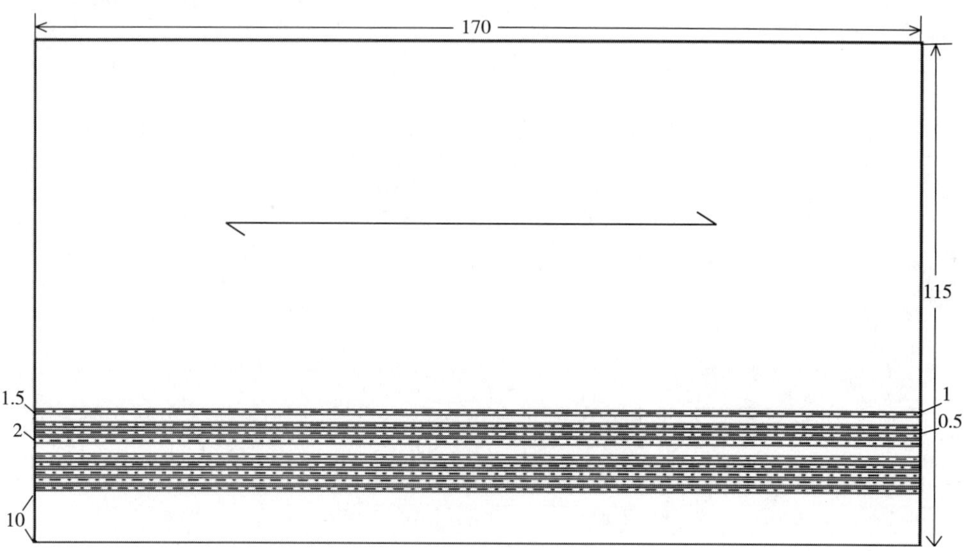

图6–51　结构图

3.**制作工艺**

（1）用熨斗整理面料，烫平整，画出塔克位置，按照0.5cm缉缝塔克（图6-52）。

（2）第一条塔克位置连续缉缝；将其余塔克按照画线依次缝好，结合款式图进行整体效果控制（图6-53）。

（3）将丝巾四周按照折边0.5cm缉明线，将线头清理干净，完成（图6-54）。

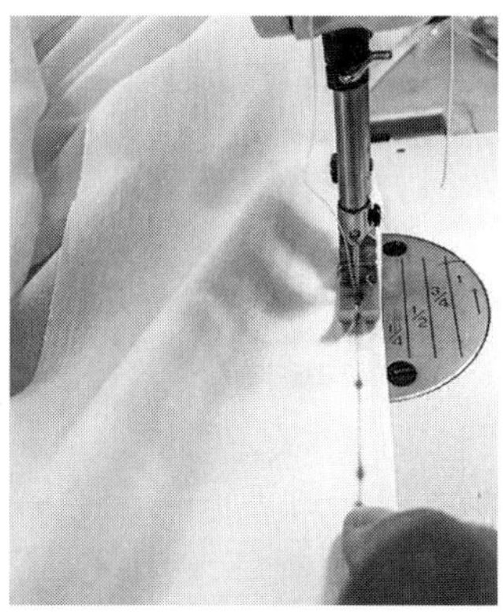

图6-52　整理布料、缉缝塔克

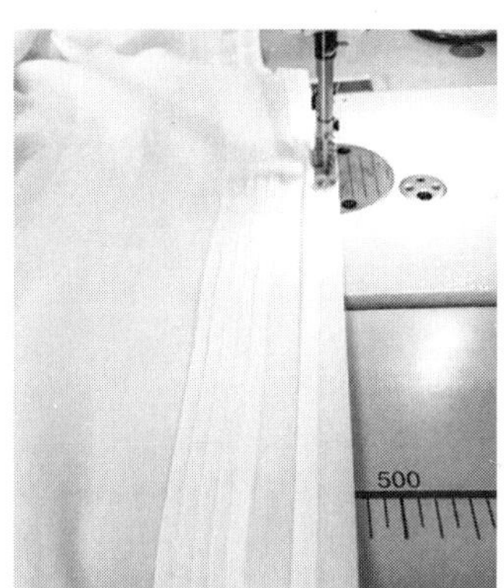

图6-53　缉缝塔克

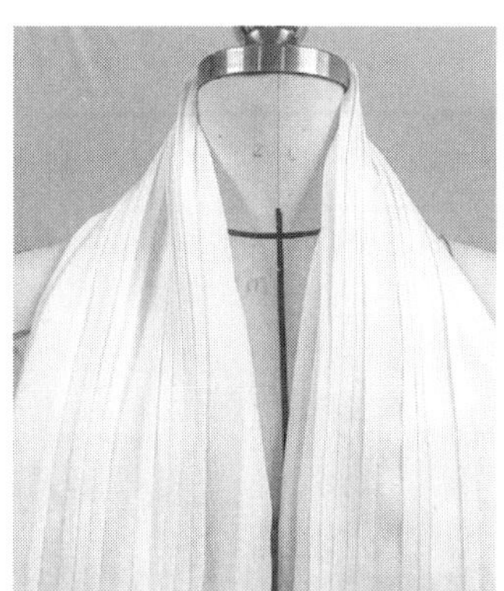

图6-54　真丝褶裥丝巾成品图

（五）一片式防寒披肩制作范例

此款披肩采用毛呢面料和仿真裘皮做装饰，简洁大方，高贵典雅，适合于不同年龄段女性穿着；既可以在宴会搭配小礼服或旗袍，又可以在办公室做防寒披肩，是女性朋友衣橱必备款式。此类一片式披肩面料选用要具有稍厚、柔软、悬垂性好等特点，如羊毛混纺、毛呢等材料，辅料选用兔毛或貂毛进行装饰。此款披肩操作简单，可以手工完成。

1. 材料选择

材料选用羊毛呢面料、仿裘皮装饰条、防静电铜氨丝里料、同色缝纫线。

2. 结构制图（图6–55）

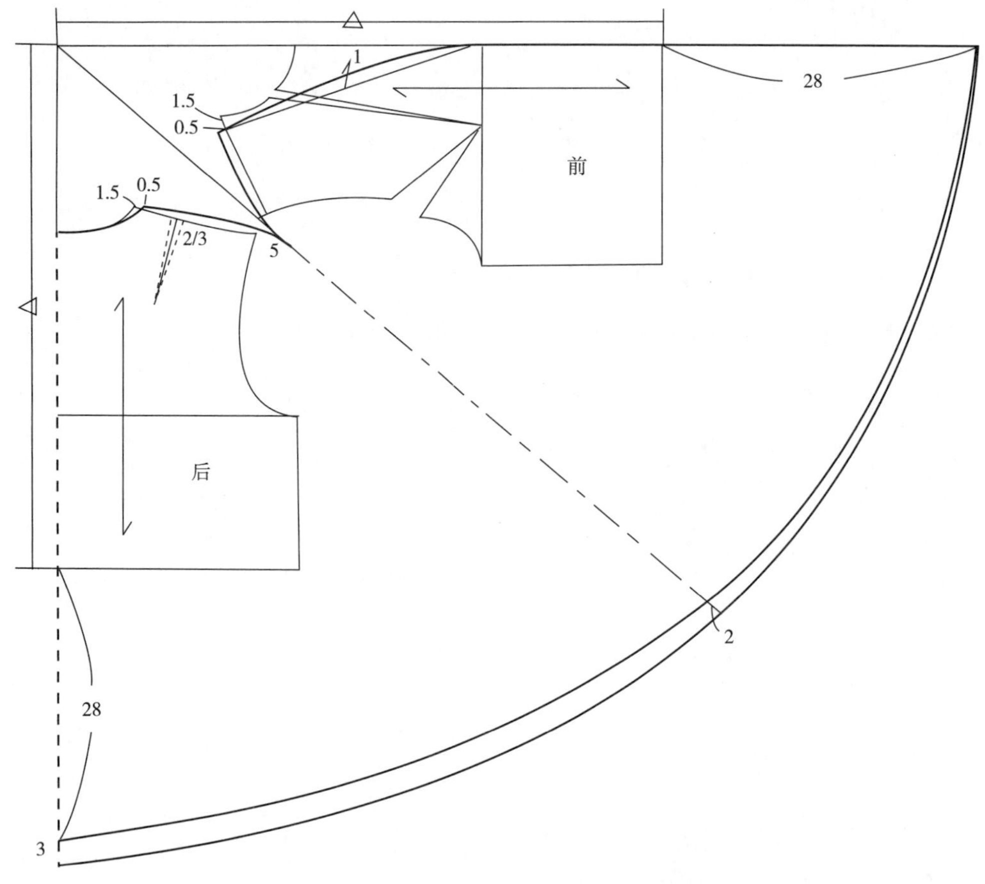

图6–55　结构图

3. 制作工艺

（1）将面、里料整理好，按样板划样，注意纱向要准确，裁剪面、里料（图6–56）。

（2）裁剪仿裘皮毛条门襟、底边共两条，不能拼接，毛条宽10cm，用裁纸刀在反面切割，不可以用剪刀剪，避免破坏正面绒毛，缝合面料和里料肩缝，并将面、里料四周缝合（图6–57）。

（3）将毛条一侧用缝纫机固定好门襟和底边，另一侧用手针固定（图6–58）。

（4）完成（图6–59）。

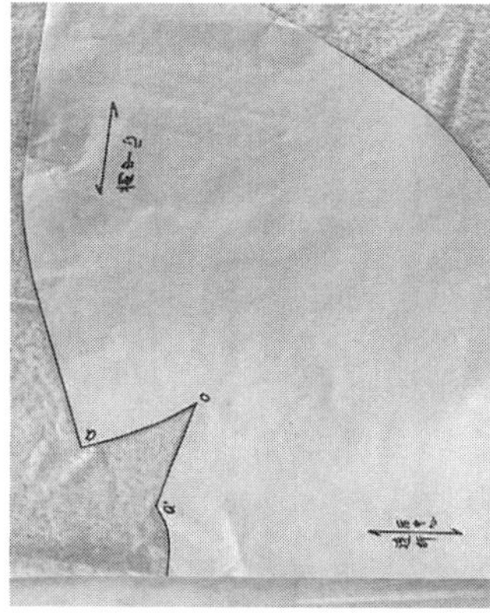

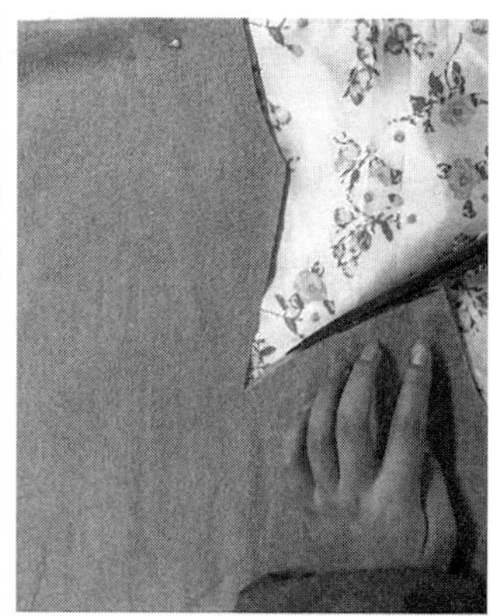

图6–56 裁剪面、里料

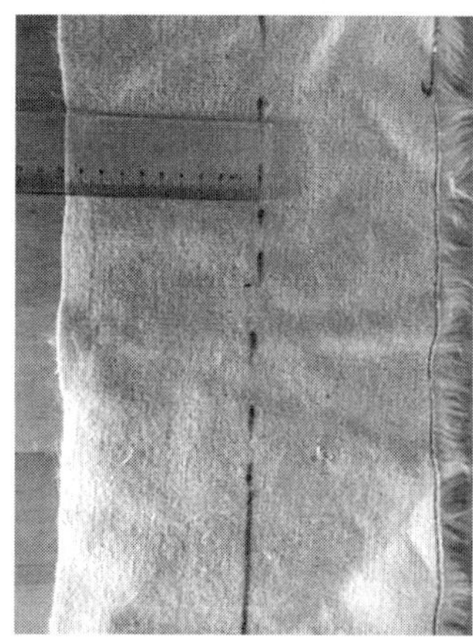

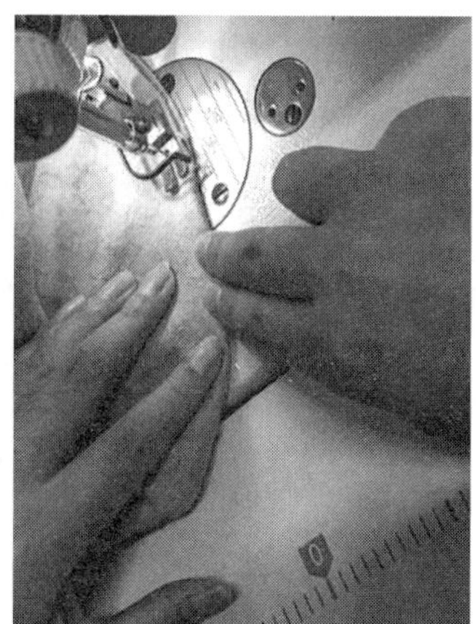

图6–57 裁剪毛条、绢缝肩缝和四周

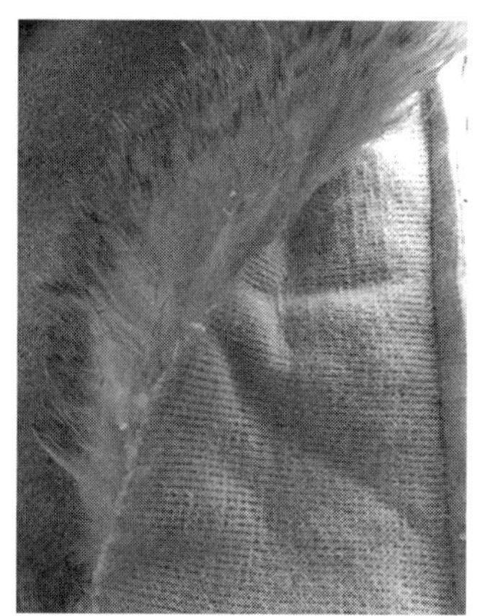

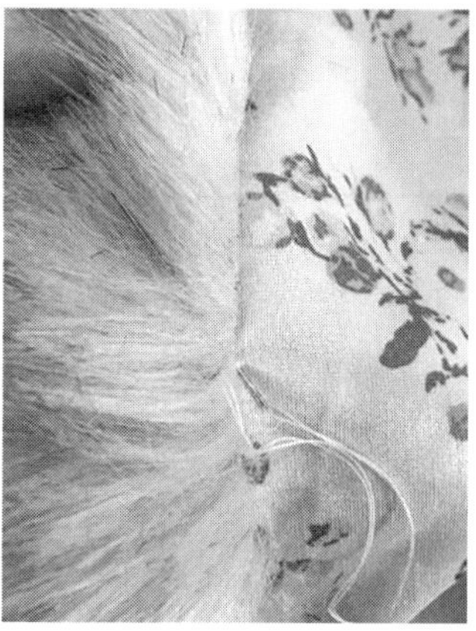

图6–58 绱毛条

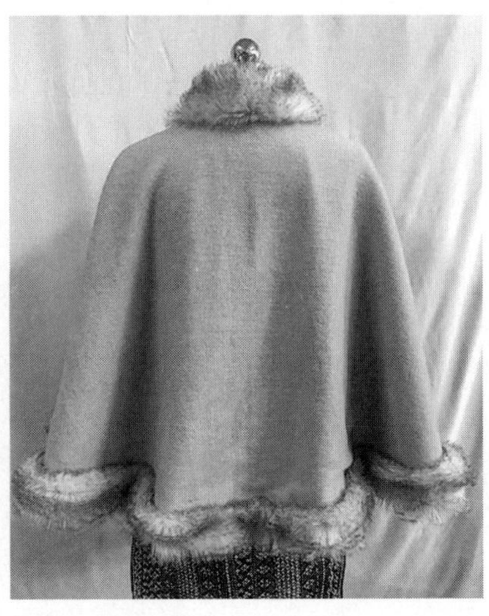

图6-59　一片式防寒披肩成品图

（六）休闲流苏披肩制作范例

本款披肩通过流苏收边，简洁舒适，休闲浪漫，适合不同年龄段女性穿着；既可以搭配多种款式时装，又可以防寒保暖。主要工艺在于流苏是手工完成，其长短可根据自己喜好设计。

1.材料选择

羊毛混纺紫色千鸟格面料，同色缝纫线。

2.结构制图（图6-60）

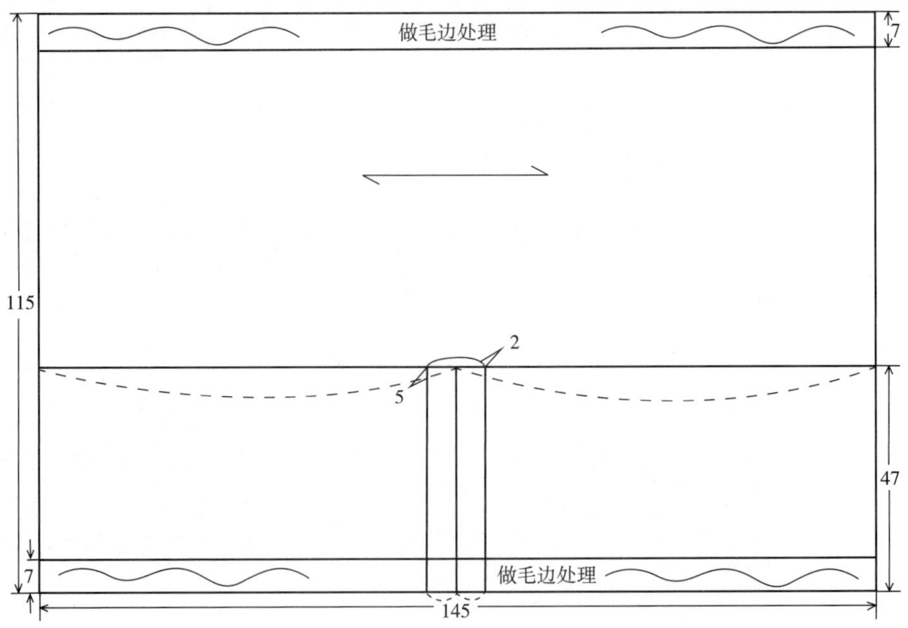

图6-60　休闲流苏披肩结构图

3.**制作工艺**

（1）按结构图在面料上直接划样，按画线裁剪面料，将面料底边进行抽丝处理，抽丝高度8~10cm（图6-61）。

（2）用白胶将抽丝进行防脱处理，将门襟用手针固定（图6-62）。

（3）完成（图6-63）。

图6-61　裁剪面料、毛边抽丝

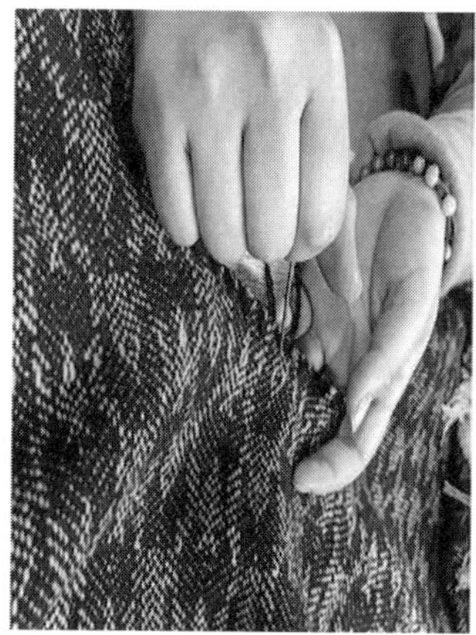

图6-62　固定门襟

图6-63　休闲流苏披肩成品图

（七）婉约时尚款披肩制作范例

该款式结构偏复杂，主要考虑造型需要，也可根据自己的喜好设计造型，主体风格优雅，体现女性的风姿绰约，整体达到硬挺、轻、透、薄的效果。

1.材料选择

黑色绣花欧根纱，金色和黑色滚边条，一字襻一对，缝纫线，衬料。

2.结构制图（图6-64）

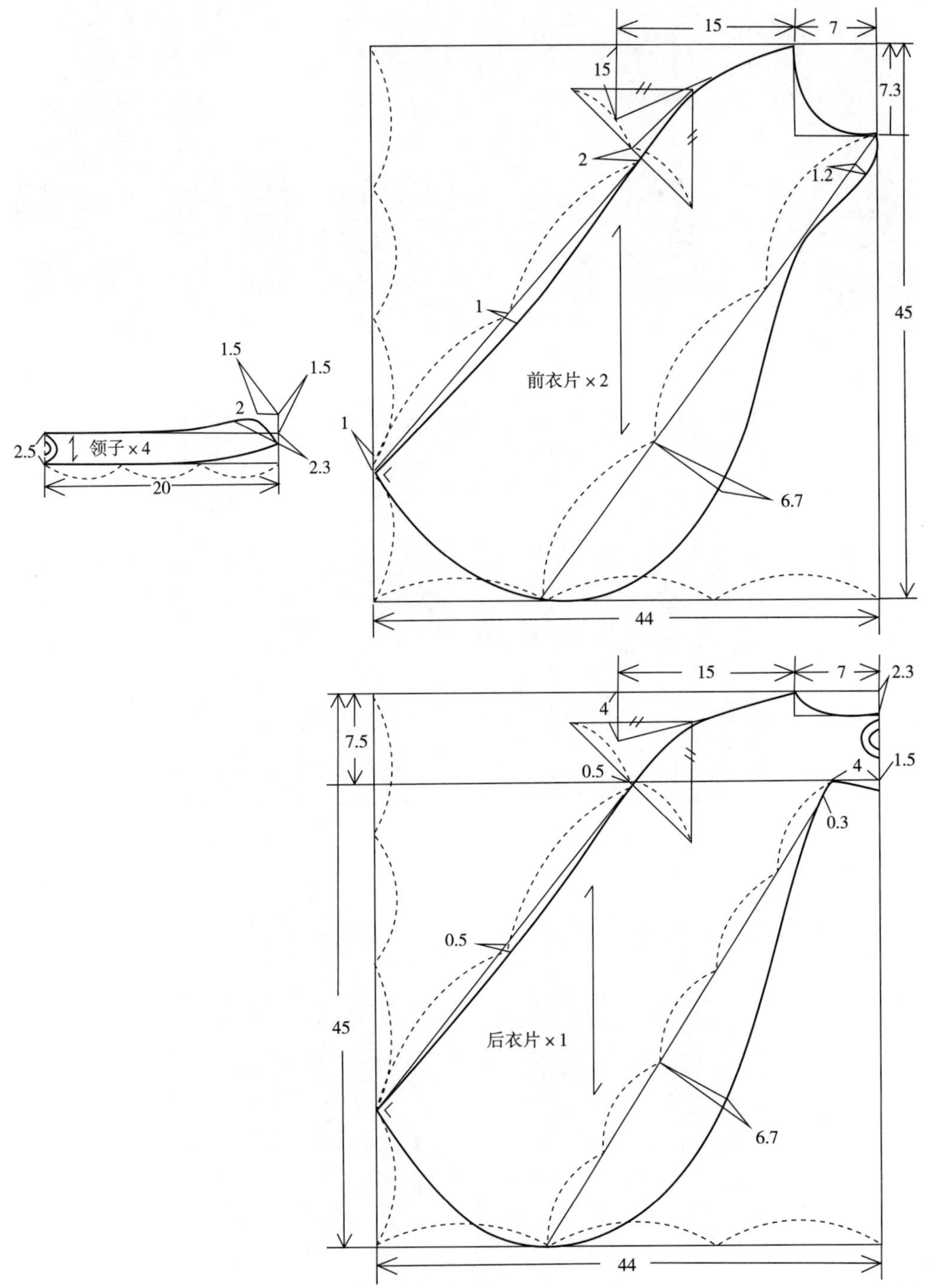

图6-64　婉约时尚款披肩结构图

3. 制作工艺

（1）整理面料，根据样板裁剪前后衣片（图6–65）。

（2）将前后肩袖连接缝拷边，前、后片缝合，斜丝滚边条黏衬后裁剪宽3cm、长约4cm（图6–66）。

（3）将金色滚边条布对折熨烫，然后和宽1cm黑色滚边条拼合，在金色滚边条侧压1cm明线，缝好后熨烫（图6–67）。

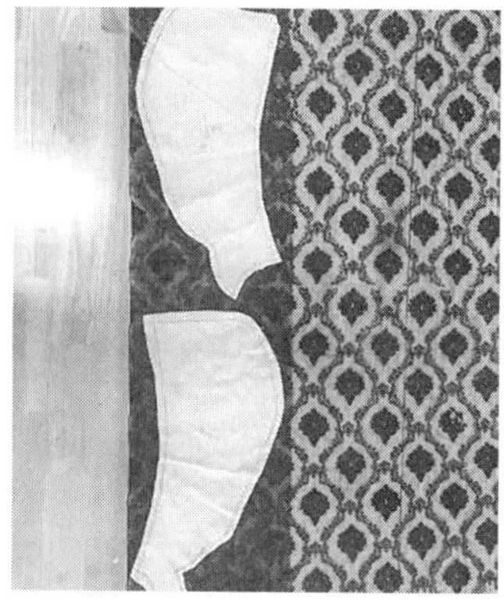
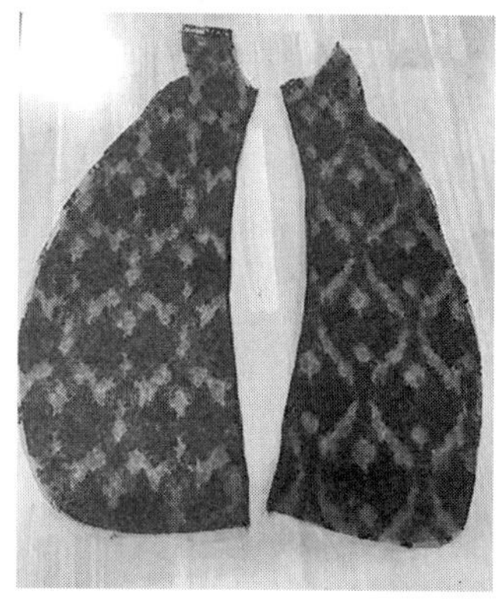

图6–65　裁剪衣片

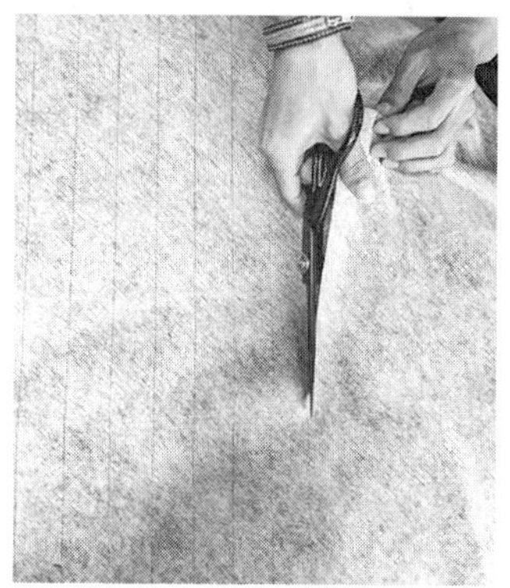

图6–66　缝合前后衣片、裁滚边条

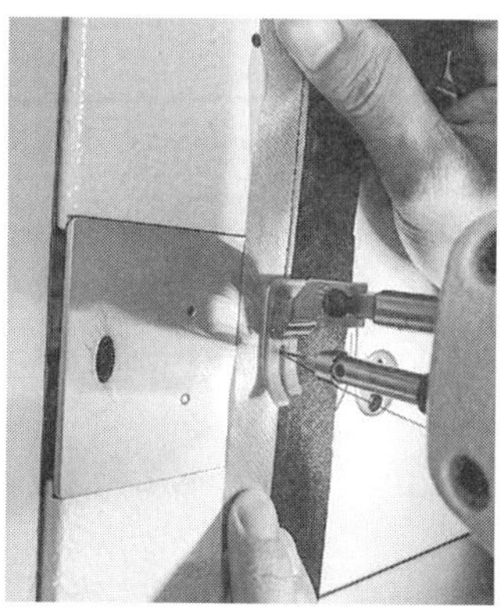
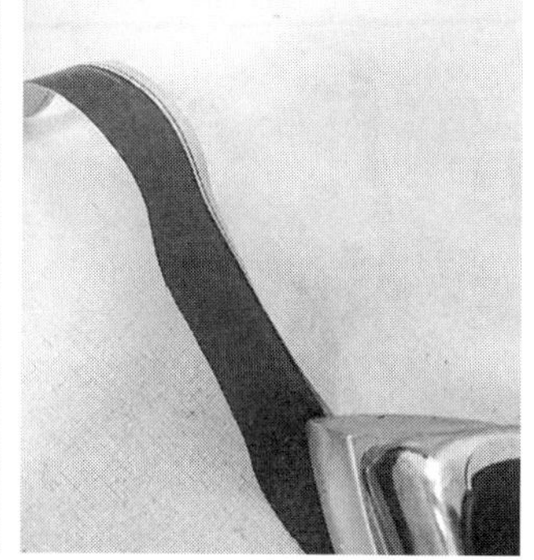

图6–67　做双色滚边条

（4）将裁剪好的两个领片下口正面相对缉缝，使缝份藏在里面（图6–68）。

（5）四周滚边将滚边条用夹绱的方法将衣身四边包括领子一起滚下来，将扣襻缝好（图6–69）

（6）完成（图6–70）。

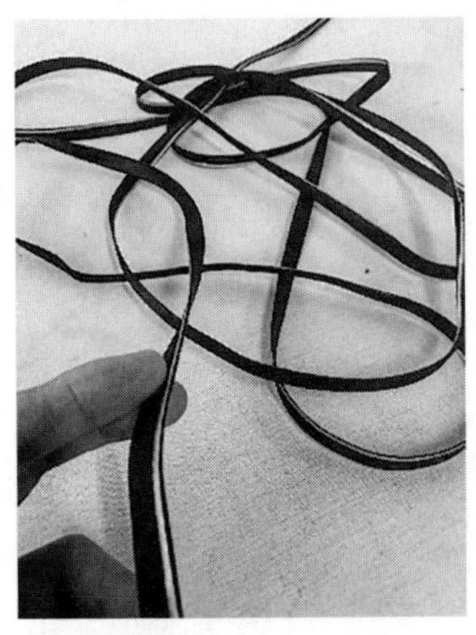
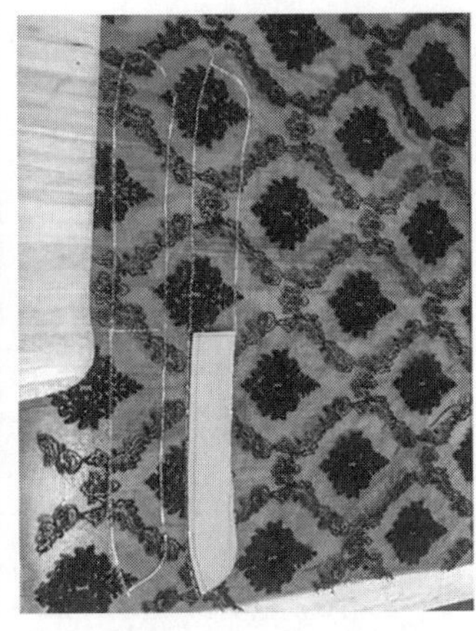
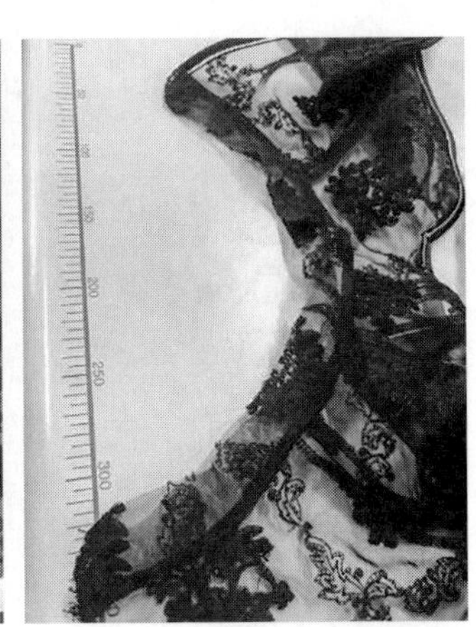

图6–68　绱领子

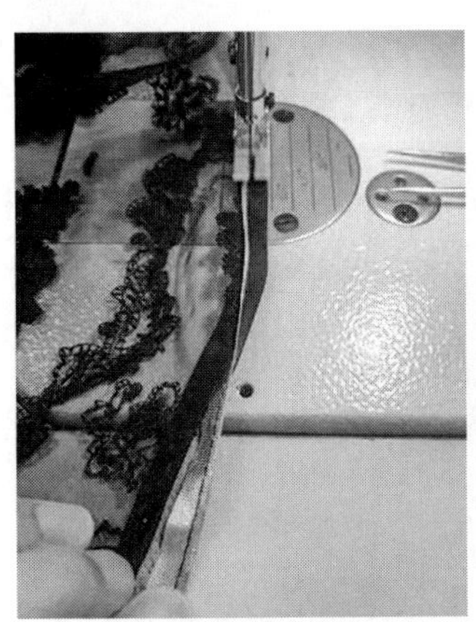

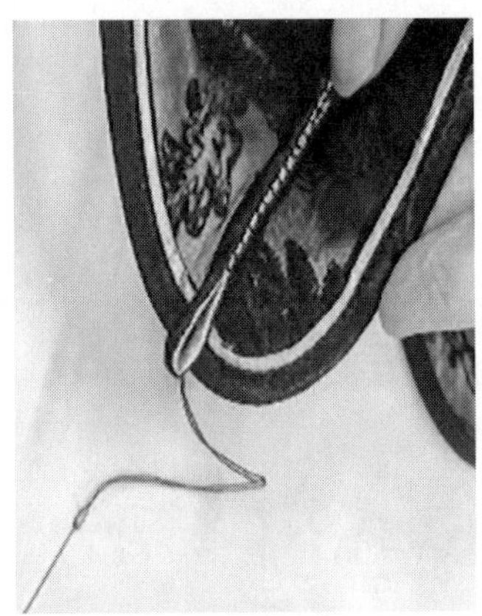

图6–69　缝滚边条、做襻孔

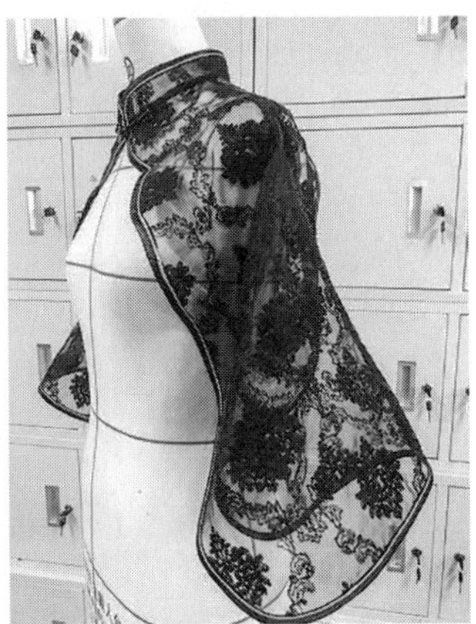

图6–70　婉约时尚款披肩成品图

（八）青果领款披肩制作范例

此款式选用青果领造型，简洁大方，虽然分割线较多，但是主体结构线条流畅、美观、时尚感强，能够体现女性端庄得体的着装风格。

1.材料选择

面料选用毛呢、羊绒或春秋季法兰绒等均可。

2.结构制图（图6–71）

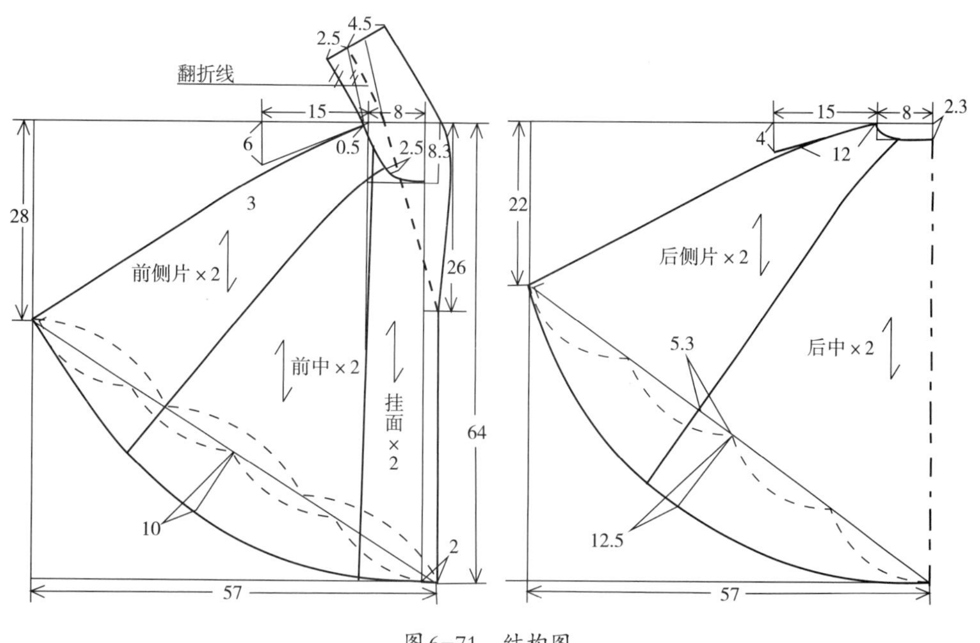

图6–71 结构图

3.制作工艺

（1）按样板裁剪面料，注意纱向正确，挂面黏衬（图6–72）。

（2）拼合挂面、前片和侧片，拼合后衣片（图6–73）。

（3）将前片、侧片、后片缝合，勾缝挂面外口（图6–74）。

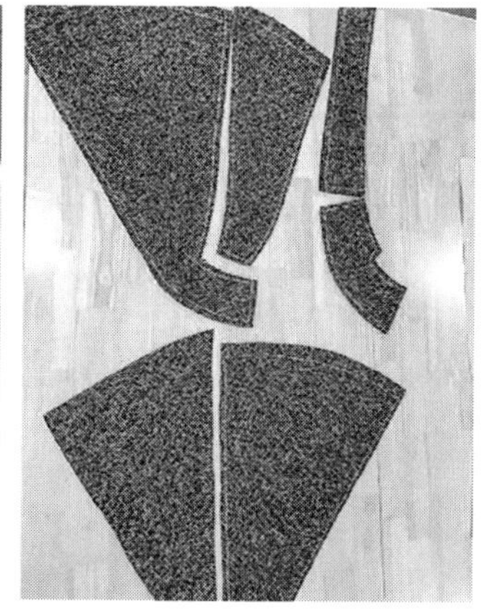

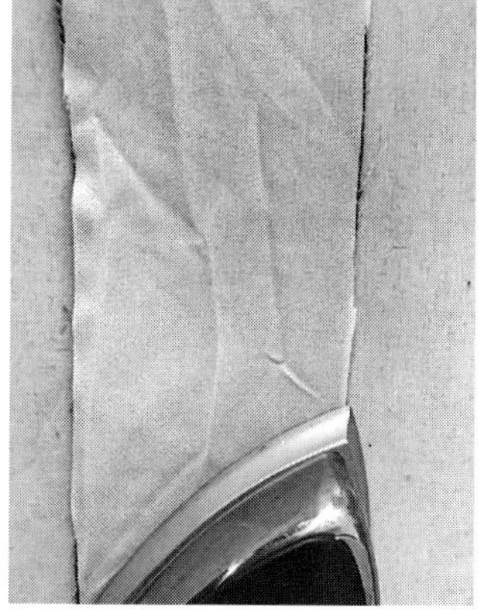

图6–72 划样、裁片、黏衬

（4）挂面勾缝一圈，绱领，将衣服底边折过来1cm后熨烫（图6–75）。

（5）将底边、挂面翻转熨烫一圈，用手缝三角针固定或用缝纫机固定，将外领口连同底边勾缝一圈，完成（图6–76）。

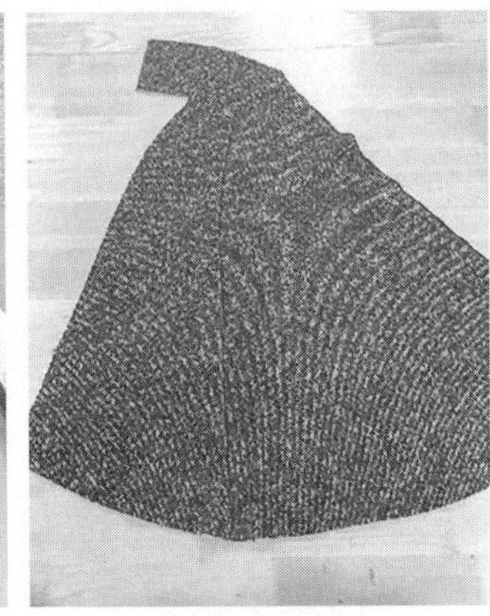

图6–73 拼合裁片

图6–74 合缝裁片、勾缝挂面外口

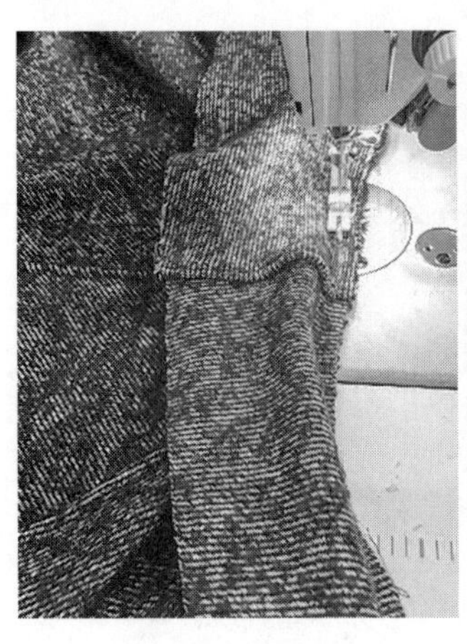

图6–75 勾缝挂面、绱领、折烫底边

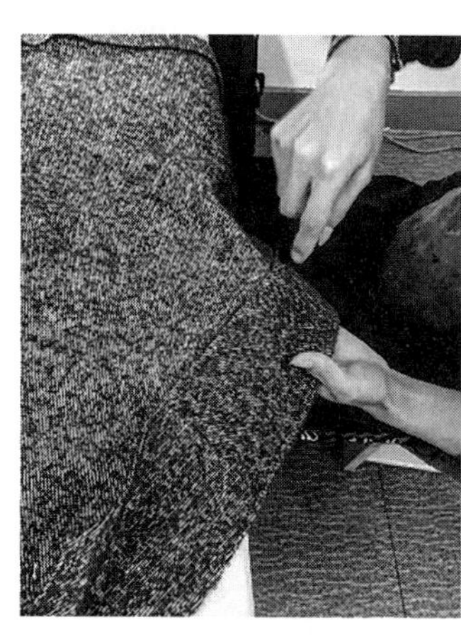  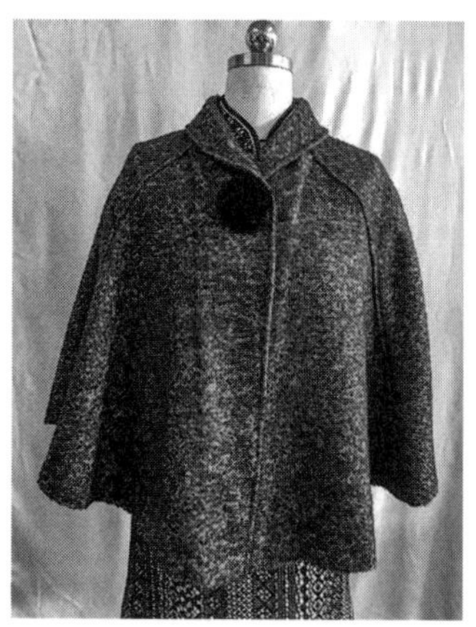

图6-76　固定底边、挂面、完成

第三节　腰封制作

腰封也是服饰配件中的重要品类。腰封是系在人体腰部的腰带，材质有很多，通常材料为皮料、帆布等。腰封是搭配衣服的利器，在各种连衣裙等服装上均可搭配。腰封的主要作用是通过紧缚腰部来打造女性腰腹的线条感和纤细感，体现女性的优美曲线。

一、腰封的基础知识

（一）腰封的分类

按所用材质分：有棉质、真丝、麻绳、牛仔、皮料、金属等。

按外形分：有粗腰封、细腰封、不规则腰封等。

按佩戴方式分：有系结腰封、金属扣腰封、系扣腰封、拉链腰封等。

（二）腰封的应用与审美

腰封是一种装饰感很强的配饰，搭配上腰封之后的服装拥有着更加立体的外观，格外引人注目。早期的腰封是搭配礼服进行使用的，但当下的流行趋势将腰封推向了日常生活。腰封的选择比较多样，从材质到宽度，再到和服装色彩的搭配，都很有讲究。

腰封主要有三个优点：一是对腰部的纤细线条有强化作用；二是可以给“下装消失”等的极简穿搭增加多元化元素；三是可以重塑形体，使身材更加凹凸有致。

二、腰封的装饰表现形式

腰封的材质是腰封款式设计的重要表现形式，不同材质的腰封搭配相同服装也会给人不同的感受，主要有：PU皮腰封、丝绸腰封、涤纶腰封、牛仔腰封、金属腰封、麻绳腰封、蕾丝腰封、仿鳄鱼皮腰封、珍珠腰封等（图6-77）。

（a）PU皮腰封　（b）丝绸腰封　（c）涤纶腰封

（d）牛仔腰封　（e）金属腰封　（f）麻绳腰封

（g）蕾丝腰封　（h）仿鳄鱼皮腰封　（i）珍珠腰封

图6-77　腰封的装饰表现形式

三、腰封制作范例

能用来制作腰封的材料有很多，其中最常见、应用最为广泛的是牛仔布休闲腰封、时尚面料腰封和丝绸腰封，而为了便于教学，本书选择以下两种材质的腰封为制作范例。

（一）牛仔布休闲腰封制作范例

牛仔布休闲腰封是一款常用的腰封款式，日常穿着衬衫裙、长裙都可以搭配使用。款式时尚百搭，将服装视觉中心转移至腰部，增强服装层次感，使服装看起来更加帅气。

1.材料选择

牛仔全棉面料、涤纶缝纫线、无纺软衬。

2.结构图（图6-78）

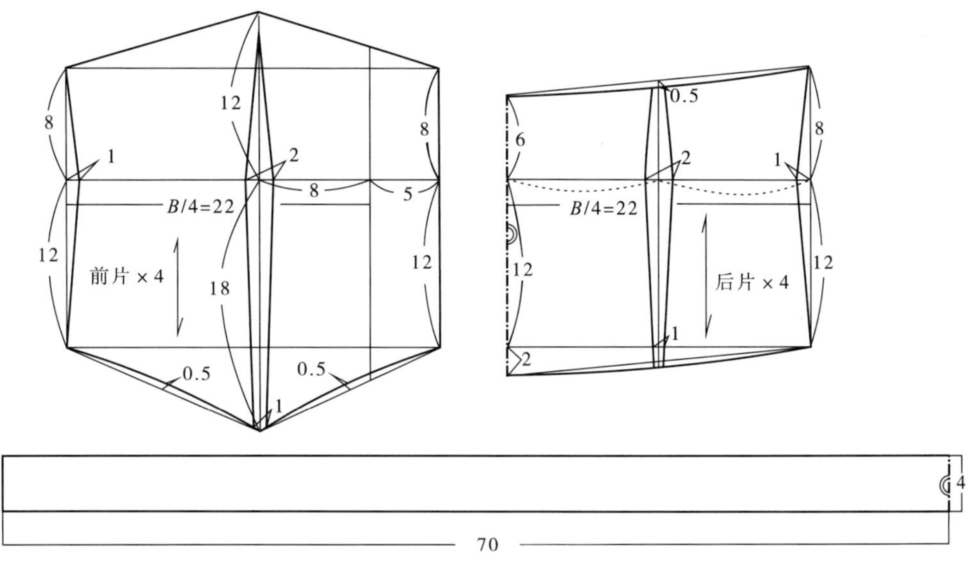

图6-78　结构图

3.制作工艺

（1）按毛样板裁出腰封的面、里料裁片，面、里料用料一致，黏衬时将面、里料都烫上黏合衬，注意面、里料黏衬面要相对，缝合前片省道，在烫衬面缉线，包括面、里料共四层（图6-79）。

（2）缝合好前片省道后，在正面进行熨烫，省道倒向侧缝，将后片分割处按照1cm缝份缉缝，正面相对，烫衬面朝外（图6-80）。

（3）烫衬面朝上，毛缝处烫分开缝，拼缝前片、后片（图6-81）。

（4）前、后片分别缝合好后，将前、后片正面与正面相对缝合侧缝，沿边缉缝1cm，毛缝烫分开缝（图6-82）。

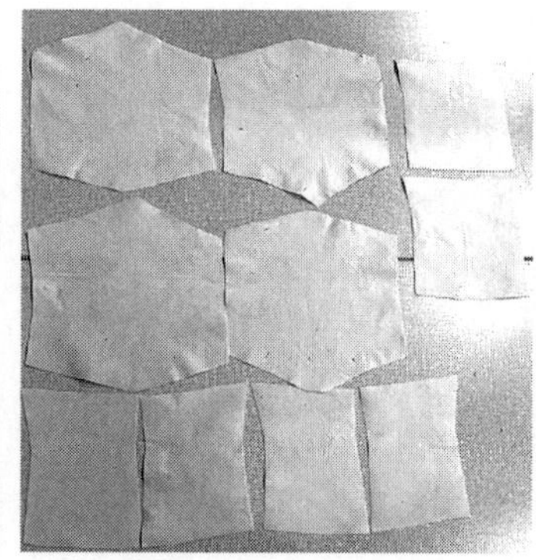
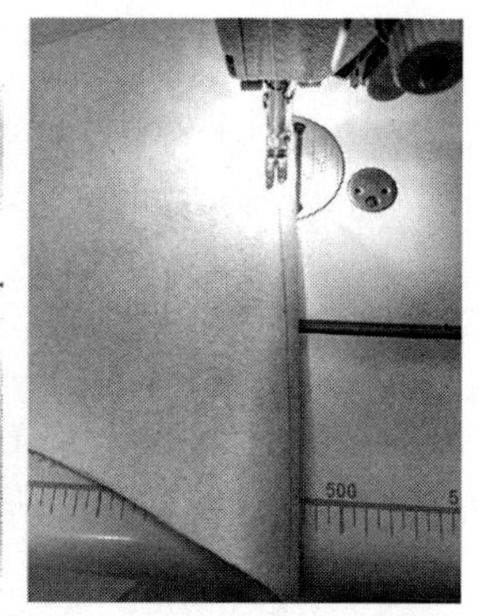

图6-79 裁片、黏衬、缉省

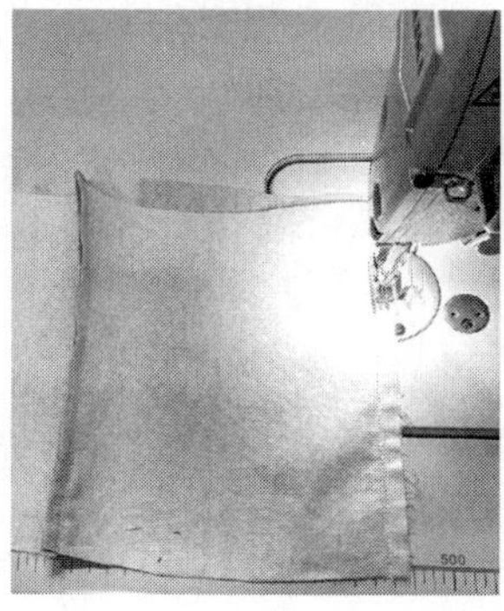
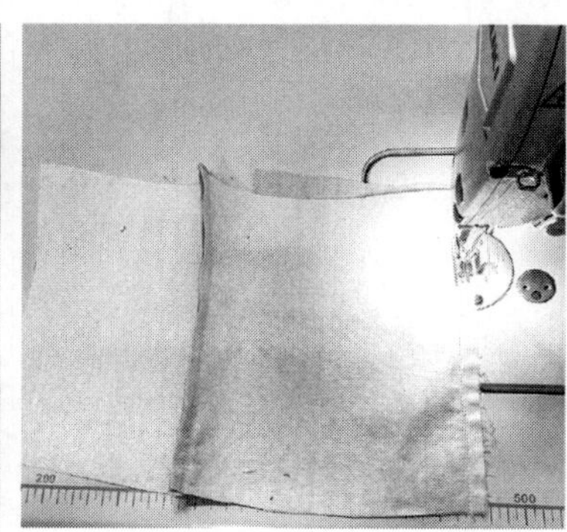

图6-80 缉缝、熨烫省缝

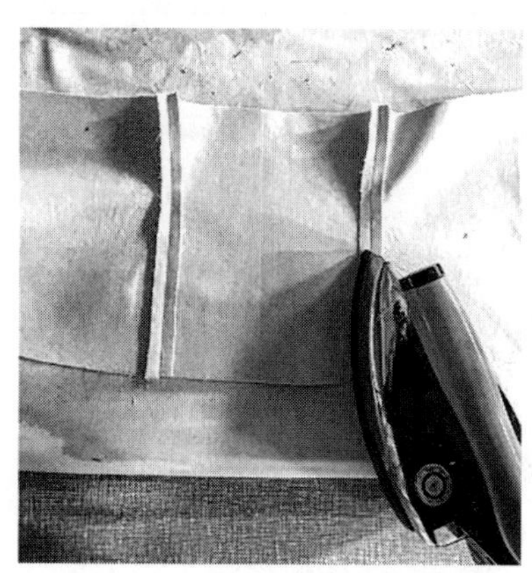

图6-81 劈烫、缝合

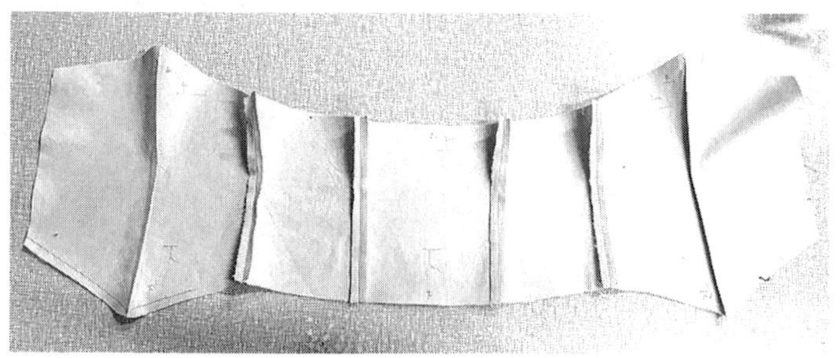

图6-82 前、后片拼合

（5）按照以上步骤，缝合里料前片省道、里料后片分割缝、侧缝（图6-83）。

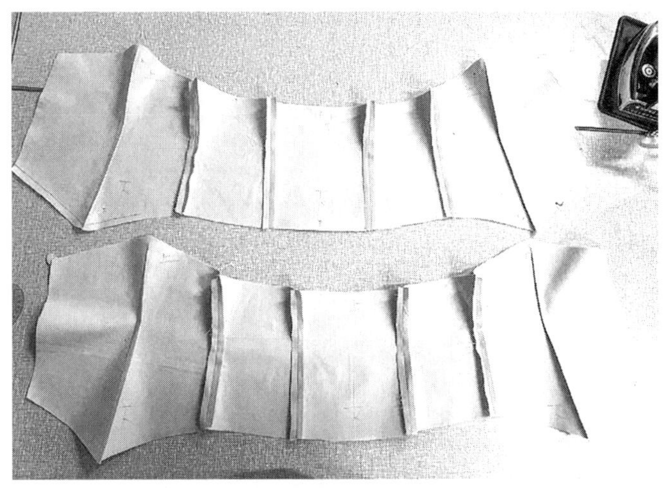

图6-83　分别缝合面、里料完成

（6）将面、里料正面相对，烫衬面朝外，沿四周缉缝留1cm，右前片止口线不缉线，开头空出1cm再缉缝，缉缝时注意缝对缝（图6-84）。

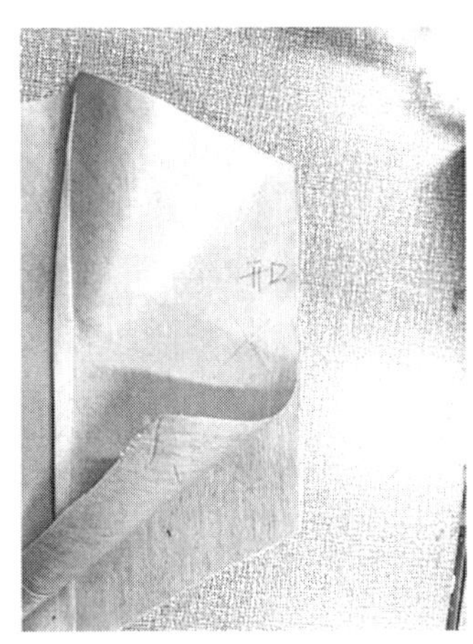

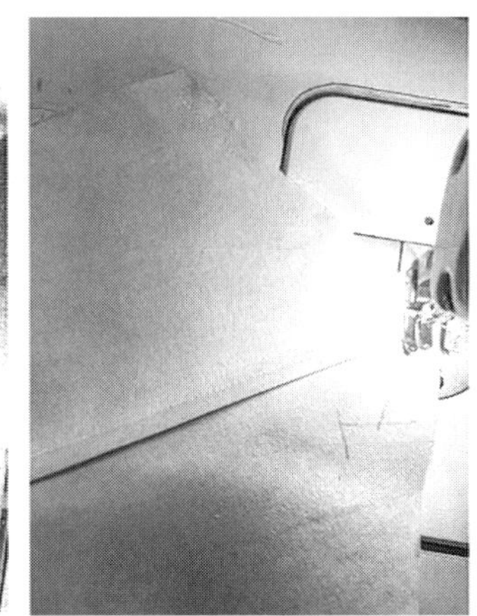

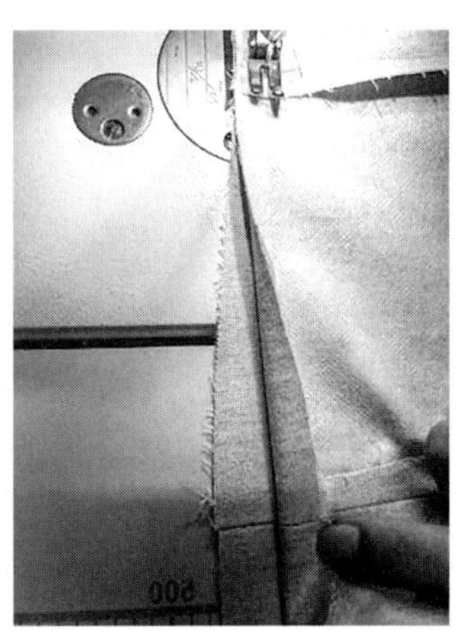

图6-84　面、里料拼合

（7）缝合完成后修剪尖角，留0.2cm缝份头，翻折使正面朝外，熨烫定型（图6-85）。

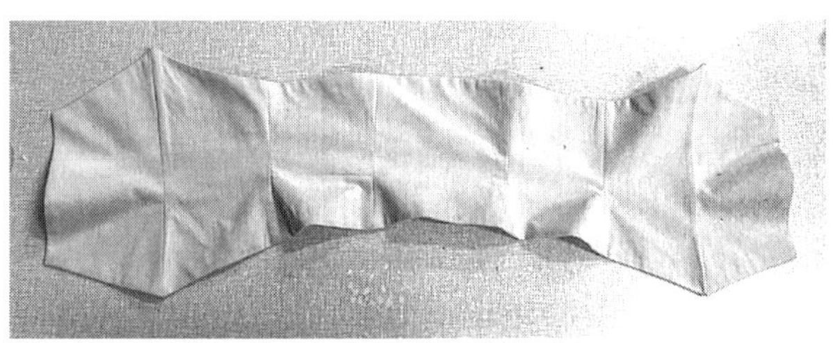

图6-85　修剪尖角、翻折熨烫

（8）右前片止口处向里翻折1cm，沿边缉0.1cm明线，首尾来回针；将系带面料正面对正面，反面（烫衬面）朝上，沿边0.5cm缉线，翻折使正面朝外，两端封口缉0.1cm明线（图6-86）。

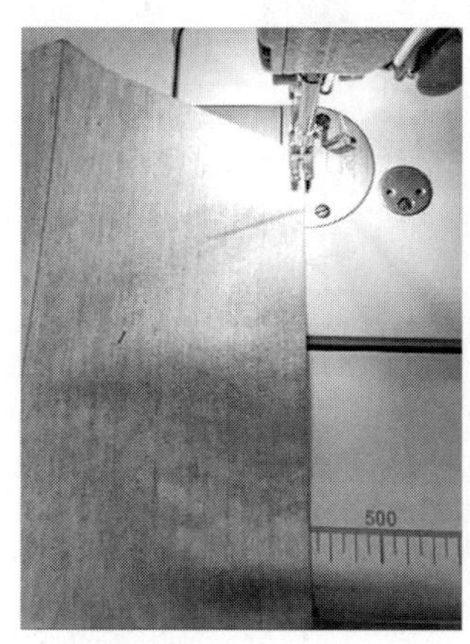

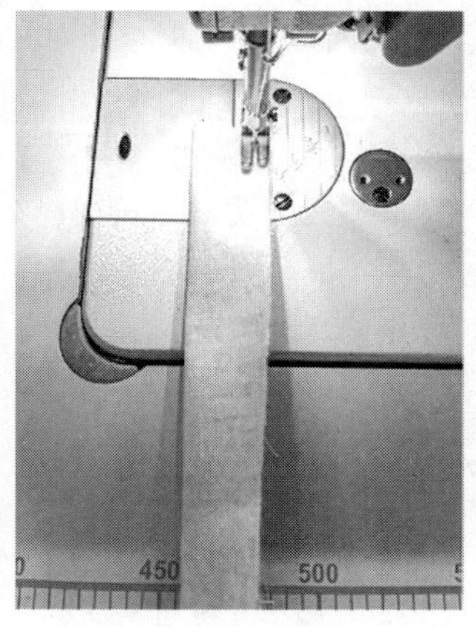

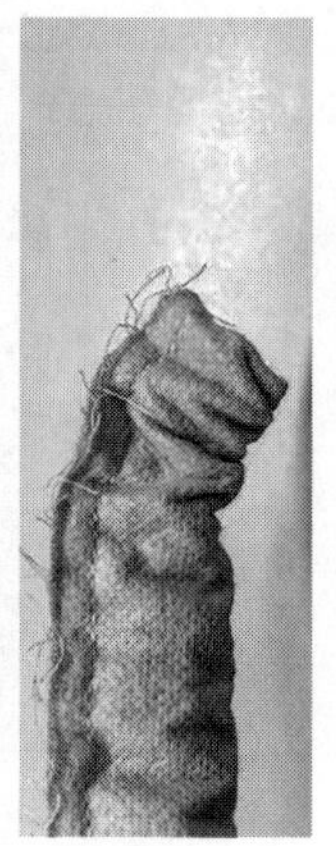

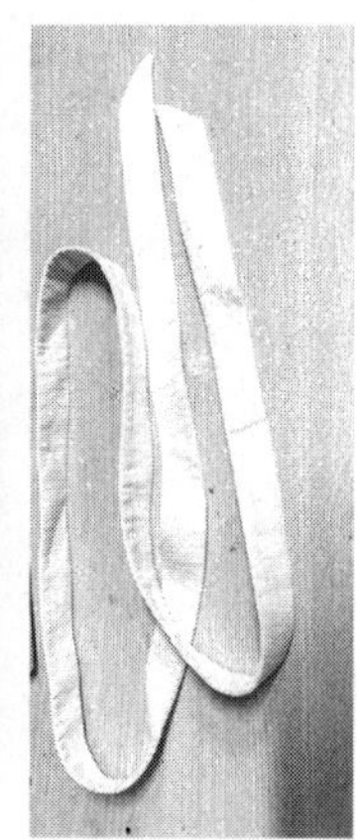

图6-86　封口、缉线翻折、缉明线

（9）完成（图6-87）。

图6-87　成品图

（二）时尚款腰封制作工艺

此款腰封比较内敛、偏中式，可以搭配多种风格服装，如连衣裙、套装，可古典、可现代、可时尚，也可搭配中式服装、长裙等。穿着方式为系带式，通过腰封中间的空隙将腰带交叉重叠绕至腰部前端。

1.材料选择

提花锦纶面料、涤纶缝纫线、无纺衬。

2.结构制图（图6-88）

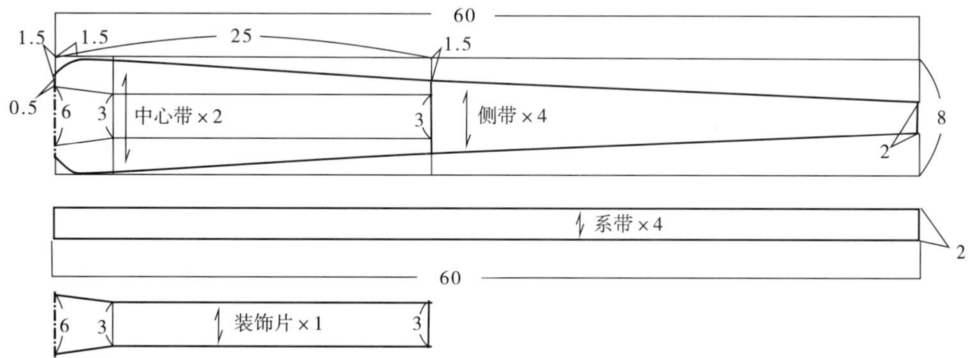

图6-88 结构图

3.制作工艺

（1）按样板裁出腰封的双层面料裁片，两层面料均黏合无纺衬（图6-89）。

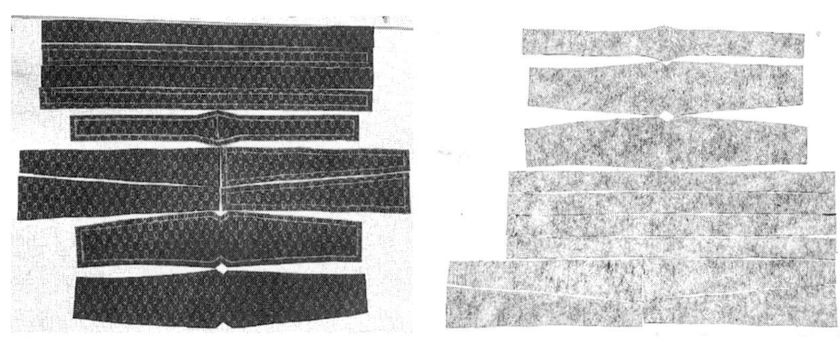

图6-89 裁片、黏衬

（2）将表层面料裁片上下边依净样线进行扣烫，按结构图所示位置用大头针将其固定在面料上，沿边缉0.1cm明线，注意位置居中，整体对称美观（图6-90）。

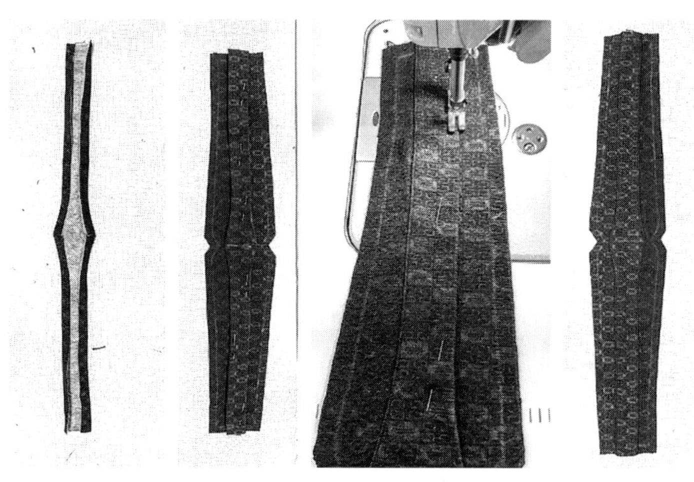

图6-90 扣烫、固定、缉线腰封表层面料

（3）将上述已缝合完成的裁片与结构图中右侧梯形状裁片拼缝，上下均等，空出3cm余量不缝合，缝合完成后反面缝份烫分开缝压平，该处缺口是为了保证穿戴时腰带不交叉；将剩余裁片按照顺序逐一缝合，面料正面对正面，反面朝上，缝合完成后按净样线扣烫至反面（图6-91）。

图6-91　拼缝、熨烫、预留孔

（4）将第二层面料和底层面料按上一步骤进行缝合，缝合完成后将缝份劈烫，缝份倒向两边（图6-92）。

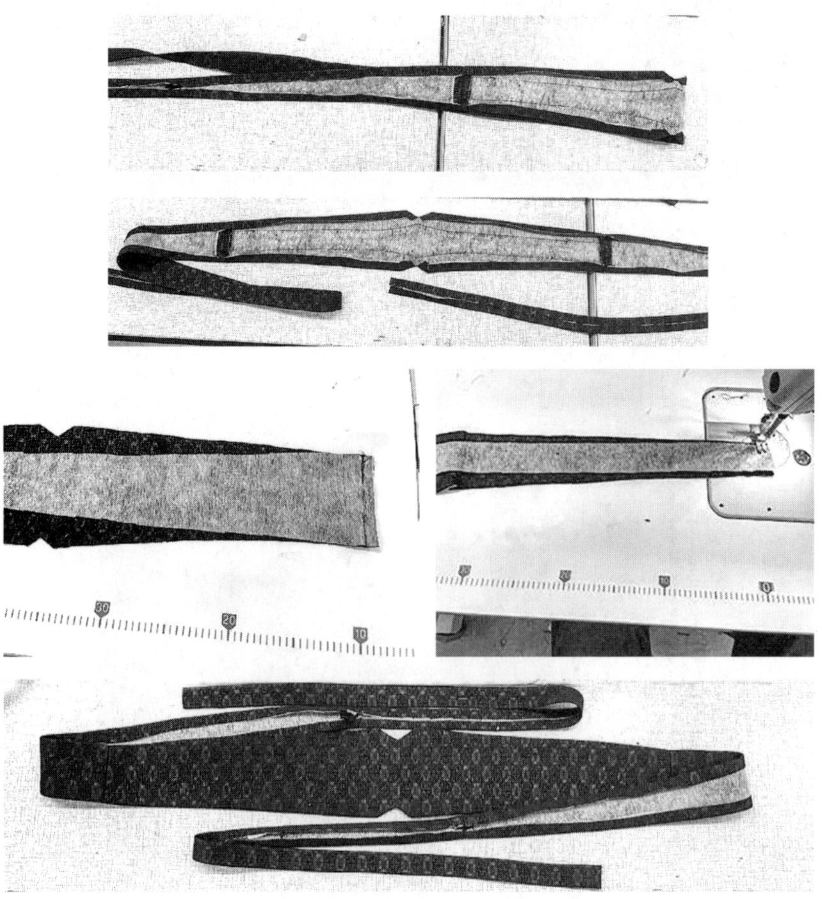

图6-92　缝合、扣烫

（5）将第二层和底层缝合且扣烫好，面料反面相对，正面朝上，沿边缉0.1cm明线（图6-93）。

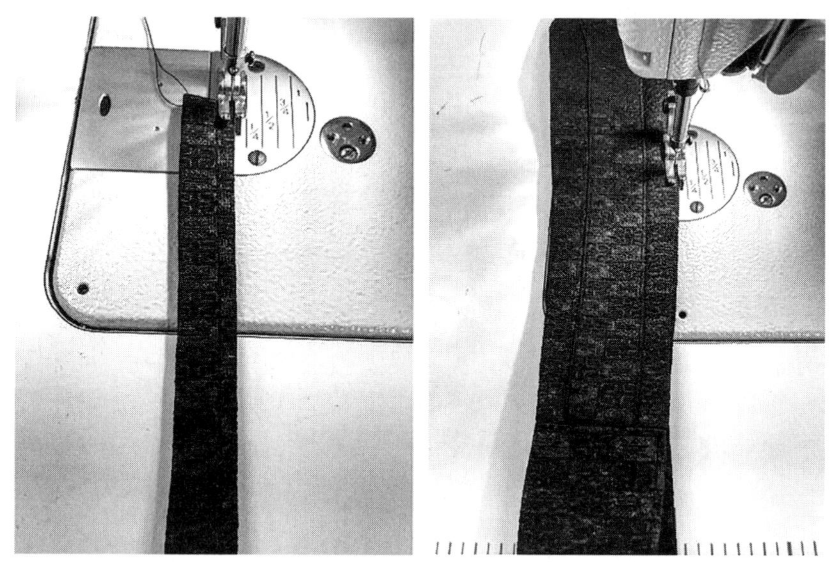

图6-93　两层面料缝合

（6）完成（图6-94）。

图6-94　时尚款腰封成品图

第四节　装饰袖制作

随着时代的发展，人们对于生活的需求已经不仅仅局限于吃饱穿暖。当今社会，更多人憧憬精致的生活方式，在选购服饰品时不仅要求服装能体现个性化特征、与潮流时尚元素完美结合，而且对其美观舒适性的要求也越来越高。袖子作为衣身上必不可少的部件，也是服装设计的重点组成部分。袖子的造型千变万化，我们在注重袖子功能性的同时，还要注重其装饰效果，将实用性和装饰性融于一体。

一、装饰袖的分类及应用

（一）装饰袖的分类

按袖子长短分：有短袖、半袖、七分袖、长袖等。

按款式分：有灯笼袖、泡泡袖、蝙蝠袖、马蹄袖、火腿袖等。

按袖片多少分类：有一片袖、两片袖、三片袖、多片袖等。

按使用材料分：有纯棉衣袖、涤纶衣袖、纱质衣袖、丝质衣袖等。

按装饰手法分：有刺绣衣袖、拼接衣袖、珠饰衣袖等。

（二）装饰袖的应用与审美

在服装设计中，衣袖的造型变化决定了一件衣服的风格款式，是设计中非常重要的一个部分。要将有独特魅力的袖子设计应用于现代女装造型设计中，创造出与众不同的服装。人们的手臂是活动的，不同造型的衣袖在身体上呈现的效果也不一样，衣袖的造型决定着服装整体的风格走向，袖子虽然只是服装的一个局部结构，但它对穿着者的形象气质起着重要的作用，而且可以很好地表现出穿着者的情感与活动。在设计中我们要不断尝试变化，掌握袖子的特点和形式，这样可以丰富和拓展各种夸张造型袖子的应用范畴，为设计增添新的创意和灵感。

二、装饰袖的表现形式

袖子装饰是款式设计的主要表现形式，其主要方式有：刺绣装饰袖、折叠装饰袖、抽褶装饰袖、木耳边装饰袖、开衩拼接装饰袖、几何造型装饰袖口等（图6–95）。

（a）刺绣装饰袖口

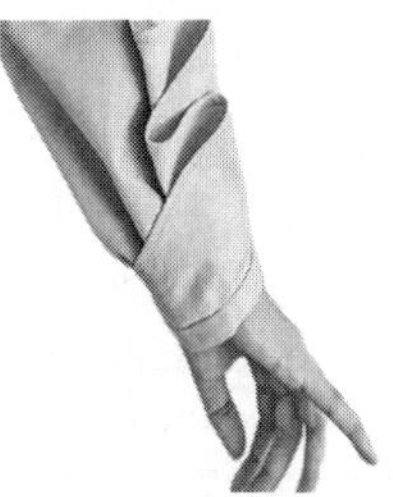

（b）折叠装饰袖口

（c）抽褶装饰袖口

（d）木耳边装饰袖口

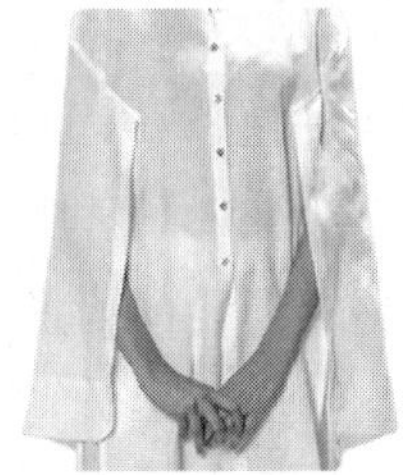

（e）开衩拼接装饰袖口

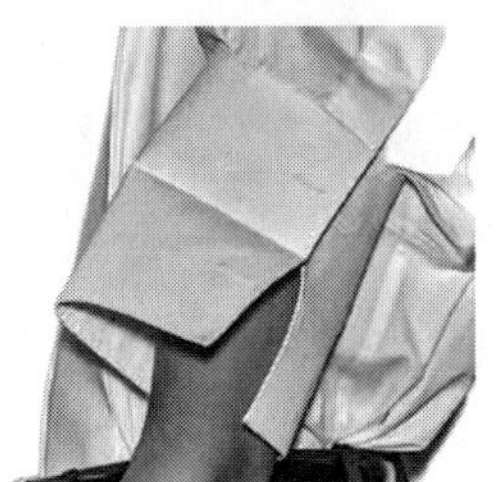

（f）几何造型装饰袖口

图6–95　装饰袖的表现形式

三、装饰袖制作范例

常用的装饰袖造型有很多种类，有马蹄袖、灯笼袖、泡泡袖等，为了便于教学，本书选择马蹄袖和灯笼袖这两款造型的装饰袖为制作范例。

（一）灯笼装饰袖的制作范例

灯笼袖既复古又活泼，上端有少量褶皱，袖口收紧，因袖身少量堆积形成灯笼形，故名灯笼袖。

1.材料选择

采用牛仔面料、魔术贴、缝纫线等材料进行制作。

2.结构制图（图6–96）

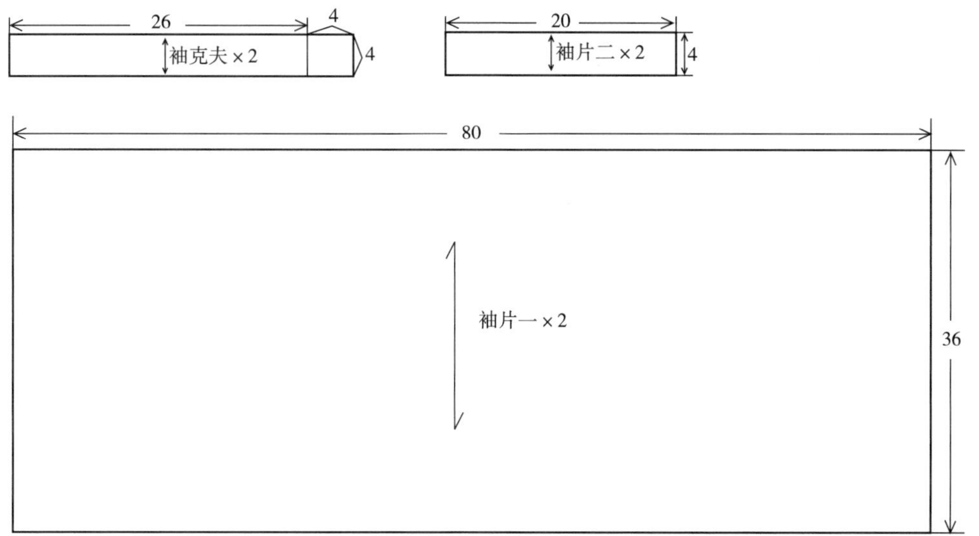

图6–96 灯笼袖结构图

3.制作工艺

（1）按装饰袖样板裁片，其中包括袖片一1片、袖片二2片、袖克夫2片；分别将袖克夫和袖片二正面对正面，沿着净样线缉缝，缝制时需注意直角的地方可用藏线，便于翻出拉角（图6–97）。

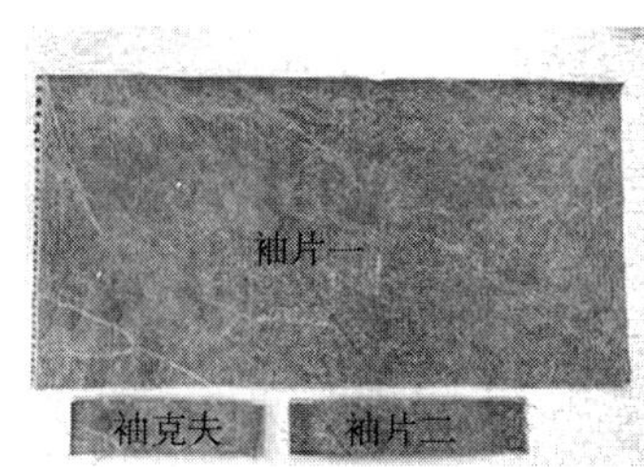

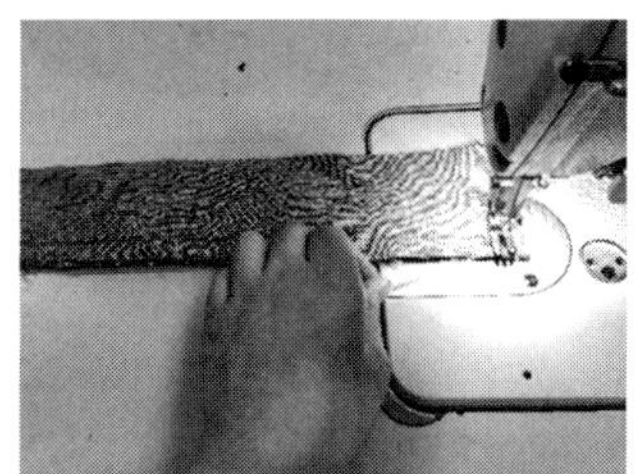

图6–97 准备裁片、缉缝袖片二和袖克夫

（2）缉缝完后，将袖片二及袖克夫翻到正面，翻折完毕后，将1cm缝份向内

进行扣烫（图6–98）。

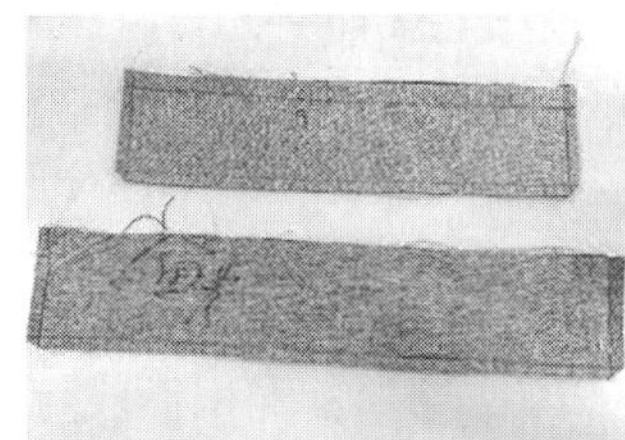

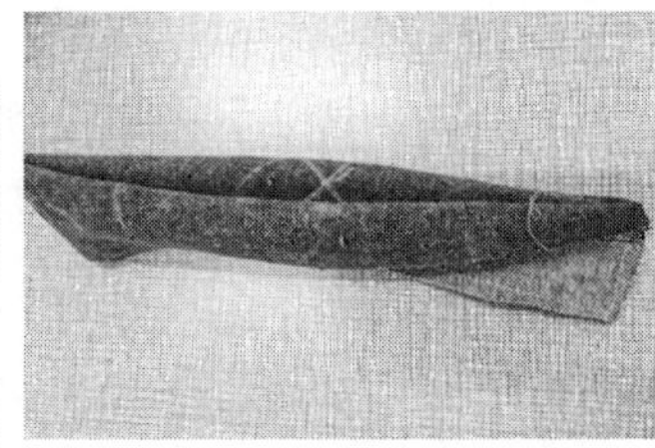

图6−98　翻折、扣烫缝份

（3）大袖片固定褶量，之后缉线缝合褶量，褶量固定之后，将袖克夫与袖片进行缝合（图6–99）。

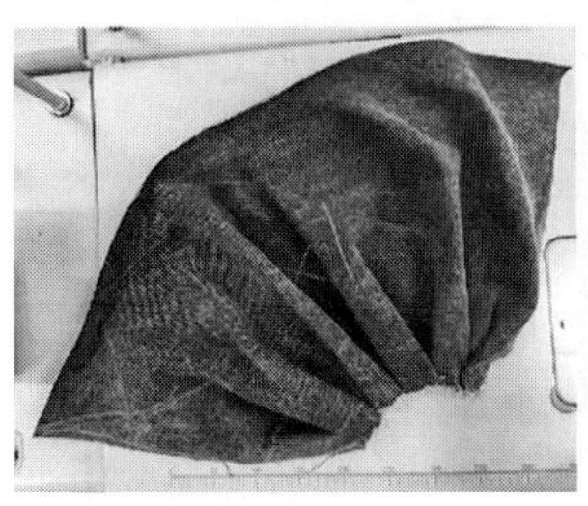

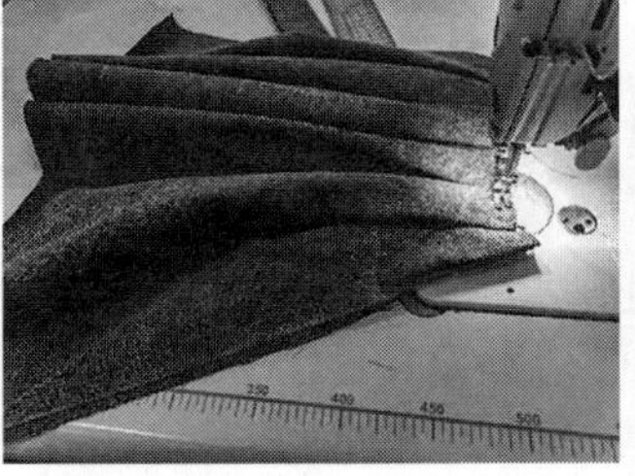

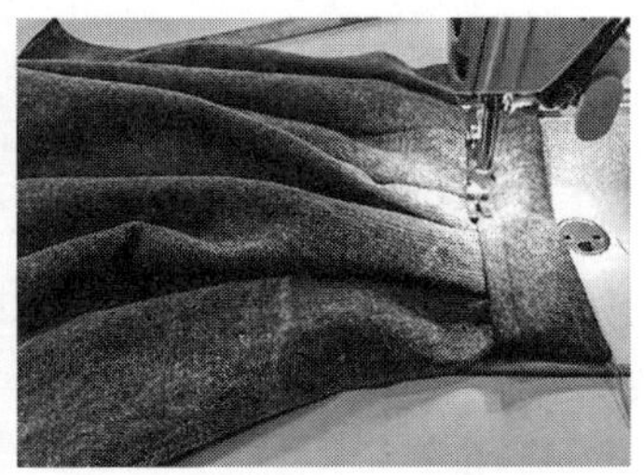

图6−99　固定褶量、装袖克夫

（4）袖克夫装完之后，固定袖片上端褶量，固定好后，将袖片二与袖片一进行缝合（图6–100）。

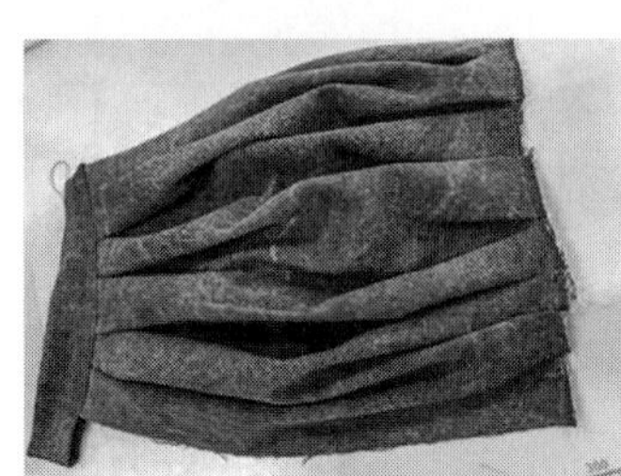

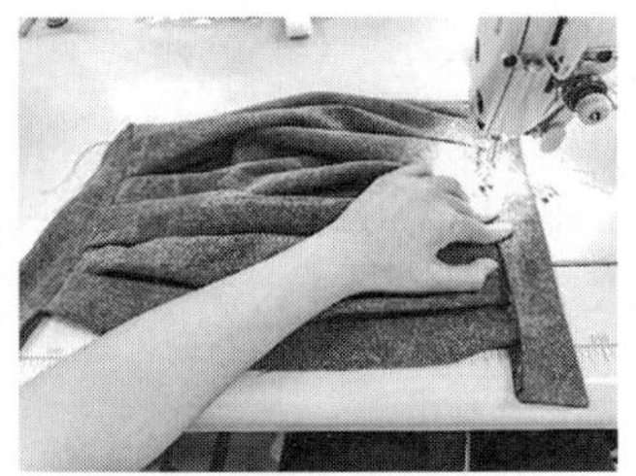

图6−100　固定褶量、缝袖片二

（5）袖子拼合完毕之后，缉缝上魔术贴，所有步骤完成之后整烫定型（图6–101）。

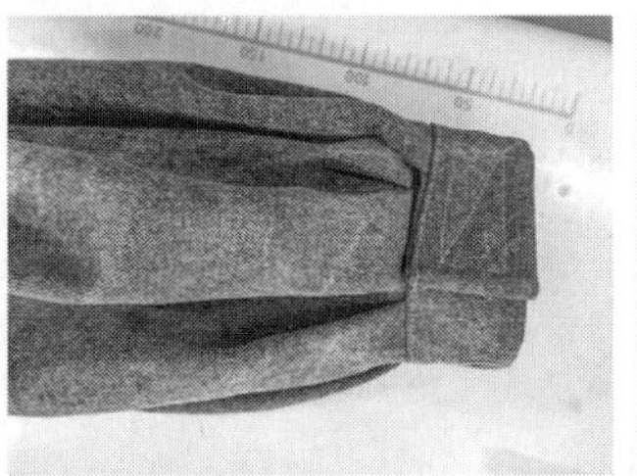

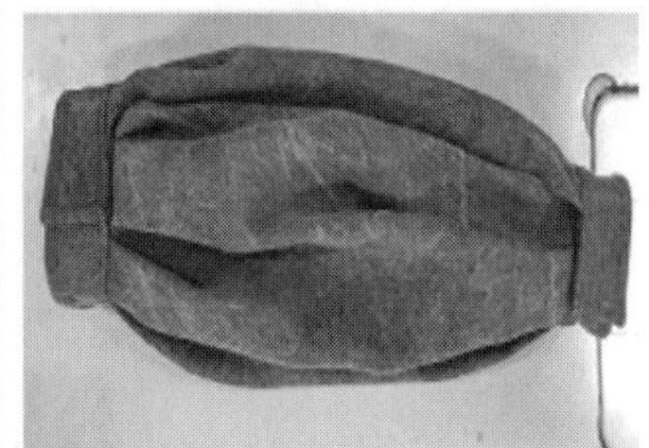

图6−101　拼缝袖子、装魔术贴、完成

（二）马蹄装饰袖制作范例

马蹄袖源于明朝的箭袖，前部为半圆形，神似马蹄，所以命名为马蹄袖。变化款马蹄装饰袖主要用于袖口装饰，休闲又文艺。

1. 材料选择

采用平纹布料、魔术贴、缝纫线等材料进行制作。

2. 结构制图（图6–102）

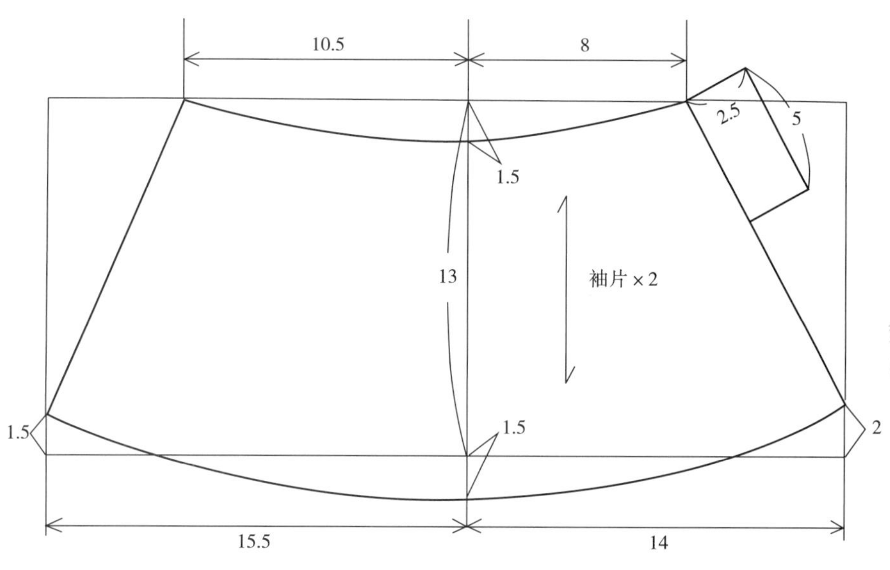

图6–102　马蹄装饰袖结构图

3. 制作工艺

（1）根据结构图裁剪面料2片，将面料正面对正面，根据净样线缉缝一圈，缉缝完成后，剪去多余毛边（图6–103）。

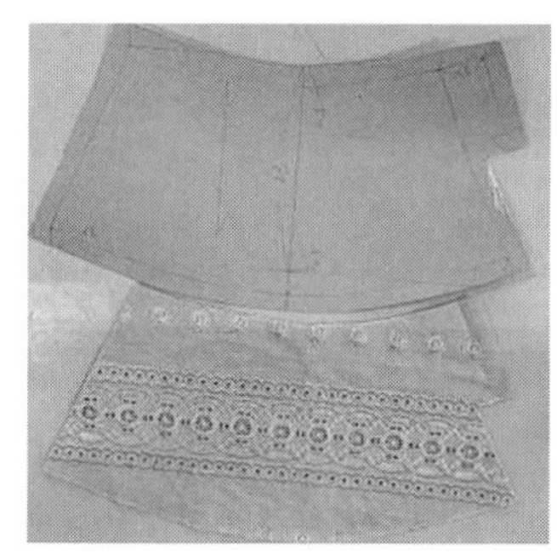
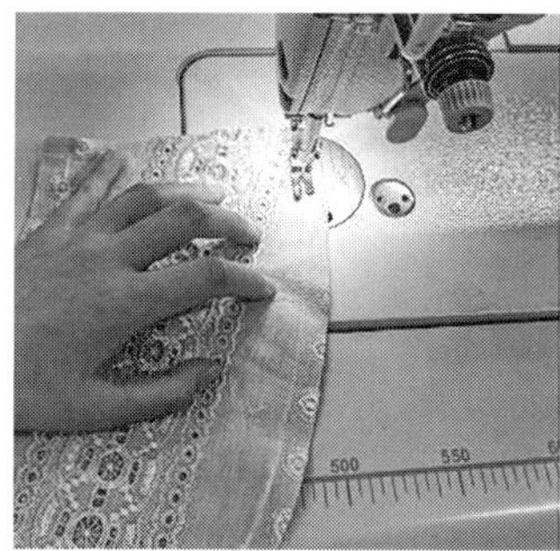

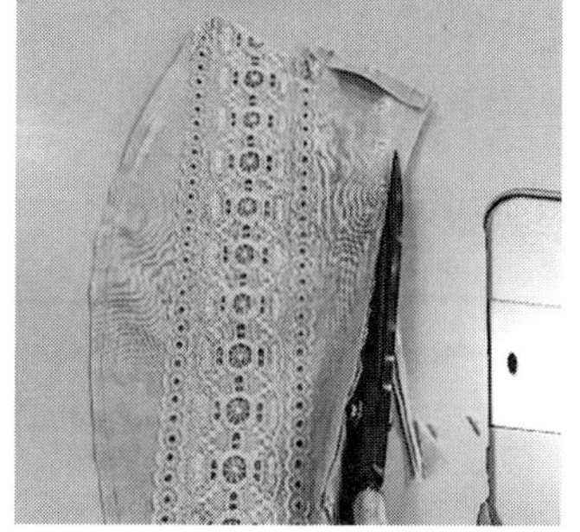

图6–103　准备裁片、缉缝、修剪毛边

（2）修剪完成后，将面料翻到正面，沿着边缘缉缝0.1cm明线（图6–104）。

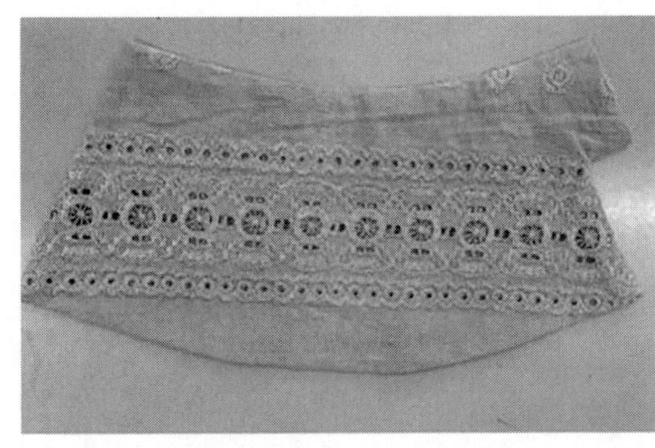
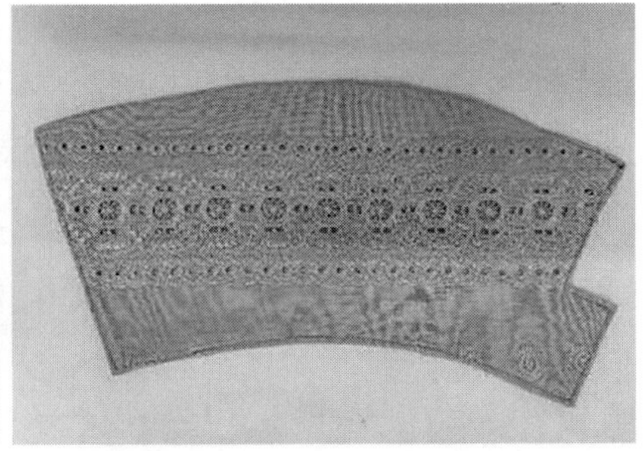

图6-104　翻折、缉明线

（3）缝制魔术贴，缝合完毕后，整烫定型（图6-105）。

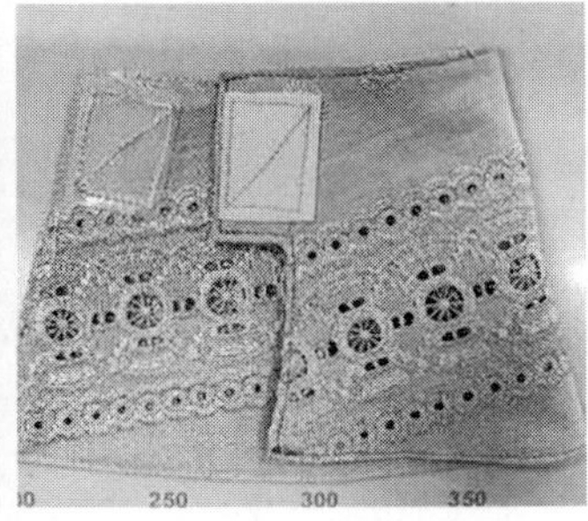

图6-105　缝制魔术贴、整烫定型

第五节　装饰花制作

一、装饰花基础知识

装饰花专指用于装点、配饰用的各式花装饰品。装饰花在人们的生活中占有重要位置，无论是天然花卉还是人造花卉，都给人们的生活带来愉悦与生机，在服用功能上既可以作为观赏用，也可以搭配服饰，为服装、人物的造型搭配起到画龙点睛的效果。

（一）装饰花常用工具及材料

1.装饰花常用工具

装饰花在制作过程中根据材料的不同而有所区别。常用工具有手缝针、剪刀、钢尺、锥子、夹剪、镊子、消字笔、速干硬胶、大头针以及专业做花的模具、模板等（图6–106）。

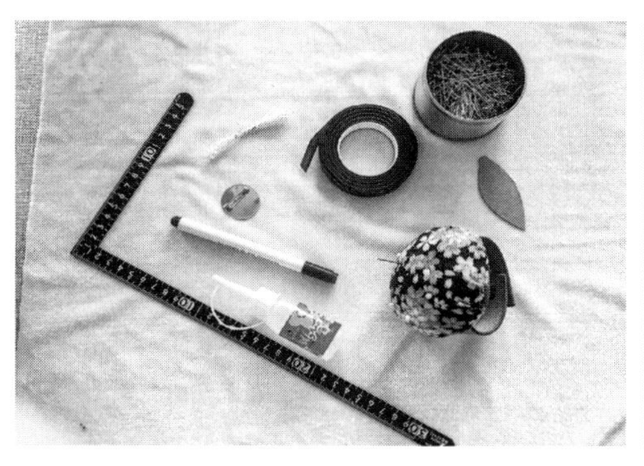
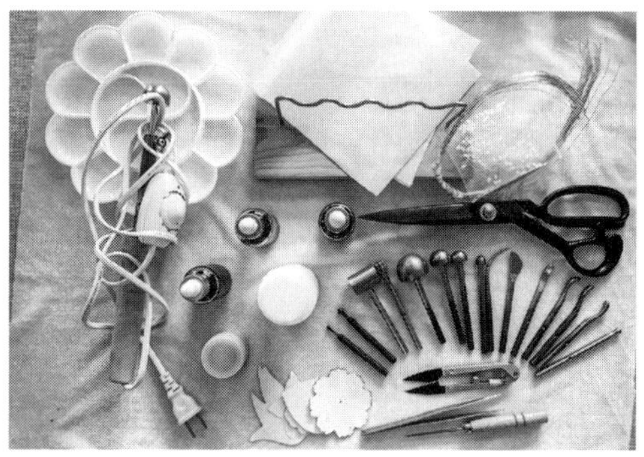

图6-106 常用工具

2.装饰花常用材料

装饰花常用材料包括主体面料，如丝绸、棉麻、毛毡、缎带、丝网、塑料等，以及装饰用的各类米珠、钻、金银钢丝、装饰花芯、蕾丝花边等（图6–107）。

图6-107 常用装饰材料

（二）装饰花的种类

装饰花近年来一直是家居及商业服务门店的新宠，其价格亲民，能被大多数人接受，艺术效果突出，令人精神愉悦，深受大众喜爱（图6–108）。

图6-108　装饰花的种类

二、装饰花的装饰表现形式

装饰花材料多种多样，大致可分为丝绸花饰、棉麻花饰、涤纶缎带花饰、纱带花饰、丝袜花饰、毛毡花饰、塑料花饰以及泡沫纸花饰等（图6-109）。

（a）丝绸花饰　（b）棉麻花饰　（c）涤纶缎带花饰

（d）纱带花饰　（e）丝袜花饰　（f）毛毡花饰

（g）塑料花饰　（h）泡沫纸花饰

图6-109　装饰花的装饰表现形式

三、装饰花制作范例

（一）花饰品基础部件制作范例

1.叶子制作范例

（1）做叶子样板，备布料、黏衬（图6–110）。

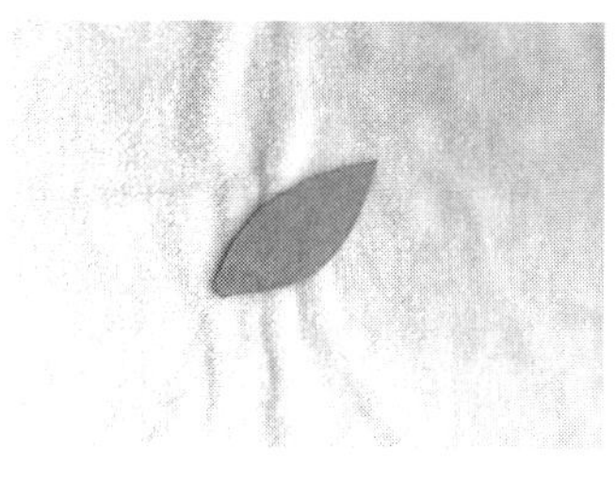

图6–110　制作样板、黏衬

（2）在布料上划样，裁剪成独立叶瓣2片（图6–111）。

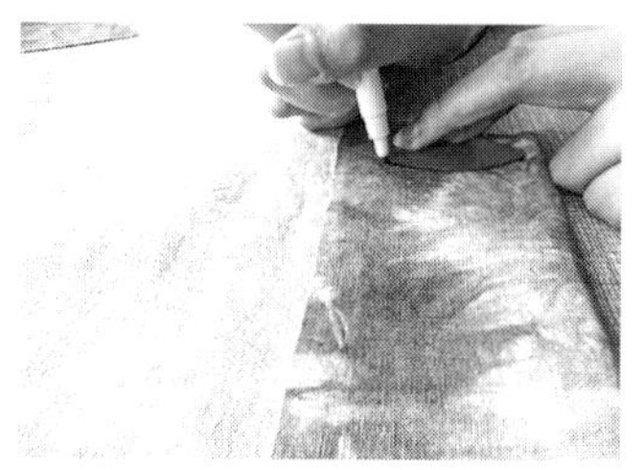
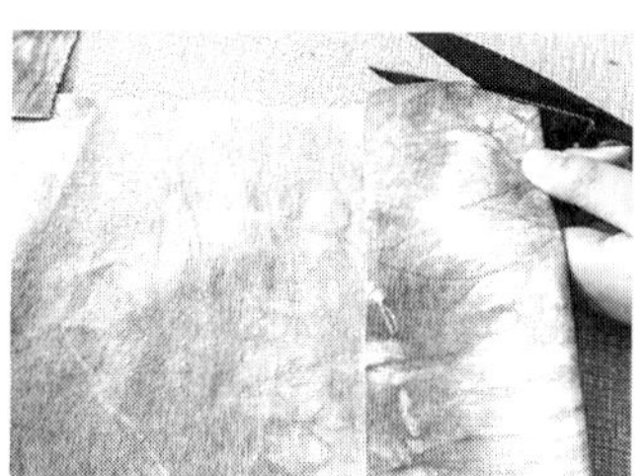
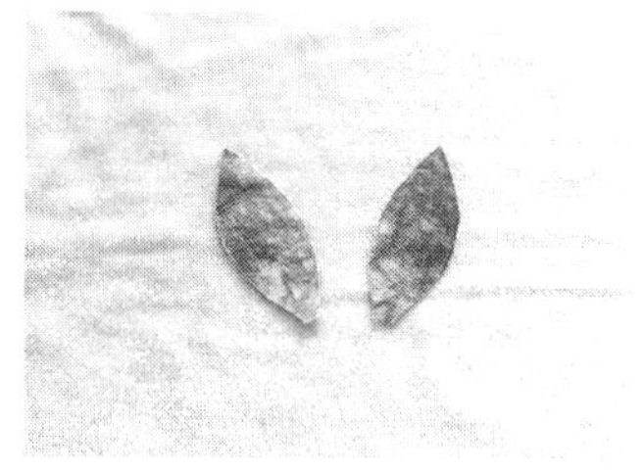

图6–111　裁片

（3）将叶子正面相对，用手缝针手缝，缝好留出口并翻出（图6–112）。

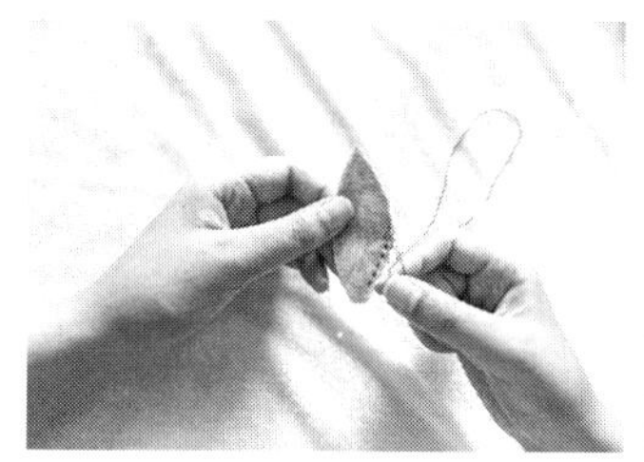
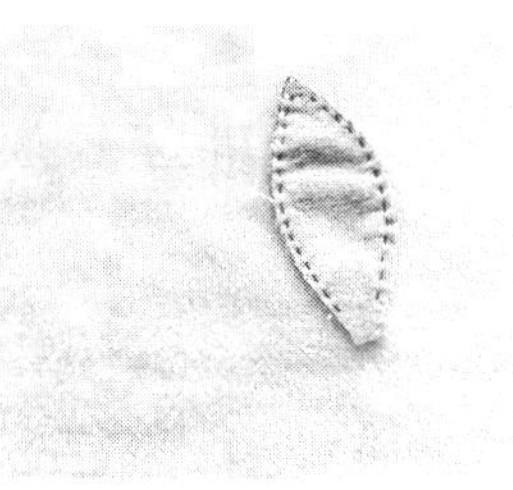
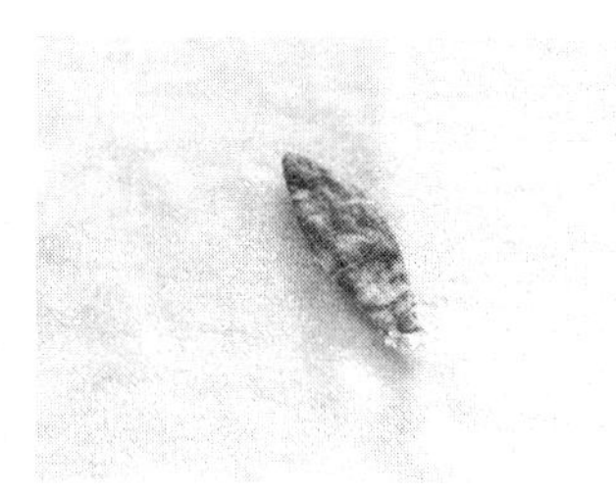

图6–112　手缝叶片

（4）将翻过来的叶子在正面按照叶脉方向用手缝星点装饰线（图6–113）。

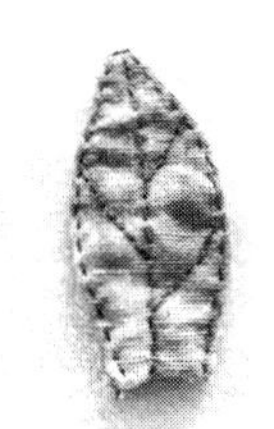
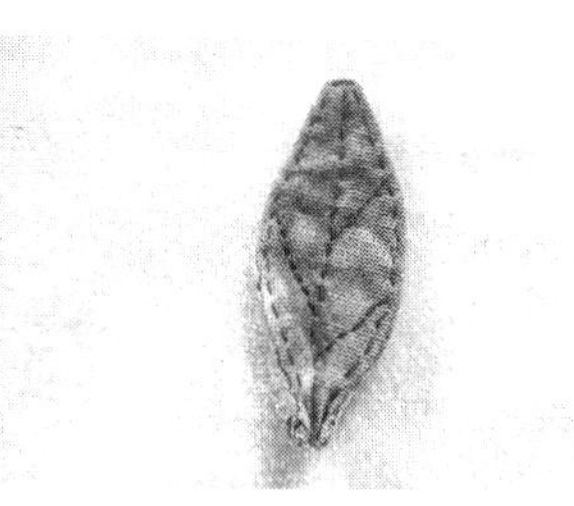

图6–113　手缝装饰线

2. **花朵制作范例**

（1）用硬卡纸做好样板，在布料上画花瓣5片（图6-114）。

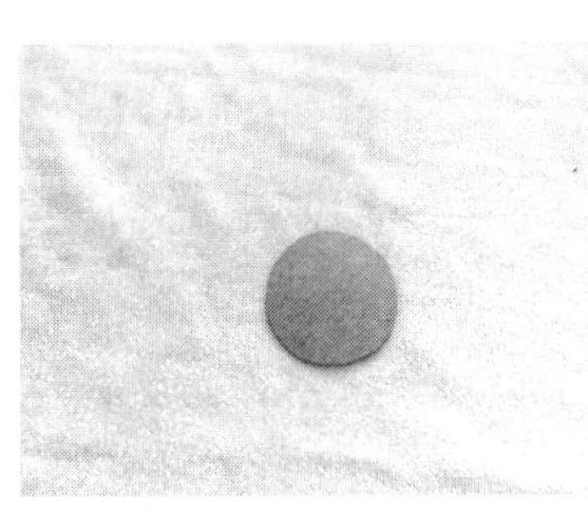  

图6-114　花瓣划样

（2）将花瓣裁剪好，然后对折花瓣（图6-115）。

  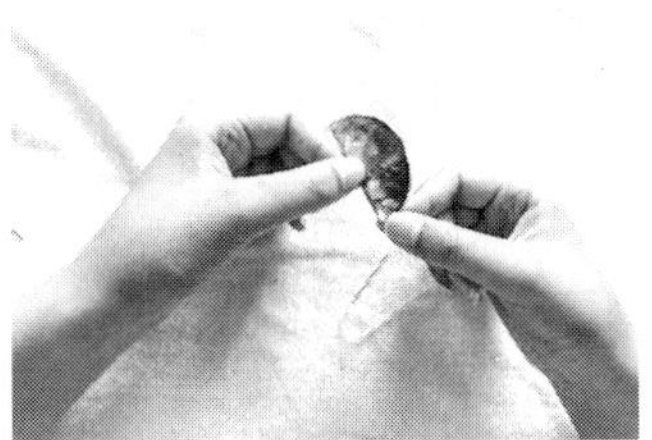

图6-115　裁剪花瓣并对折

（3）用手缝针将花瓣外边缘抽紧，总计5瓣（图6-116）。

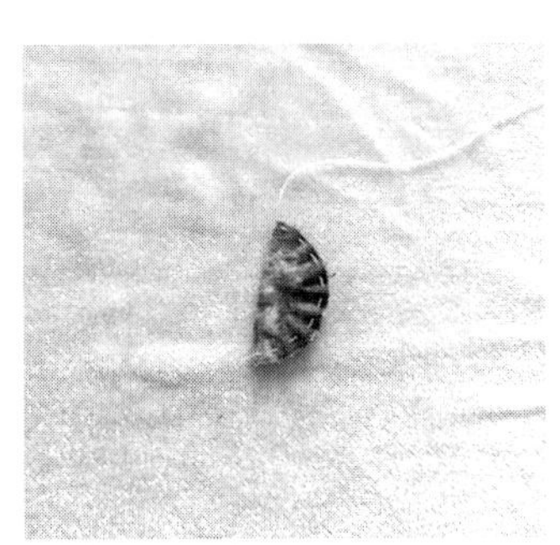 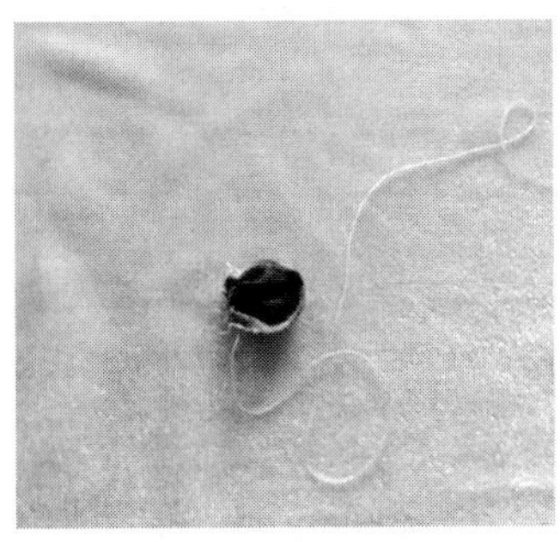 

图6-116　制作花瓣

（4）将5片花瓣用手针连在一起，形成花瓣，根据花瓣大小剪出花托（图6-117）。

图6-117　制作花瓣、剪出花托

（5）用布料包住底托纸板抽紧布料边缘（图6–118）。

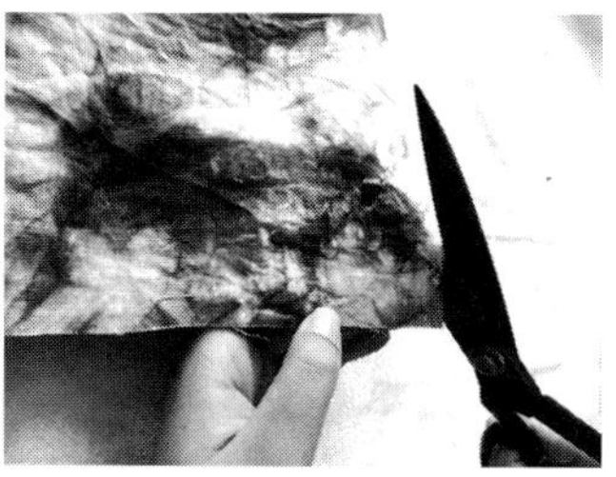

图6–118　抽底托

（6）用锁针将花瓣托缝好（图6–119）。

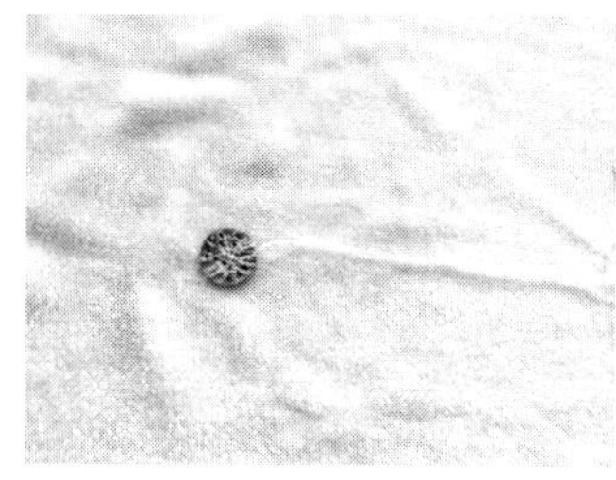
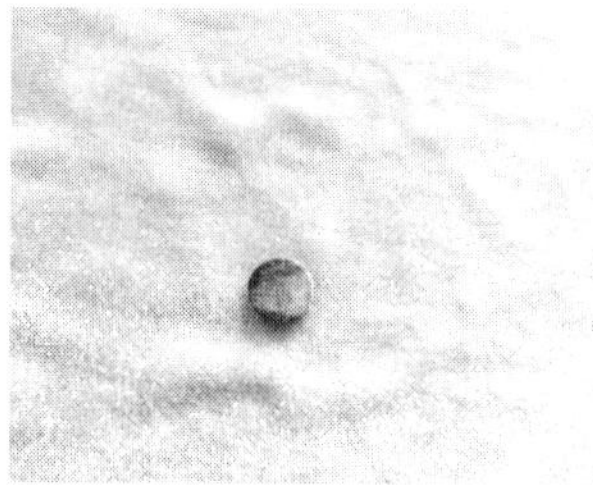

图6–119　做花托

（7）将花托与花瓣固定，在花心处缝好珠片（图6–120）。

图6–120　固定花托、花瓣、完成

3.花包制作范例

（1）按照长、宽2~3cm裁好各色花苞片，准备好弹力棉花、细铁丝、绿胶带纸（图6–121）。

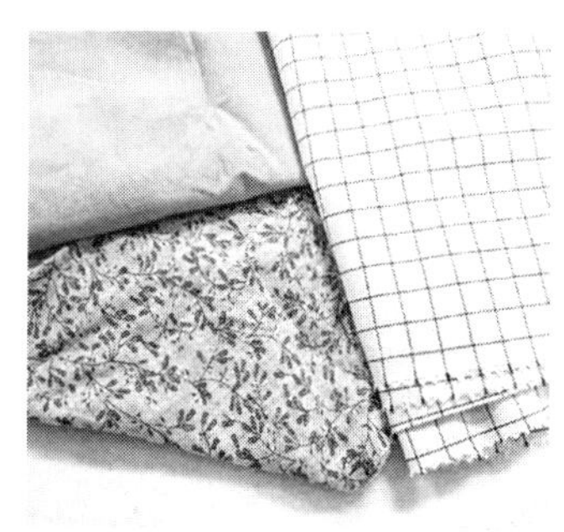
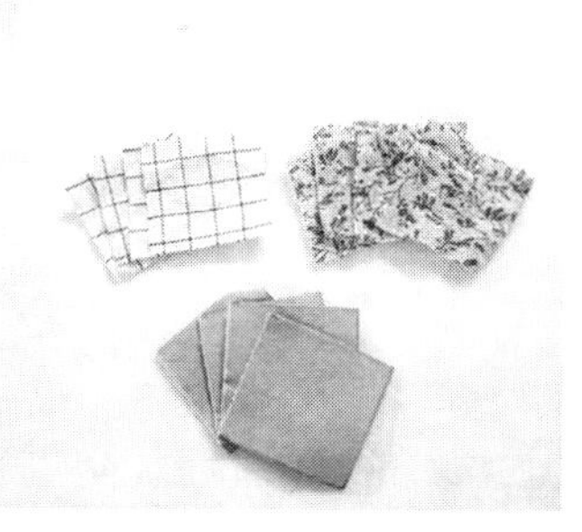

图6–121　准备花苞材料

（2）做花苞头，将花苞布片填好棉芯，用细铁丝固定尾部，并修剪掉多余布料（图6–122）。

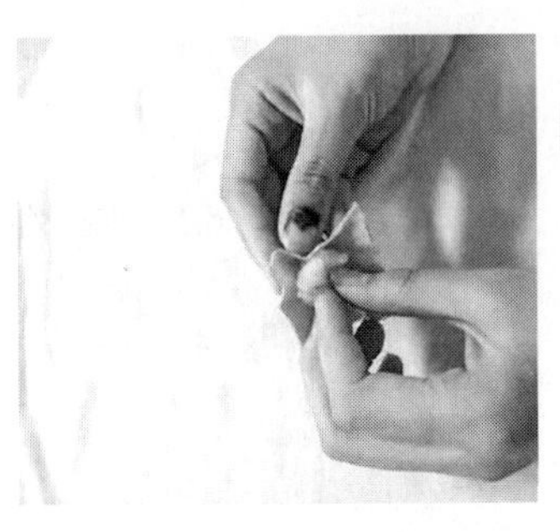
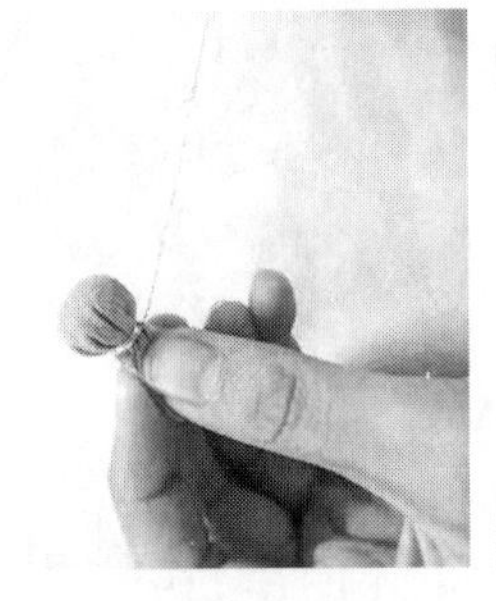
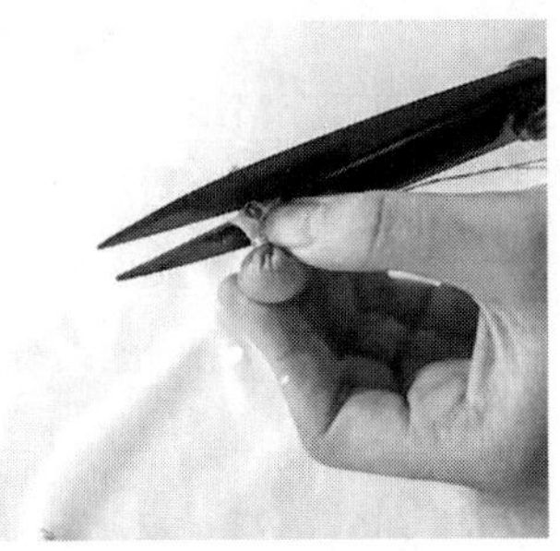

图6–122 做花苞头

（3）用绿色纸胶带缠好花苞末端和铁丝（图6–123）。

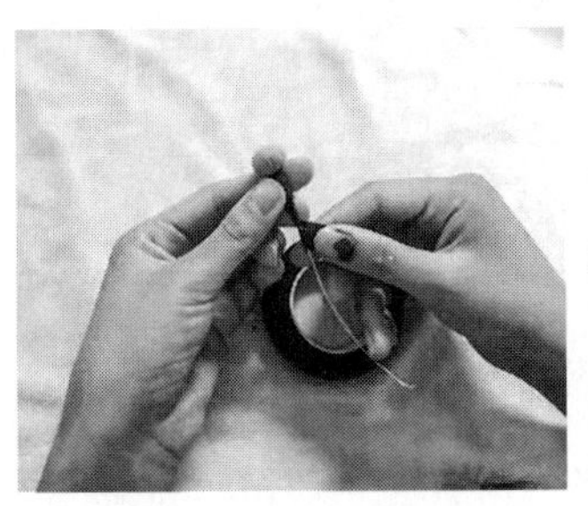

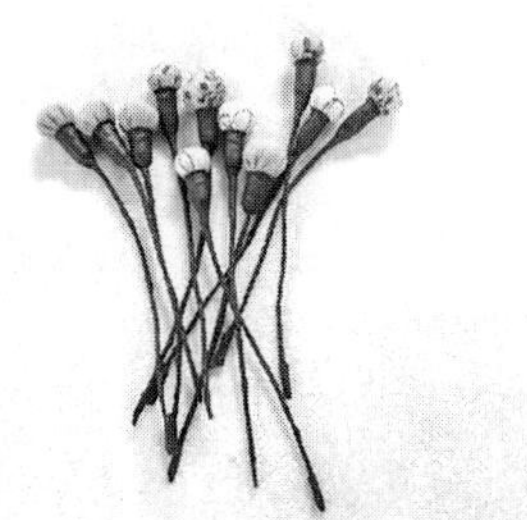

图6–123 缠好花苞末端和铁丝

（二）布艺小雏菊花制作范例

棉麻布艺花是近年来人们基于禅茶文化影响之下的服饰新产品。棉麻产品以其舒适、透气的服用性能和简洁大方的款式给人慵懒感，将棉麻材料制作的装饰花用在素雅的棉麻服装上，更能彰显其艺术范。为此棉麻胸花，小到单只，大到成束，都能使服装整体效果得到升华。

1.材料选择

选用棉麻精品面料、细铁丝、胶水、高弹棉、绿色纸胶带。

2.制作工艺

（1）准备两片大小不一的（选择自己喜欢的长度）长形布料用来做花瓣，熨烫平整，布料反面烫衬（图6–124）。

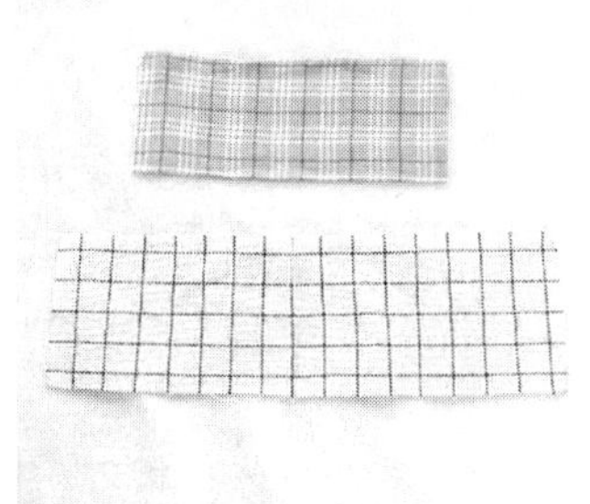
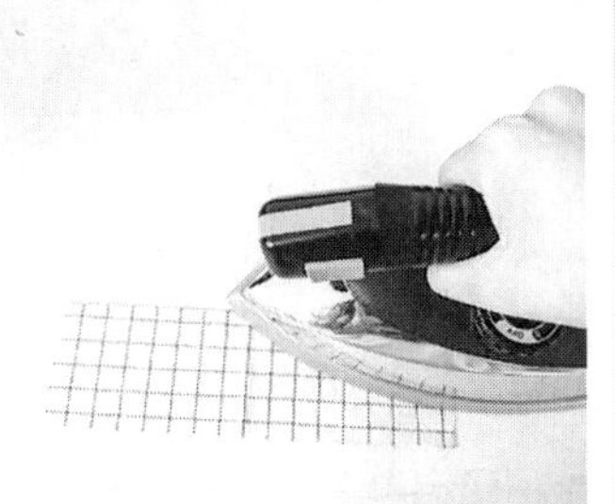
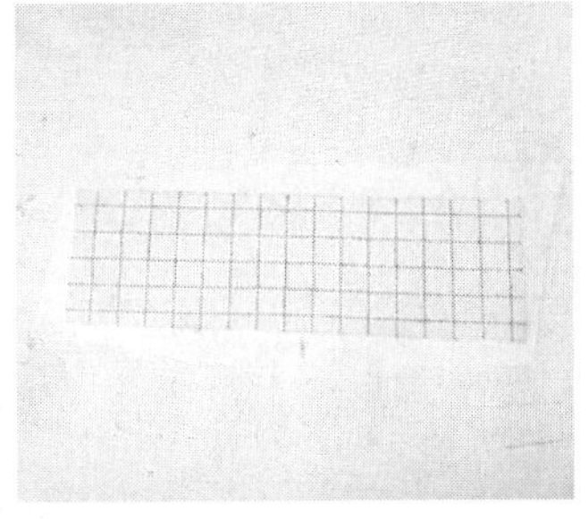

图6–124 整理面料、黏衬

（2）将条形花瓣布修剪整理，反面对折后，黏上胶水避免张开（图6–125）。

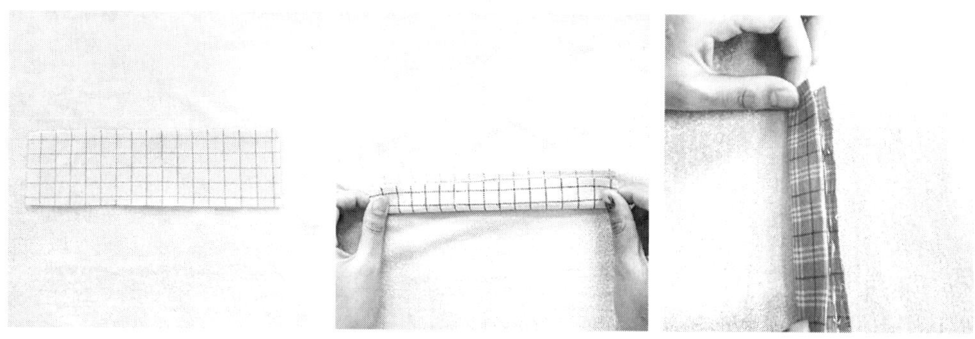

图6–125　对折花瓣黏胶

（3）将花瓣布条在折边一侧剪成宽0.3cm、深1.5～2.5cm的剪口，作为花瓣造型（图6–126）。

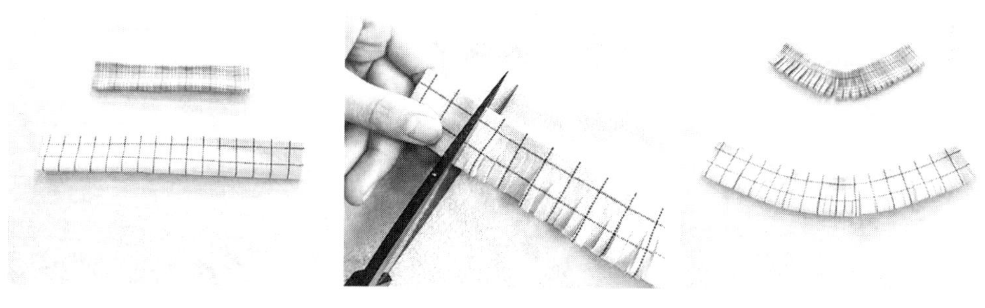

图6–126　进行花瓣造型

（4）小片为花心，先缠绕在花枝上，在布料底部黏上白胶，卷绕在花枝上形成花心。大片黏胶缠绕，形成花瓣（图6–127）。

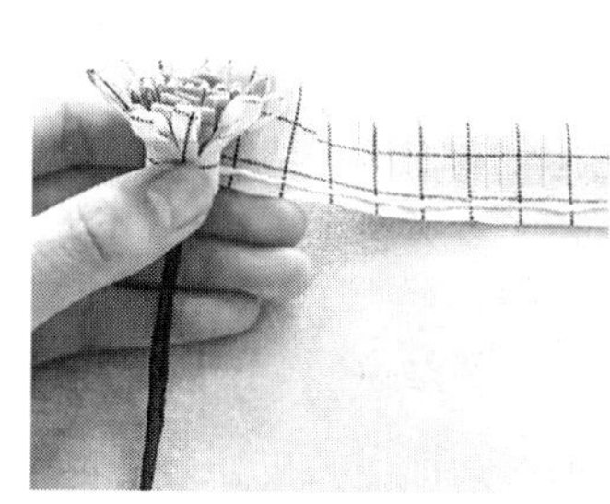

图6–127　花瓣完成

（三）烫花头饰制作范例

烫花工艺在国内外花艺市场占有较高的地位，尤其中国台湾、日本的烫花工艺精美逼真，其造花事业达到登峰造极的境地。绢丝造花以轻、薄、通透、花型灵动而取得大众喜爱。以下头花以绢丝为材料制作。

1.材料选择

选用硬绢丝材料、进口布料燃染料、带纸皮细铁丝、胶水、锥子、烫花工具。

2.制作工艺

（1）绘制花样图形，准备绢纱和花瓣样板（图6–128）。

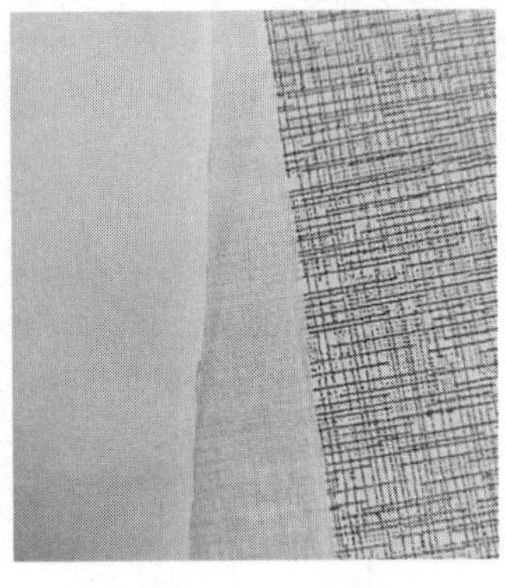
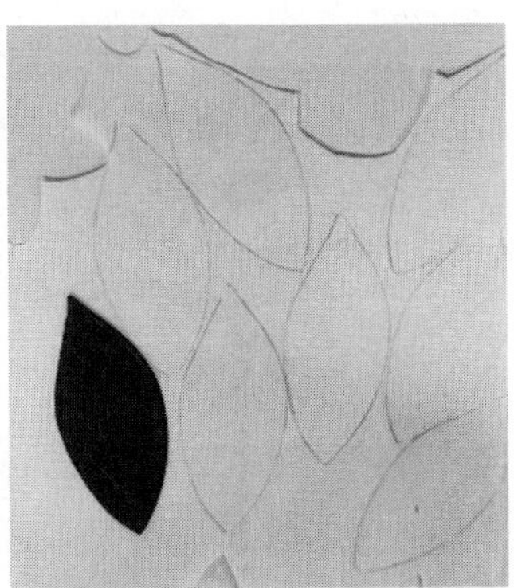

图6–128　材料准备

（2）依据样板裁出叶片，进行调色（图6–129）。

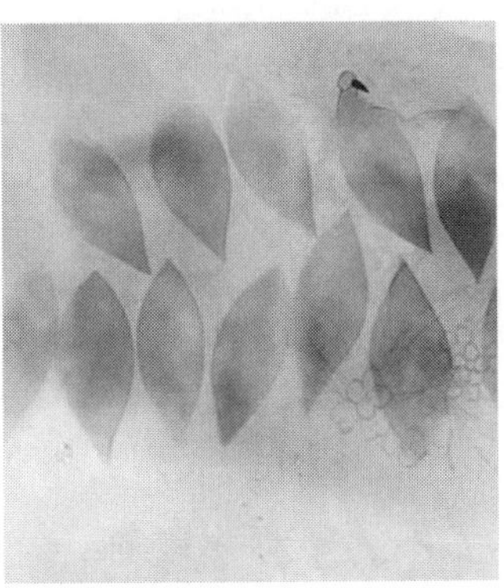

图6–129　裁花瓣、调染色

（3）将叶子晕染、晾干，在叶片单面刷胶（图6–130）。

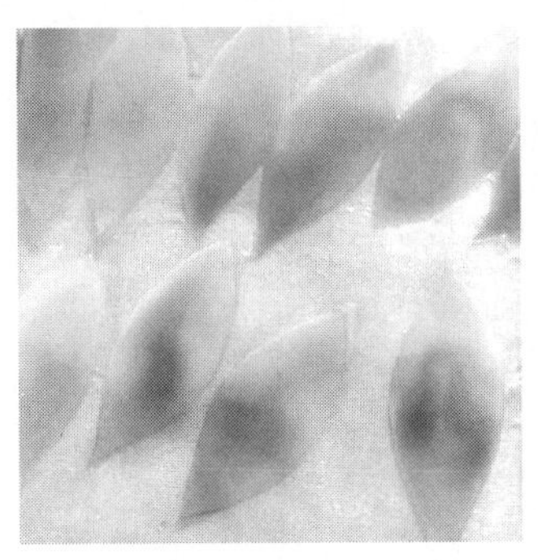

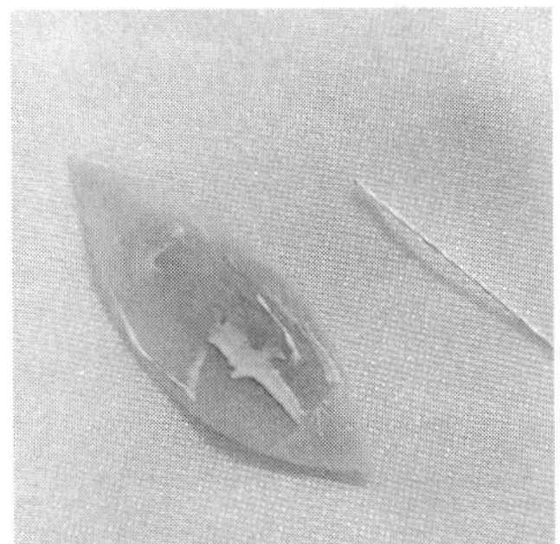

图6–130　染色、上胶

（4）在胶面即叶子反面黏好带纸皮的金属丝（图6-131）。

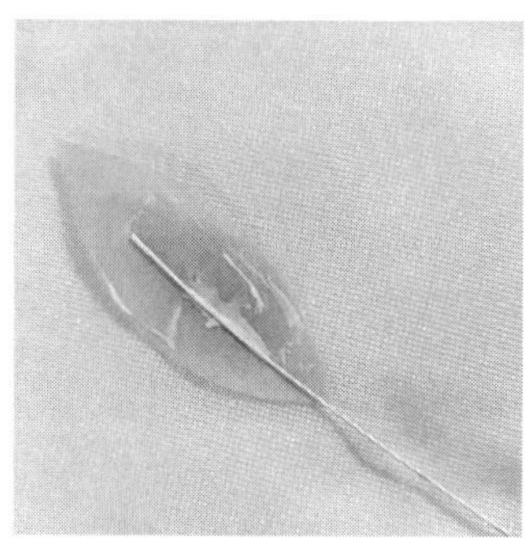
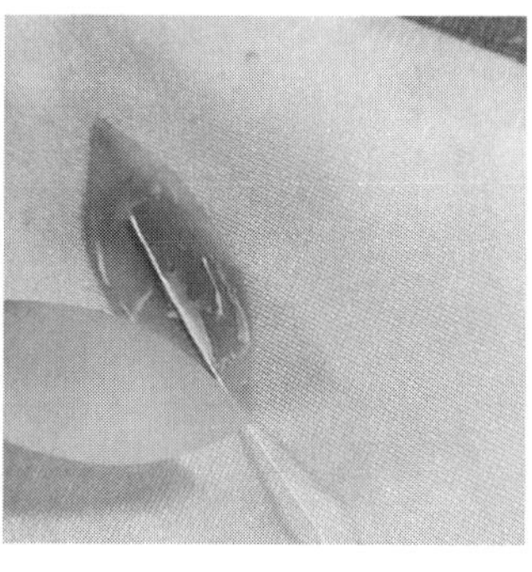
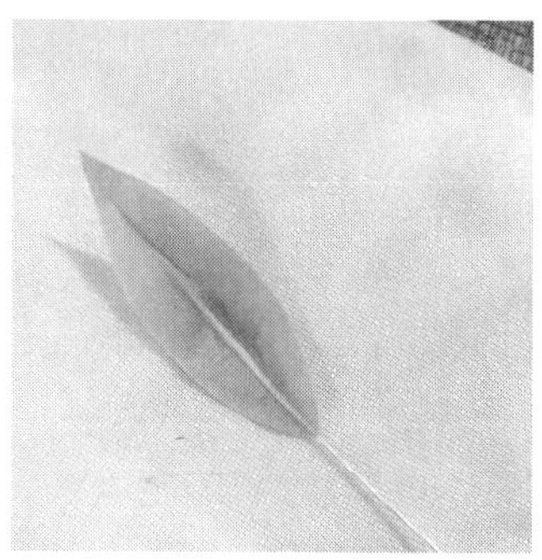

图6-131 做叶子

（5）叶子全部黏好后，用烫花器先对折压烫叶子，再在叶面压出纹路（图6-132）。

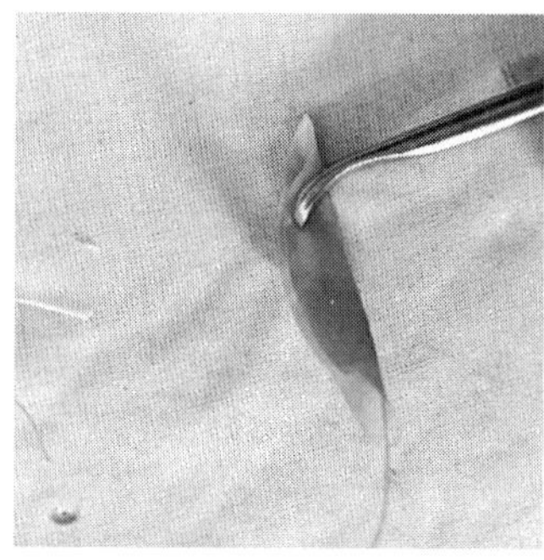
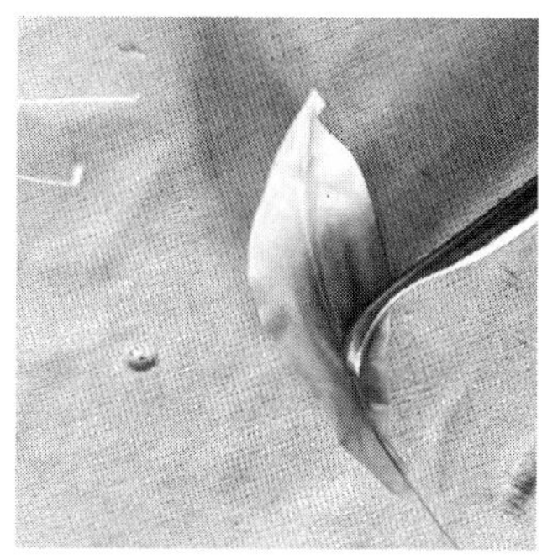

图6-132 压烫叶子

（6）裁剪花瓣。依照卡纸在绢丝上划样，然后剪下花瓣（图6-133）。

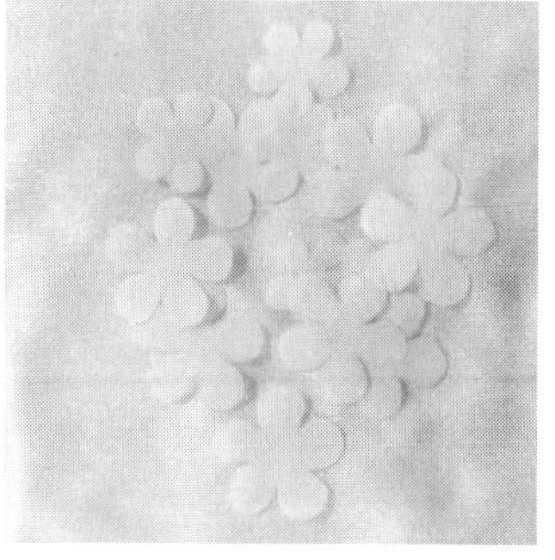

图6-133 裁剪花瓣

（7）做花瓣。花心处用锥子扎穿，花瓣准备好，花心处插入花蕊，做好花瓣（图6-134）。

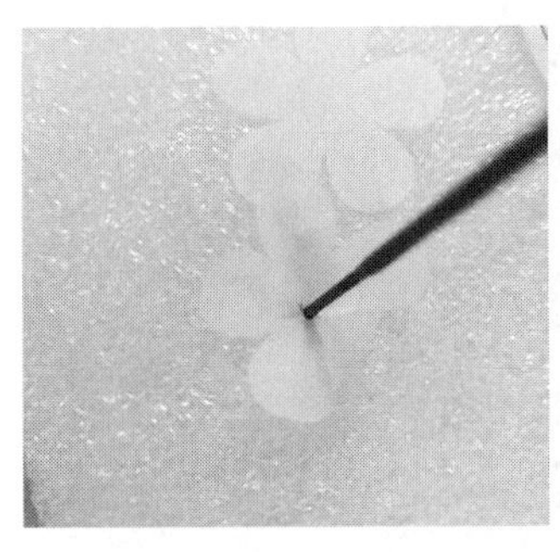

图6-134 做花瓣

（8）花朵准备完毕，准备铁丝制作花枝，铁丝绕好形成环状（图6-135）。

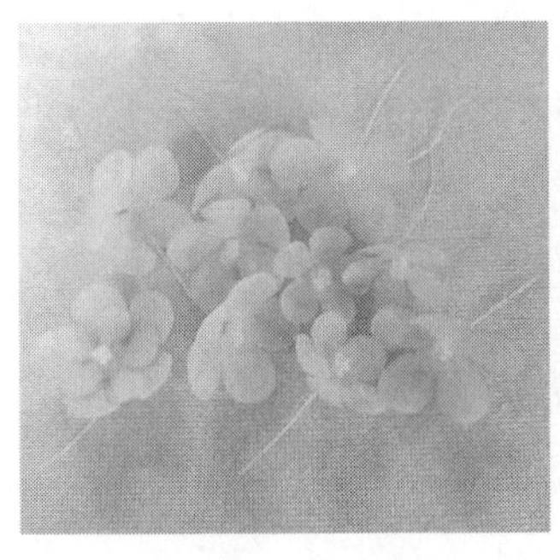
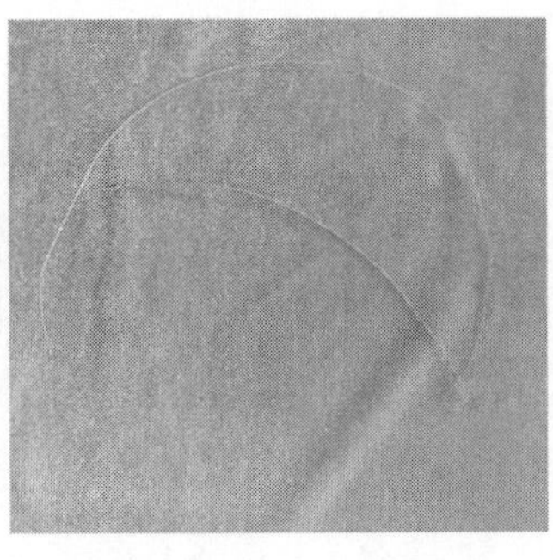
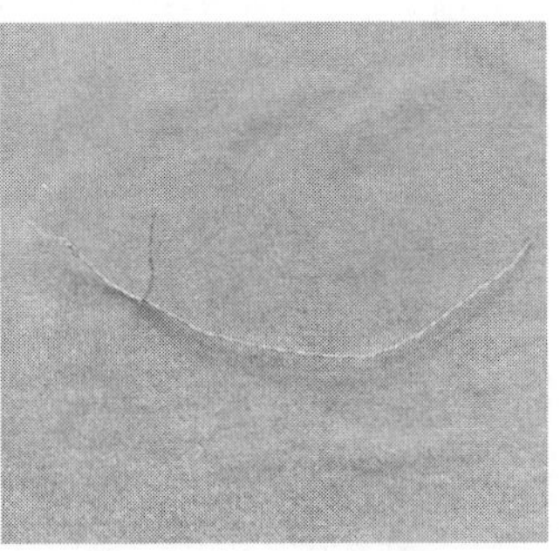

图6-135 做花环

（9）加入珍珠点缀，叶子固定在花枝上，所有叶子固定完成（图6-136）。

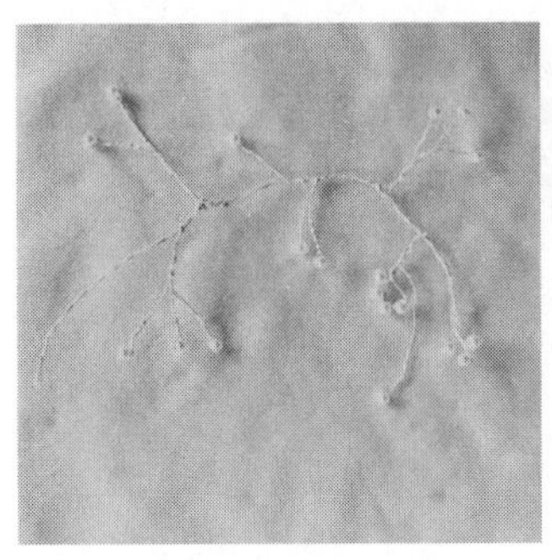
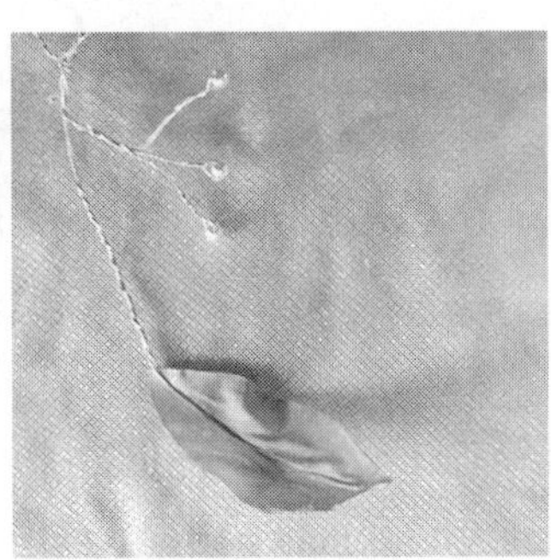

图6-136 固定珍珠和叶子

（10）将花瓣固定在铁丝环上，再用胶水固定在发箍上（图6-137）。

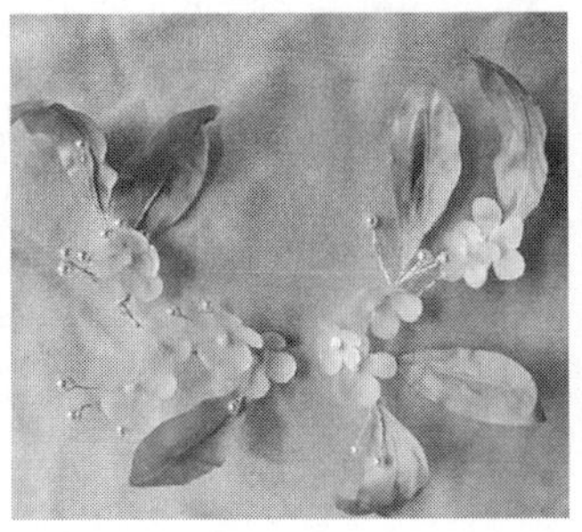

图6-137 固定花瓣、发箍完成

第六节　盘扣制作

盘扣，也称为纽襻、盘纽，是历史较悠久的中国结的一种，从留下来的古代服饰文物看，纽襻在男女服中均有使用。江西德安的南宋墓中出土的印金罗襟折枝花纹罗衫（褙子）就以盘扣系结，考古报告上写着：“袍，45件，其中完整的有34件……大都胸前有一字绊或衣带……”随着时间的推移，盘扣在中国服饰演化中的作用不断发生改变，不仅仅有连接衣襟的功能，更成为装饰服装的点睛之笔，出现了多种题材和造型繁复的花扣。

盘扣分为两部分，一部分是扣坨和扣环，作用是扣合；另一部分是盘花，作用为装饰。盘花部分的基本造型方式有两种，一种是用布条编结形成，如琵琶扣、吉祥结扣等；另一种是以布条按照花型盘绕而成，如各种空芯花扣、嵌芯花扣（图6–138）。

（a）琵琶扣

（b）空芯花扣

（c）嵌芯花扣

图6–138　盘扣

为了使布条的延展性更强，多以45°裁剪斜丝布，又因时代流行和各种花扣的特性，可能会使用上浆、嵌棉线、嵌铜丝等工艺。

盘扣的题材都选取具有浓郁民族情趣和吉祥意义的图案，有模仿动植物的菊花扣、金鱼扣、花扣、凤凰扣，有盘结成文字的寿字扣、“囍”字扣、吉字扣等，也有几何图形的一字扣、波形扣、三角形扣、四方扣等。盘花分列两边，有对称的，也有不对称的（图6–139）。

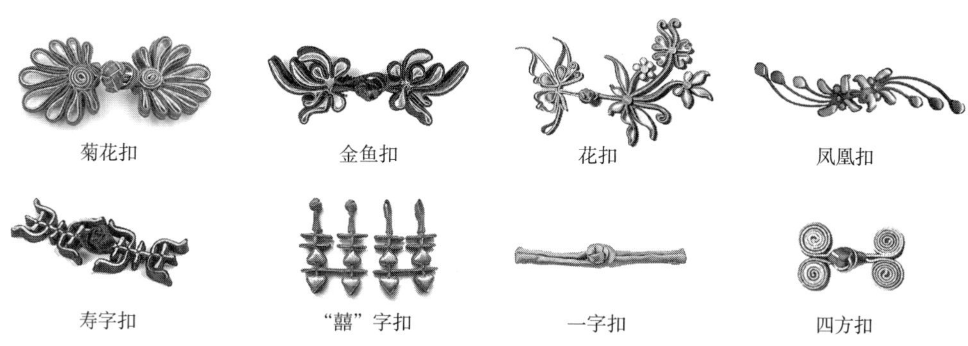

菊花扣　金鱼扣　花扣　凤凰扣

寿字扣　“囍”字扣　一字扣　四方扣

图6–139　各类型题材花扣

“盘香扣”是盘花各类变化中最简单与基础的，从名字就可以知道它像一盘蚊香，所以它使用的也是最为简单的细布条以螺旋形盘绕而成。“嵌丝硬花扣”一般是使用上浆过的布夹铜丝做成扁扁的布条，其优点是利于做各种造型，并且立体感突出。因为“嵌丝硬花扣”这种特点，可以做出各种基于线条的花式造型，从小型的花卉到大型的组合均可，装饰性突出。如果将嵌丝硬花扣视作画作的勾边，那么填芯扣就是填色的。所以，填芯扣一般是在嵌丝硬花扣图案的封闭轮廓里使用面料填充棉花而成，常用不同于花扣颜色的面料装饰。因此，嵌丝硬花扣也叫空芯扣，而填芯扣也叫嵌芯扣（图6–140）。

近几年，盘扣作为一种传统的服饰手段再次风靡，展现其自身的生命力。盘扣不仅适用于旗袍类服饰，更被设计师广泛用于各类时装中，还越来越多地运用于各种类型的产品设计中，如请柬、抱枕、项链、耳环、产品包装等（图6–141）。盘扣盘的是情，扣的是心，更蕴含着民族智慧和对美的创意追求。

图6–140　嵌芯扣

图6–141　盘扣应用

一、盘扣的设计

制作盘扣之前先进行图稿设计。图稿一般有两种形式，一种是将扣样按照实际完成效果绘制而成效果图（图6–142）；另一种是用于指导制作的款式设计图（图6–143），款式设计图一般以1：1大小的单线墨稿的形式完成，绘制图稿时要如一笔画游戏一样绵延不断且不交叉，绘制的线条按照花型环绕一圈后要回到起始处（扣环或扣坨处）。画好线稿后要分段测量每一部分花型的用线长度，并计算总用线量。

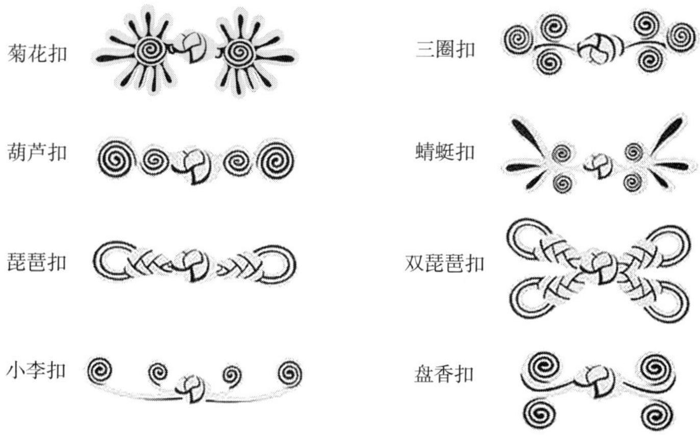

图6-142　盘扣成品效果图

图6-143　盘扣款式设计图

二、盘扣线材的制备

（一）夹线手缝法

取2cm宽的斜纱向（45°）面料条带，长度根据设计的盘扣花型估算量取，面料较薄时最好在布条中间夹入几根棉纱线，使其坚硬耐用，面料较厚时可以不用棉纱线衬托。具体制作步骤：先将布条对折扣烫，缝份扣烫0.5cm，衬入棉纱线，用大头针钉住一头，然后用手缝针绞缝固定。此方法做成的布带可用于做一字扣、琵琶扣及实芯花扣等（图6-144）。

（二）机缝暗线法

机缝暗线法取布条的方法与夹线手缝法相同，但为使扣型盘制时布条上无明显线迹，造型美观，可将斜布条正面相对对折，用缝纫机从反面车缝一道，缝份约0.5cm，然后用别针将布条翻光并整烫（图6-145）。此方法适用于做多种类型盘扣。

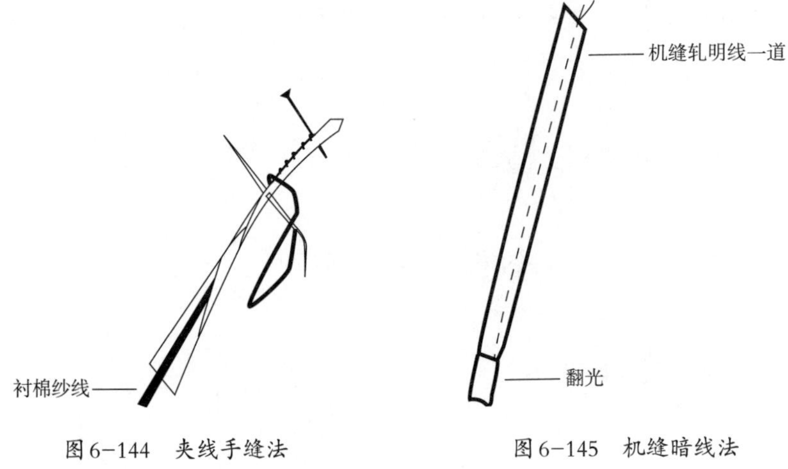

图6-144　夹线手缝法　　图6-145　机缝暗线法

（三）机缝明线法

取2cm左右宽的45°斜纱向布条，将两边的毛边分别向里扣烫并对折扣光，然后用缝纫机距离止口边缘0.1cm缉缝明线一道，用熨斗压烫平整。此方法适用于做各种类型的盘扣（图6-146）。

（四）夹细铜丝法

先将布料的反面刮上一层薄浆糊晾干，45°斜向裁剪成2cm宽布条，将两边的毛边分别向里扣烫并对折扣光，并用一根铜丝夹在中间的连折线里面，再刮浆黏牢烫干，完成后布条带宽度不要超过0.5cm（图6-147）。此方法适合做空芯花和嵌芯花扣。

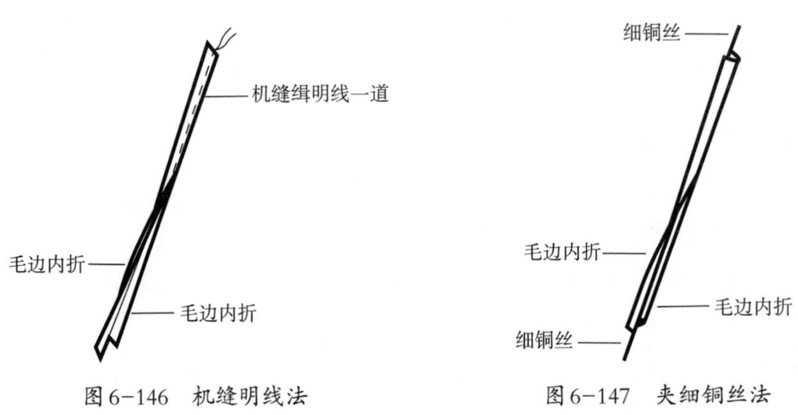

图6-146　机缝明线法　　图6-147　夹细铜丝法

三、盘扣制作范例

（一）一字扣的制作工艺

"一字扣"是服装中最为常见的一种盘扣形式，其扣坨和扣环部分各用一条布带完成，其整体造型呈现一字型，所以称为"一字扣"（图6-148）。

图6-148　一字扣成品图

1. 材料选择

斜向裁剪长约20cm、宽2~3cm面料两块，45°斜纱，同色缝纫线，手缝针。

2. 制作工艺

（1）将面料折光缝合（缝份可留0.5~0.7cm），形成窄条状，将扭条扭转，形成第一套，扭线翻转，形成第二套（图6-149）。

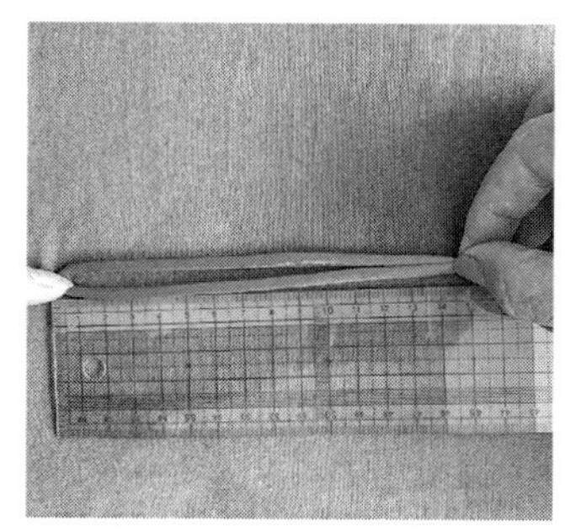
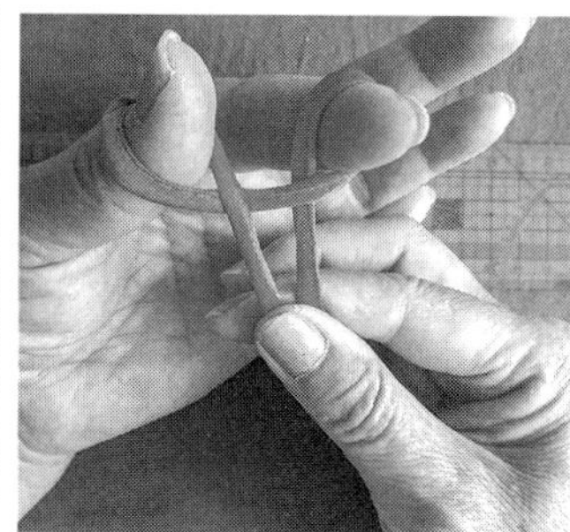
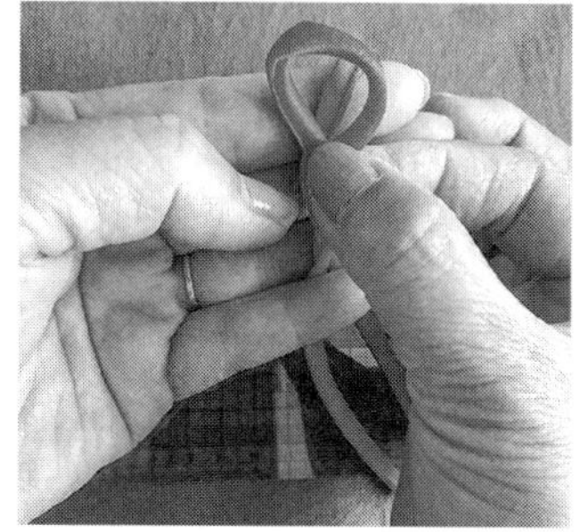

图6-149　绕绳线套

（2）如图6-150所示，穿入、穿出第二套，形成“8”字形交叉的花篮状，A、B两扭条同时穿入结耳。

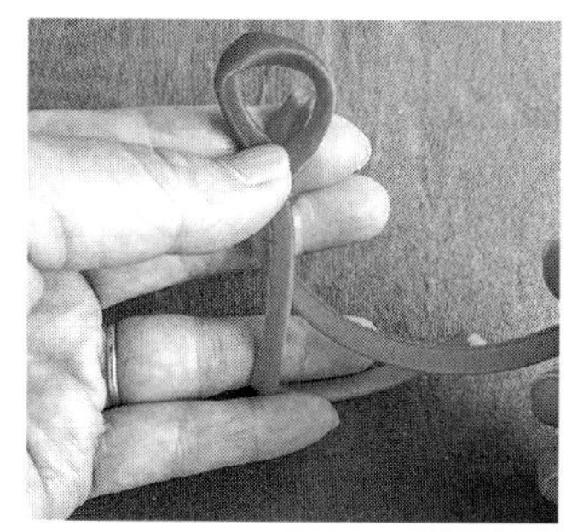

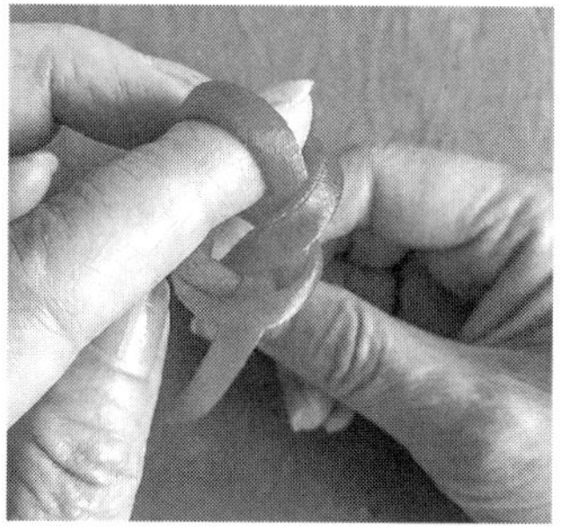

图6-150　绕第一圈和第二圈

（3）将结耳往上拉，上下平均抽拉匀称，纽扣结部分完成，将纽扣结余下的扭条部分按照设计需要长度修剪齐，并运用手缝针和配色线将两条扭条运用藏针法固定在一起。再制作一条10cm左右的扭条，将扭条从中点弯折，根据纽扣结的大小（要保证纽扣结可以从中穿过，一般约1~1.5cm宽）留出扣环的长度，并将余下的扭条按照另一侧纽扣结部分的长度进行修剪，同样运用藏针法固定（图6-151、图6-152）。

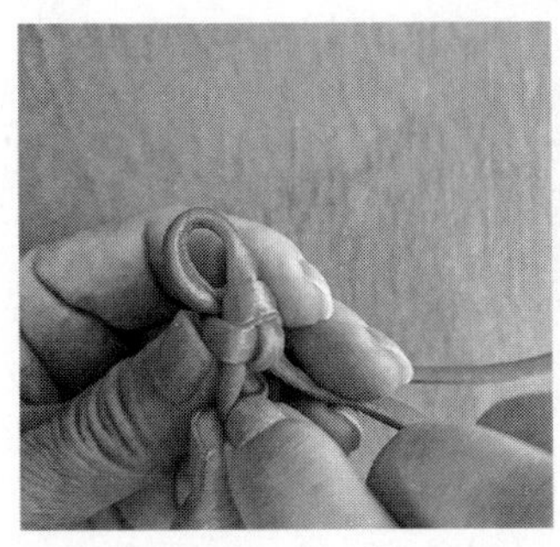
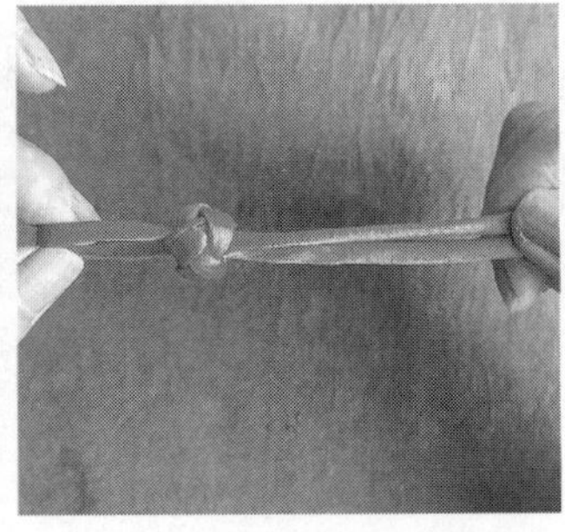
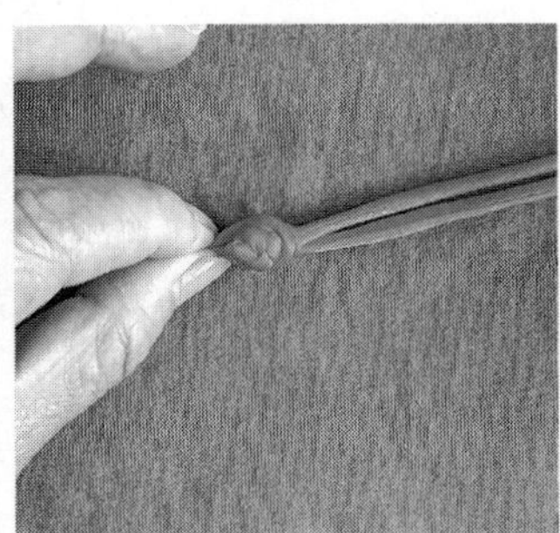

图6-151　调整结耳均匀抽紧

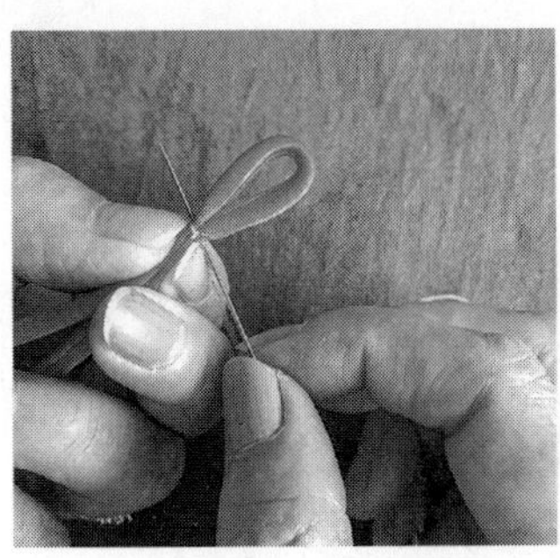
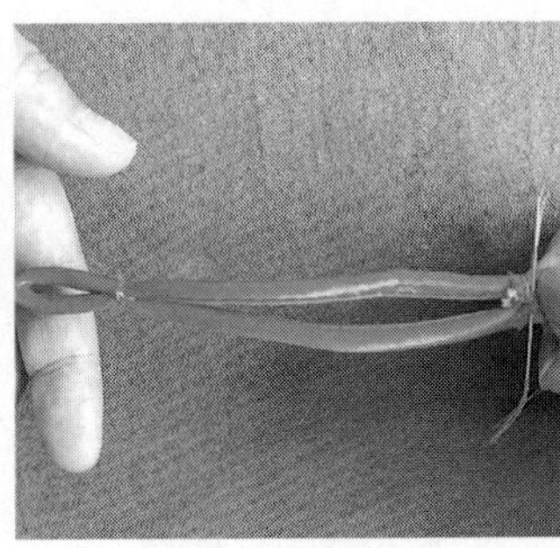
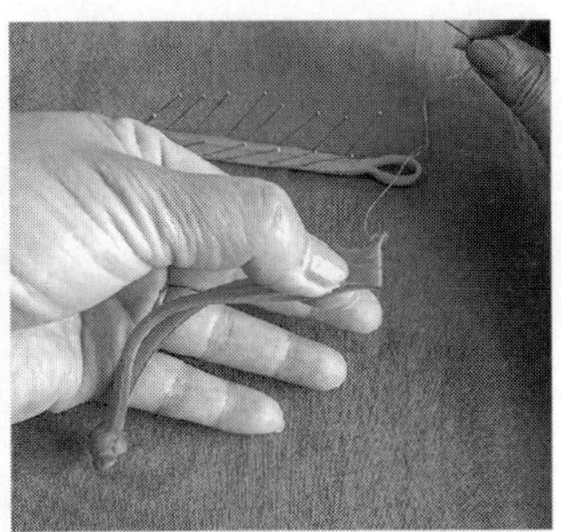

图6-152　制作扣环

（4）按照大头针所示位置将扣坨一头和扣环一头分别藏针暗缝于服装左右襟之上（图6-153）。

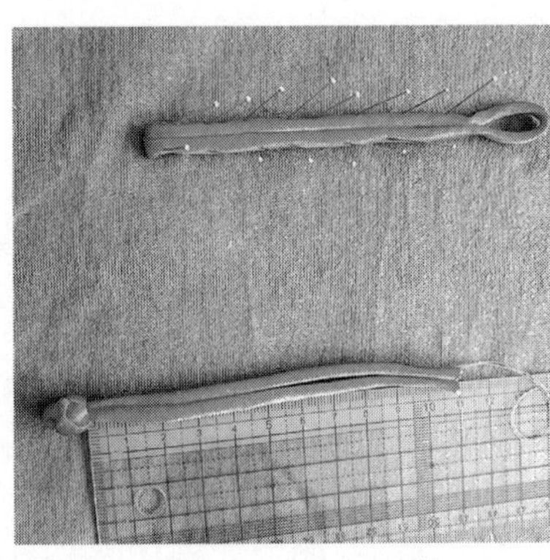
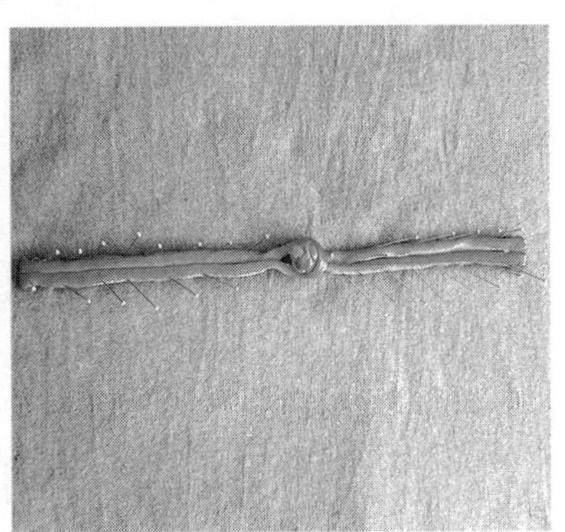

图6-153　一字扣完成图

（二）琵琶扣的制作工艺

琵琶扣常用作中式风格女装的扣紧装饰，因其小巧精致、状如琵琶而得名。此扣的应用十分广泛，除了用在服装上作为纽扣之外，还可作为胸饰、帽饰、耳环、头花或包袋上的装饰。此扣结是利用中国结基本结的双线纽扣结和琵琶结组合变化而成。

1.材料选择

制作好的40cm左右盘扣条带两条，同色缝纫线，手缝针。

2.制作工艺

（1）取一根40cm红绳，在一头留出大约10cm的地方对折，分为左右一长一短两根绳。用长的一边压过短的一边，顺时针（或逆时针）从红绳的对折处（留出1.5~2cm的绳圈）后面绕到前面，此时下面形成了一个环状，将长边沿着环状的内圈逆时针绕一圈，再从弯折处从前到后绕一圈，形成第二个内环（图6–154）。

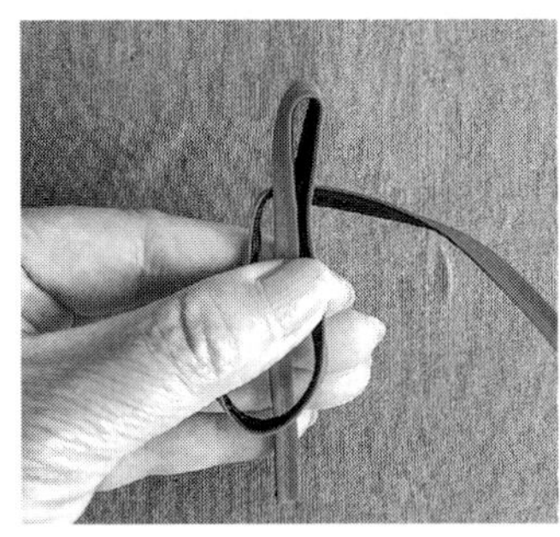

图6–154　留扣环、绕8字环

（2）以此类推，形成4~5个环状。做的过程中始终要捏住中间绕线的中心点，在做到最后一次的时候，要将绳穿进中心的孔内锁住结体。编好后一定要将琵琶结捏住按平，将多余的绳带剪断。在琵琶结的反面把绳头折光暗缝固定（图6–155）。

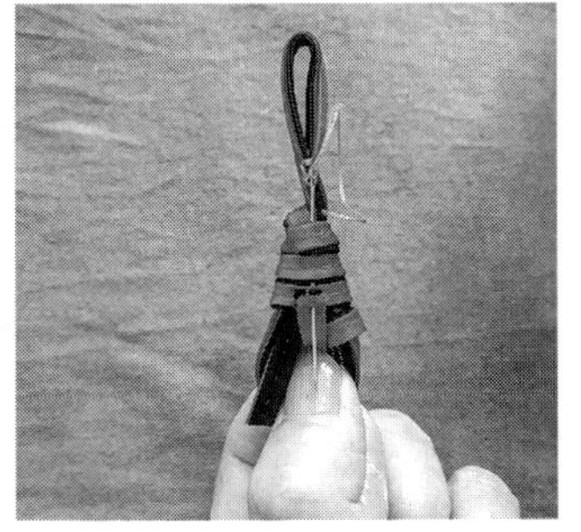

图6–155　绕环、固定

（3）再取另一根绳，绳长多留出10cm，开始的时候要在距离一边绳头10cm处首先编好一个纽扣结，此后即可按照上述方法编结扣坨一边的琵琶结（图6–156）。

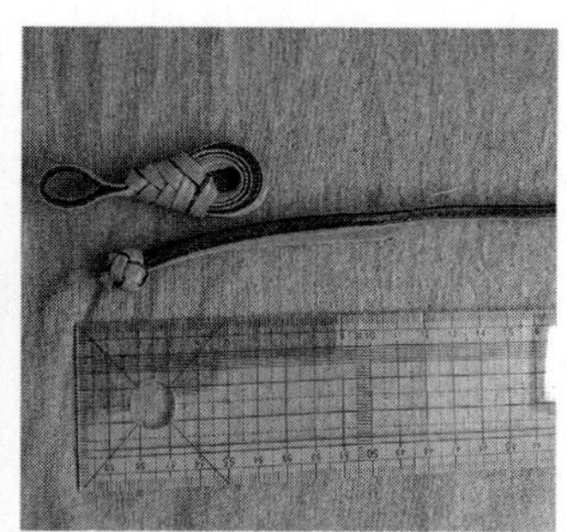

图6-156　扣环做好、做扣坨

（4）琵琶扣完成后，在服装上将扣坨一头和扣环一头分别藏针暗缝于服装左右襟之上（图6-157）。

图6-157　琵琶扣完成图

（三）嵌芯花扣的制作工艺

嵌芯花扣或叫填芯花扣，造型由扣坨、扣环与盘花两部分组成，扣坨为基本的双线纽扣结，用纽扣结余下的布条可自由盘绕成各种图案的花型，在盘绕出花型的镂空处用布料包棉花进行填充（也可保留镂空不填充，形成空芯花扣）即可完成。此花扣盘花分列两边，可对称、可不对称。

1.材料选择

斜向裁剪长约50cm、宽2~3cm面料两块，纱向为45°，以及手缝针、同色缝纫线、极细软铅丝、浆糊、布料、填充棉、双面胶、单面涂胶的布衬。

2.制作工艺

（1）设计花扣图样，在纸上1∶1绘制出花扣款式图，把浆糊刮在面料反面，沿着纱向的方向刮三次，注意每次都要等上一次刮的浆糊干透之后再刮下一次，等三次都刮完干透之后，把料子裁剪成2~3cm的斜条（沿布边45°裁剪）（图6-158、图6-159）。

图6-158　设计图

图6-159　裁剪斜条

（2）中间贴上双面胶，中间加一根软铜丝，对折用熨斗粘牢（图6-160）。

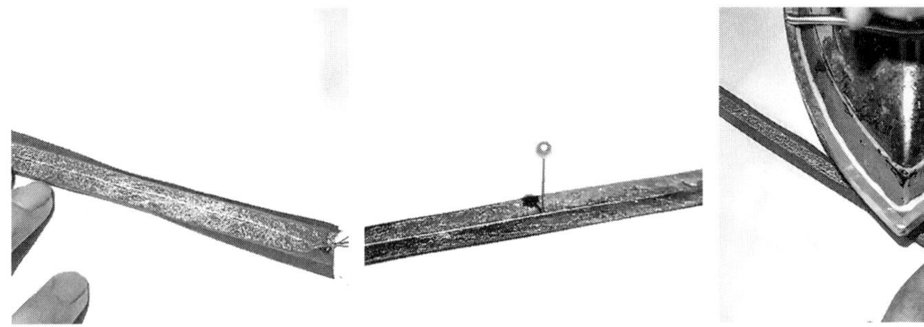

图6-160　斜条内加铜丝

（3）将绳带对折，依照前面案例中所教方法做出扣坨，利用扣坨尾部剩下的绳带折成想要的花型，每做一步造型需用针线手缝固定，注意固定的时候要在花扣的反面固定（图6-161～图6-164）。

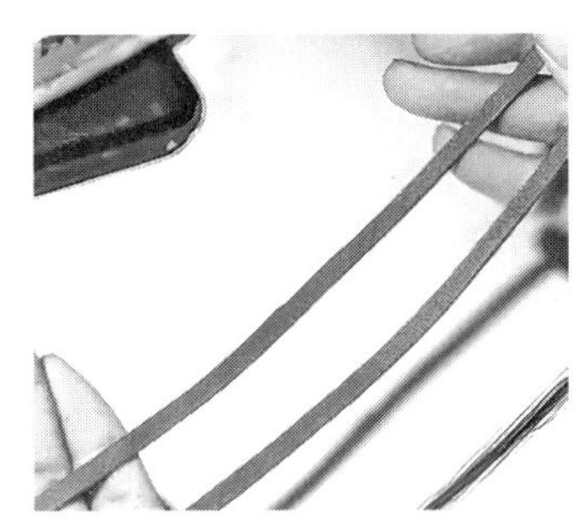
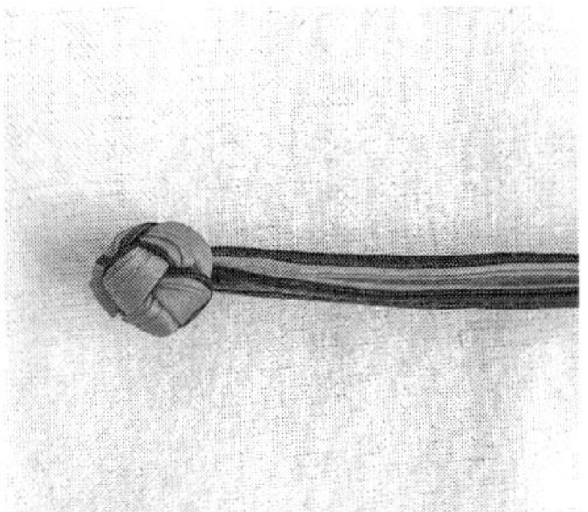
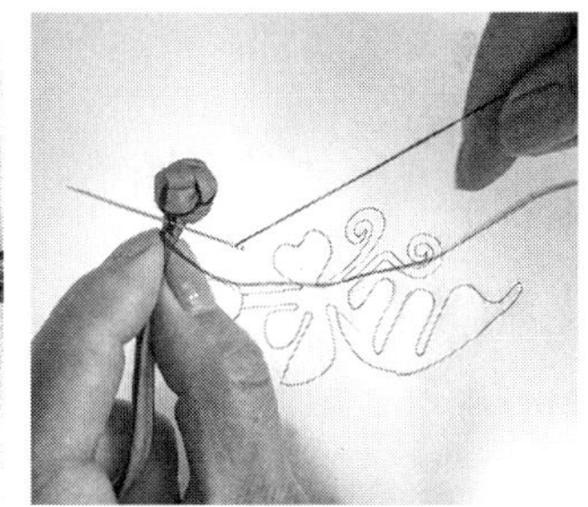

图6-161　做扣坨

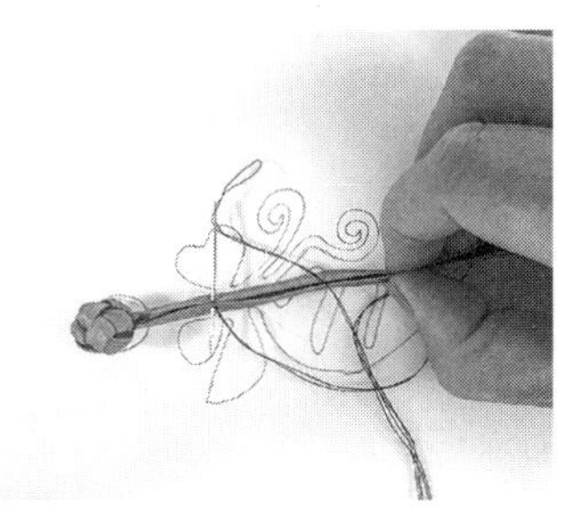

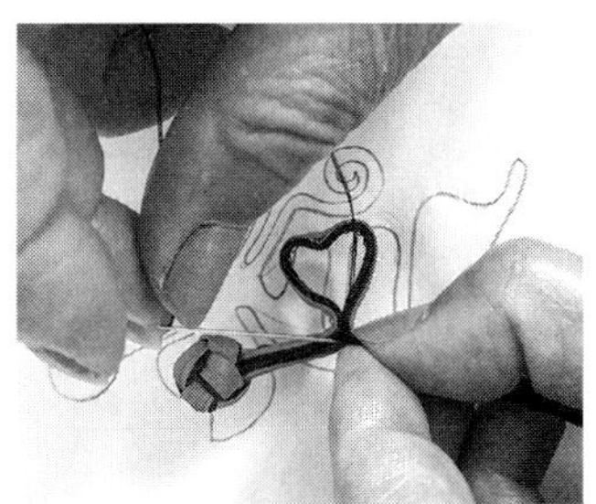

图6-162　按图纸做造型

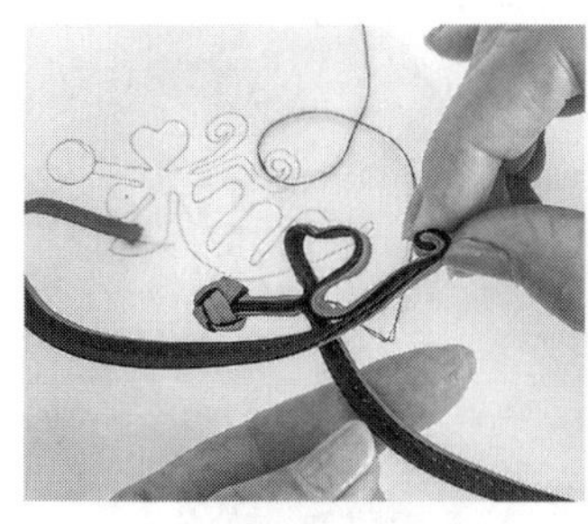
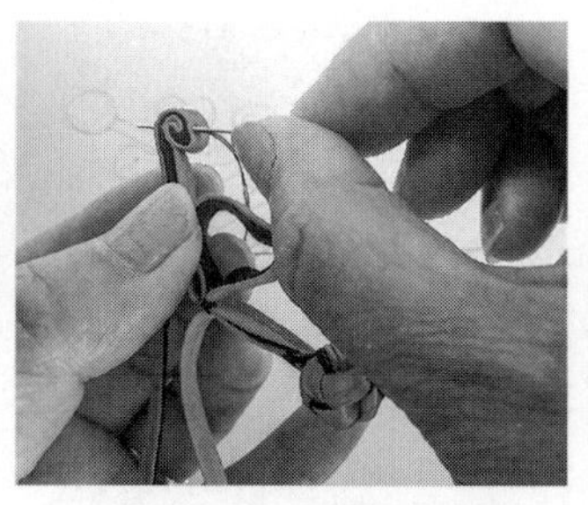
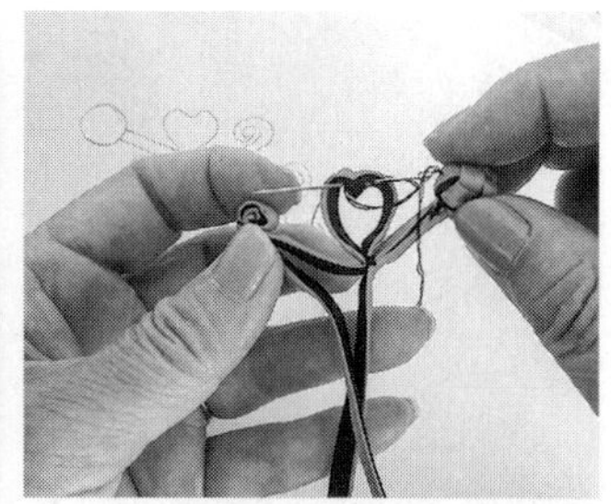

图6-163　手缝固定

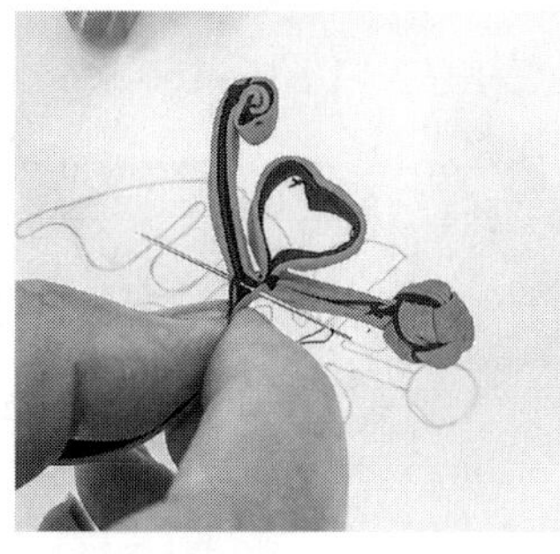
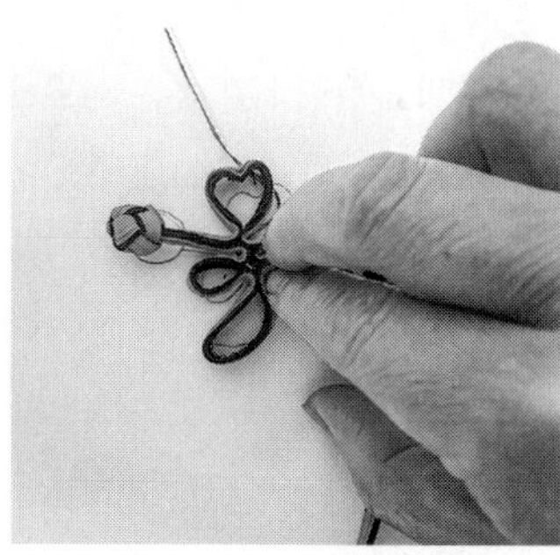

图6-164　反面固定

（4）如果所留绳头长度不够编出所设计的花型，还可接绳，接的时候尽量选择在不明显处接头，可选择在多条绳带盘卷汇合的部位，一头线绳卷完造型后要将缝份卷光；取填充布，按照需要设计嵌芯位置的大体形状，在布料上画出嵌芯形状，边缘要留出1~1.5cm的做缝，余量剪下。取填充棉，按照嵌芯大小取合适的量，并用手揉搓成嵌芯的相似形状（图6-165）。

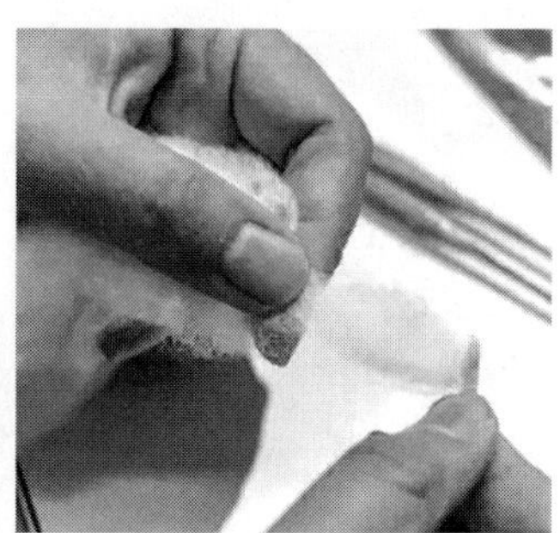

图6-165　加嵌芯布

（5）将剪下的填充布包裹着棉一同从正面塞入盘好的需要嵌芯的部位，从反面用针线手缝固定（图6-166）。

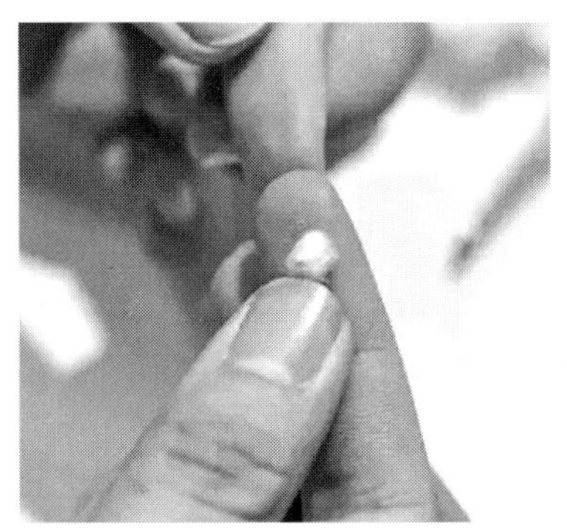

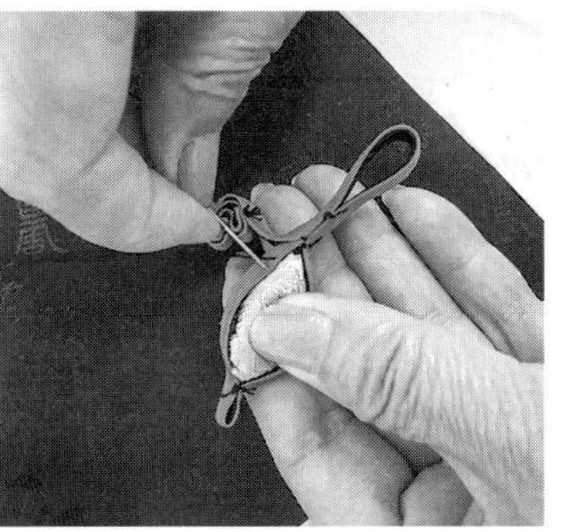

图6-166　加嵌芯棉

（6）将反面多余的填充布剪掉，剪一小块布衬，粘到盘扣背面，用熨斗粘牢；把多余的布衬随扣型剪掉，稍微调整一下形状即可（图6-167）。

图6-167　嵌芯花扣完成图

课后练习

1. 装饰领的表现形式有哪几种？
2. 装饰口罩从功能性方面怎样分类？
3. 装饰花应用还可以在哪些领域拓展？
4. 装饰袖按造型可以分为哪几类？
5. 自创烫花一枚用于帽子装饰，并拍摄制作过程。
6. 自创布艺花饰一枚，用于做服装胸花，并拍摄制作过程。
7. 自创一对时装扣结，并拍摄制作过程。

参考文献

[1] 日本宝库社. 最新版钩针编织基础[M]. 如鱼得水, 译. 郑州: 河南科学技术出版社, 2017.

[2] 阿瑛. 手工坊精彩生活编织系列: 帽子专辑. 成人篇[M]. 郑州: 河南科学技术出版社, 2017.

[3] 克里斯汀·奥姆德尔. 54种花边钩编针法活用[M]. 温惠娟, 译. 郑州: 河南科学技术出版社, 2015.

[4] 许星. 服饰配件艺术[M]. 北京: 中国纺织出版社, 2015.

[5] E & G创意. 钩编日系花朵坐垫[M]. 方菁, 译. 北京: 中国纺织出版社, 2016.

[6] 马腾文, 殷广胜. 服装材料[M]. 2版. 北京: 化学工业出版社, 2013.

[7] 姜蕾. 服装生产工艺与设备[M]. 2版. 北京: 中国纺织出版社, 2008.

[8] 张春宝. 服装缝制设备原理与实用维修[M]. 北京: 中国轻工业出版社, 2008.

[9] 张祖芳, 朱瑾, 王玲玲. 服饰配件设计制作[M]. 上海: 学林出版社, 2013.

[10] 尚锦手工. 刺绣针法视频大全解[M]. 北京: 中国纺织出版社, 2018.

[11] 谢琴. 服饰配件设计与应用[M]. 北京: 中国纺织出版社, 2019.

[12] 高士刚, 孙家珏. 鞋靴材料[M]. 北京: 中国轻工业出版社, 2012.

[13] 高士刚. 现代制鞋工艺[M]. 北京. 中国轻工业出版社, 2010.

[14] 陈念慧. 鞋靴设计效果图技法[M]. 北京. 中国轻工业出版社, 2011.

[15] 雄鸡社. 中国结之典雅配饰[M]. 文游, 译. 沈阳: 辽宁科学技术出版社, 2009.

[16] 阿瑛. 手工坊精彩生活编织系列: 帽子专辑. 成人篇[M]. 长沙: 湖南美术出版社, 2008.

[17] 张翠. 零基础钩针入门[M]. 沈阳: 辽宁科学技术出版社, 2012.

[18] 今泉史子. 全图解钩针编织入门教科书[M]. 梦工房, 译. 郑州: 河南科学技术出版社, 2014.

[19] 日本成美堂编辑部. 零基础钩针编织[M]. 海口: 南海出版公司, 2017.